并联机器人刚体动力学分析

刘国军　编著

西北工業大學出版社

西　安

【内容简介】 动力学分析是设计并联机器人尺寸的基础,同时基于模型控制方法的应用也需要建立并联机器人的动力学反解模型。本书主要内容包括绪论、运动学分析基础、对非冗余并联机器人奇异性分析和检测的一种工程方法、刚体动力学分析基础、利用凯恩方法对 6 - UPS 型 Gough - Stewart 平台进行动力学建模、利用牛顿-欧拉方程对 6 - UCU 型 Gough - Stewart 平台进行动力学建模、利用凯恩方法对 Delta 并联机器人进行动力学建模和利用拉格朗日方程对 Delta 并联机器人进行动力学建模等。

本书可以作为从事并联机器人分析和研究人员的教科书或参考书,也可供从事工业机器人和刚体动力学分析的人员阅读、参考。

图书在版编目 (CIP) 数据

并联机器人刚体动力学分析/刘国军编著. —西安:西北工业大学出版社, 2019.12

ISBN 978 - 7 - 5612 - 6719 - 6

Ⅰ. ①并… Ⅱ. ①刘… Ⅲ. ①机器人机构-刚体动力学 Ⅳ. ①TP24

中国版本图书馆 CIP 数据核字(2019)第 274769 号

BINGLIAN JIQIREN GANGTI DONGLIXUE FENXI

并 联 机 器 人 刚 体 动 力 学 分 析

责任编辑: 孙 倩　　**策划编辑:** 李阿盟

责任校对: 胡莉巾　　**装帧设计:** 李 飞

出版发行: 西北工业大学出版社

通信地址: 西安市友谊西路 127 号　　**邮编:** 710072

电　　话: (029)88491757, 88493844

网　　址: www.nwpup.com

印 刷 者: 陕西金德佳印务有限公司

开　　本: 787 mm×960 mm　　1/16

印　　张: 8.875

字　　数: 210 千字

版　　次: 2019 年 12 月第 1 版　　2019 年 12 月第 1 次印刷

定　　价: 58.00 元

前　言

并联机器人由于刚度大、承载能力强、精度高，所以被广泛地用于运动模拟平台、振动台、并联机床和分拣机器人等。由于并联机器人含有闭环，与串联机器人不一样，所以对它们的运动学和动力学进行分析时不能照搬串联机器人的方法。

动力学分析是设计并联机器人尺寸的基础，同时基于模型控制方法的应用也需要建立并联机器人的动力学反解模型。本书第 1 章对并联机器人的发展与应用等进行简单介绍；第 2 章利用矢量对并联机器人的运动学分析方法进行介绍，并且对欧拉角进行叙述；由于在对并联机器人建立动力学反解模型时，一般是在没有奇异的情况下进行的，所以第 3 章对螺旋理论（国内也有翻译为旋量理论）进行简单介绍，然后介绍一种基于螺旋理论的奇异性分析方法；第 4 章对常用的刚体动力学分析方法——牛顿-欧拉方程、动力学的达朗贝尔原理、虚功原理、拉格朗日方程和凯恩方法进行介绍；第 5 章利用凯恩方法建立 Gough - Stewart 平台的简化动力学反解模型；第 6 章利用牛顿-欧拉方程对 6 - UCU 型 Gough - Stewart 平台建立完整的动力学反解模型；第 7 章利用凯恩方法对 Delta 并联机器人建立简化的动力学反解模型；第 8 章利用拉格朗日方程对 Delta 并联机器人建立简化的动力学反解模型。

2007 年笔者的硕士研究生导师给了一本国内关于 Gough - Stewart 平台的博士论文，但看到里面的动力学分析时感觉是看“天书”一样。后面读研期间，笔者学习了黄真教授的《空间机构学》《并联机器人机构学理论及控制》，也学习了 L. W. Tsai 编著的 *Robot Analysis: the Mechanics of Serial and Parallel Manipulators* 以及 Herbert Goldstein 等人编著的 *Classical Mechanics* (Third Edition)等书，但对并联机器人动力学还是没能很好地理解。笔者于 2009 年下半年进入哈尔滨工业大学攻读博士学位。通过大量地学习关于力学的英文原版著作，笔者不仅知道了 Gough - Stewart 平台运动学和动力学的推导过程，还懂得了“为什么这么推导”。读博后期到现在一直想写一本关于并联机器人动力学反解的书，希望读者通过阅读这本书后不仅能推导并联机器人运动学反解和刚体动力学反解的式子，还能知道“为什么是这样推导的”。现在经过一年左右的努力，本书稿终于完成了。

写作本书曾参阅了相关文献资料，在此，谨向其作者深致谢意。

由于水平有限，本书可能存在不妥之处，也真诚希望读者、朋友和各方面的专家，给予批评指正。笔者邮箱：liuguojun_iest@163.com。

刘国军

2019 年 10 月于湖南理工学院

目　录

第1章　绪论……………………………………………………………………………… 1

1.1　并联机器人的定义及发展 ……………………………………………………… 1
1.2　并联机器人的结构形式 ………………………………………………………… 4
1.3　并联机器人的应用……………………………………………………………… 27
1.4　本书内容………………………………………………………………………… 35
参考文献 …………………………………………………………………………… 35

第2章　运动学分析基础 ………………………………………………………………… 40

2.1　位姿描述………………………………………………………………………… 40
2.2　速度分析………………………………………………………………………… 53
2.3　加速度分析……………………………………………………………………… 60
参考文献 …………………………………………………………………………… 61

第3章　对非冗余并联机器人奇异性分析和检测的一种工程方法 ……………………… 62

3.1　螺旋理论简介…………………………………………………………………… 62
3.2　并联机器人动平台上控制点速度与运动螺旋理论的关系……………………… 65
3.3　并联机器人动平台的自由度分析……………………………………………… 67
3.4　非冗余并联机器人的奇异性分析……………………………………………… 69
3.5　非冗余并联机器人的奇异性检测……………………………………………… 71
3.6　实例分析………………………………………………………………………… 74
3.7　补充说明………………………………………………………………………… 77
参考文献 …………………………………………………………………………… 77

第4章　刚体动力学分析基础 …………………………………………………………… 79

4.1　牛顿三定理……………………………………………………………………… 79

4.2 牛顿-欧拉方程 …… 80
4.3 动力学的达朗贝尔原理 …… 87
4.4 变分法简介 …… 88
4.5 动力学中的虚功原理 …… 91
4.6 拉格朗日方程 …… 93
4.7 凯恩方法 …… 98
参考文献 …… 102

第 5 章 利用凯恩方法对 6 - UPS 型 Gough - Stewart 平台进行动力学建模 …… 105

5.1 运动学反解分析 …… 105
5.2 利用凯恩方法建立动力学反解模型 …… 110
5.3 补充说明 …… 111
参考文献 …… 112

第 6 章 利用牛顿-欧拉方程对 6 - UCU 型 Gough - Stewart 平台进行动力学建模 …… 113

6.1 引言 …… 113
6.2 系统描述 …… 113
6.3 完整运动学反解分析 …… 115
6.4 完整动力学反解分析 …… 120
参考文献 …… 123

第 7 章 利用凯恩方法对 Delta 并联机器人进行动力学建模 …… 124

7.1 引言 …… 124
7.2 系统描述 …… 125
7.3 动力学反解分析 …… 126
7.4 补充说明 …… 132
参考文献 …… 133

第 8 章 利用拉格朗日方程对 Delta 并联机器人进行动力学建模 …… 134

参考文献 …… 136

第1章 绪　论

1.1 并联机器人的定义及发展

并联机器人可以定义为由具有 n 个自由度(DOF)的末端执行器和固定基座组成的闭环机构,末端执行器和固定基座通过至少两个独立的运动链连接在一起[1](见图 1-1)。

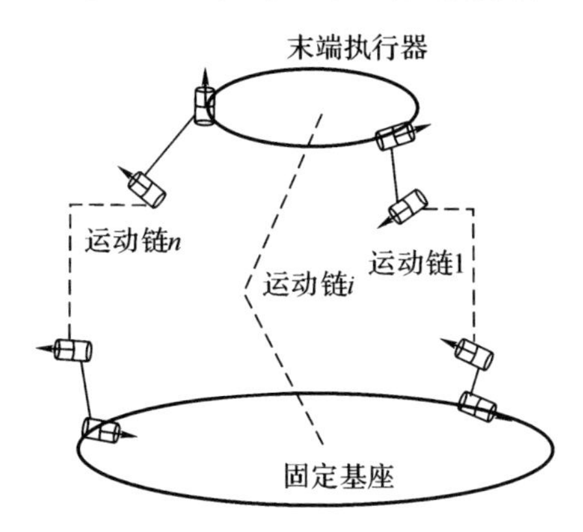

图 1-1　并联机器人

世界上第一台商用并联机器人是由 Gough 等人在 1947 年制定方案,1949 年开始设计,并于 1955 年制造完成的轮胎检测系统[2],但很多学者称其为 Stewart 平台[3]。为了体现 Gough 的贡献,现在一般采用的名称为 Gough-Stewart 平台[3]。为了正确评价早期各位学者对 Gough-Stewart 平台做出的贡献,下面讲述 Gough-Stewart 平台发展的早期历史。1962 年, Gough 与 Whitehall 在文献[4]中,对他们基于 Gough-Stewart 平台的轮胎检测系统进行了详细描述,实物照片如图 1-2 所示。他们提到[4]:“主动副采用螺旋起重器(screwjacks),主动副通过两虎克铰分别连接于底座与上平台上。”

1965 年,Stewart 发表了关于并联机器人的著名文章 *A Platform with Six Degrees of Freedom*[6],引起了学术界的广泛关注。在文献[6]中,Stewart 与审阅者共同讨论时,他们提出将六自由度并联机器人用于飞行模拟系统、海况模拟系统和加工机床等。Stewart 设想的机构如图 1-3 所示,但并没有实际制造过。Gough 作为文献[6]中的审阅者之一,在讨论中提到了他们已经建造完成的六自由度轮胎检测系统,并提供了实物照片(见图 1-4),但 Stewart 回答说他以前并不知道 Gough 已制造的机构。Gough 在文献[6]中也明确指出“In point of fact, the universal joint systems attaching the jacks to the platform are identical to those attaching the jacks to the foundation.",即作动器通过两个虎克铰分别连接于底座与上平台上(Fichter, Kerr 和 Rees-Jones 把 Gough 与 Whitehall 的文献[4]和 Stewart 的文献[6]附在他们文献[2]的后面)。

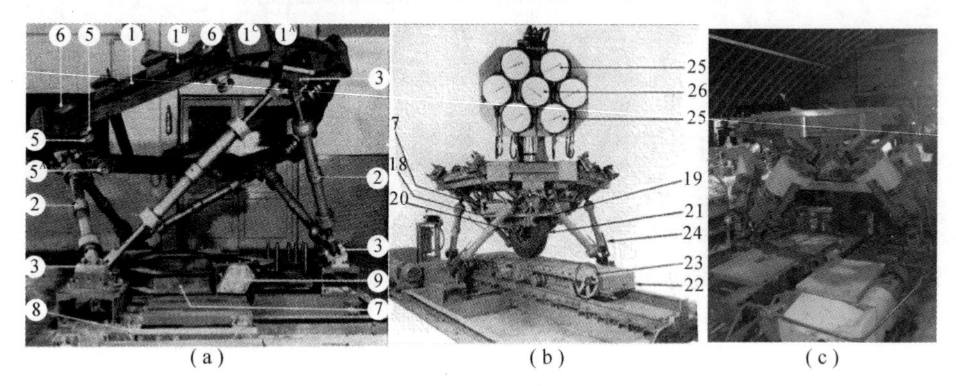

图 1-2 Gough 与 Whitehall 制造的轮胎检测系统
(a)局部图[4]; (b)整体图[4]; (c)产品实物图[5]

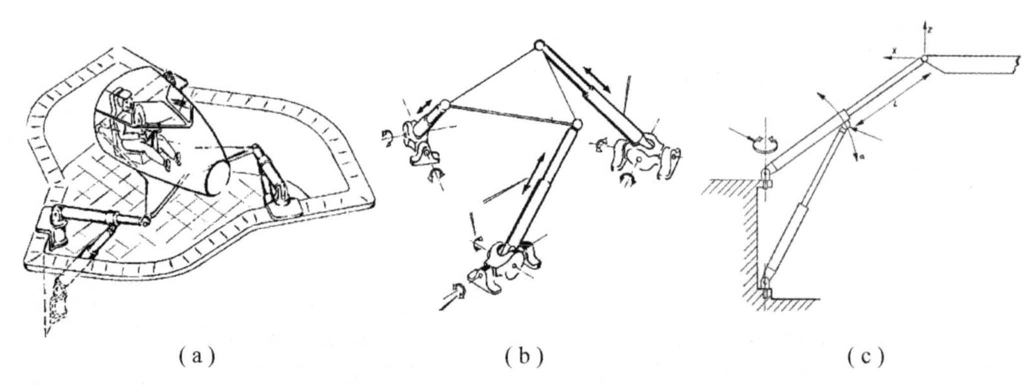

图 1-3 Stewart 提出的机构[6]
(a)示意图; (b)整体布置; (c)支路布置

20 世纪 60 年代初,其他研究人员也独立发明设计了类似的机构[2]。在 2002 年给编辑的信中,美国的 Cappel 指出,他在 1961 年发明了用作飞行模拟器的平台系统,后来才了解到 Stewart 的设备,直到 2003 年才知道 Gough 等人制造的轮胎检测系统[2]。Cappel 于 1964 年 12 月 7 日对他独立发明的运动模拟器向美国专利商标局提出了专利申请,并于 1967 年 1 月 3 日得到专利颁证[7]。Cappel 发明的运动模拟器结构示意图如图 1-5(a)[7]所示,即为现在通常所说的 Gough-Stewart 平台。在他的专利说明书中也提供了单个支路液压驱动系统图[7](见图 1-5(b))。Cappel 在专利说明书中指出[7]:"用两个虎克铰分别把线性伸缩作动器连接于地基与平台上"。基于联合技术公司西科斯基飞机部对六自由度直升机飞行模拟器的设计与建造需求,Cappel 建造了有史以来第一台基于 Gough-Stewart 平台的飞行模拟器,如图 1-6 所示[3]。

图 1-4 Gough 提供的照片[6]

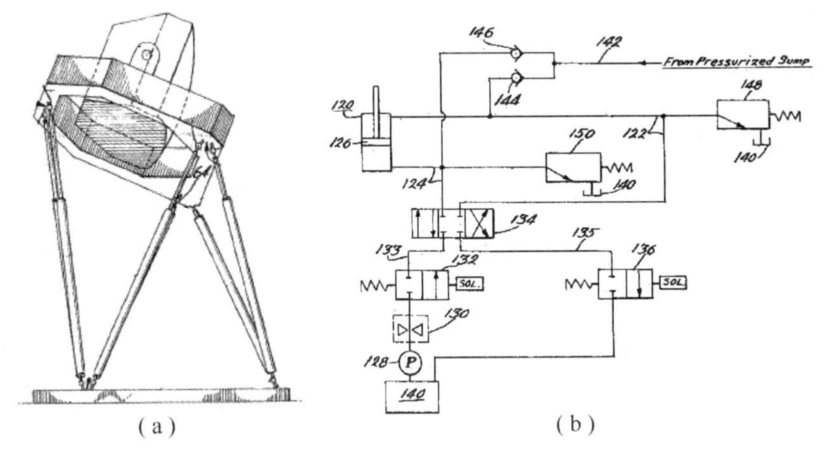

图 1-5 Cappel 发明的运动模拟器[7]

(a)示意图; (b)单个支路液压系统图

从这些历史资料的分析中可知:Gough 与 Cappel 都分别发明设计了 Gough-Stewart 平台,他们发明设计的 Gough-Stewart 平台两端都是采用虎克铰的,且 Gough 是最早提出、发明、设计和实际制造 Gough-Stewart 平台的人。

为了有助于理解并行机器人微妙的结构,现介绍法国学者们经常采用的布局图(layout graph)[8](Merlet J-P 和 Pierrot F 在文献[8]中叫作 layout graph(布局图),有时又叫作 joint -and - loop graph[9])。电动缸和液压缸不仅能提供沿轴线方向的直线主动运动,还能绕轴线方向被动地转动,即为圆柱副。从上面的分析可得知:Gough 与 Cappel 发明设计的

Gough-Stewart 平台都是 6-UCU 并联机构(其中 U 代表虎克铰,C 代表圆柱副,带下横线的表示主动副,没有下横线的表示被动副),它的布局图如图 1-7 所示。图 1-7 中没有阴影的运动副符号表示被动副,有阴影的运动副符号表示主动副。关于 Gough-Stewart 平台更详细的叙述,请参考文献[10]。

图 1-6　第一台基于 Gough-Stewart 平台的飞行模拟器[3]

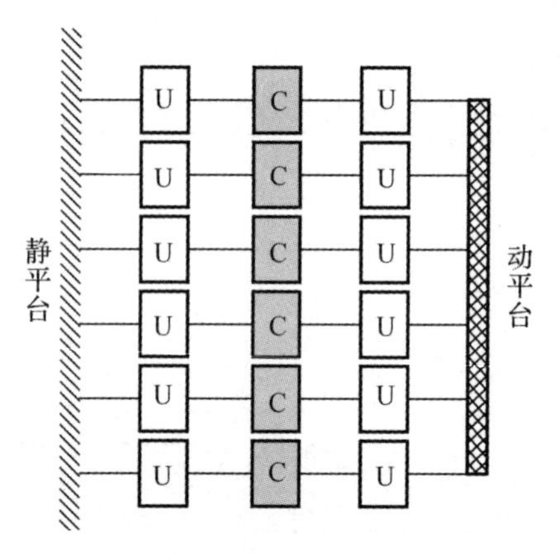

图 1-7　6-UCU 型 Gough-Stewart 平台布局图

除了 Gough-Stewart 平台外,瑞士洛桑联邦理工学院(EPFL)的 Clavel 教授领导的科研小组发明的 Delta 并联机器人得到了广泛、成功的应用[11]。近年来学者们已经提出了许多其他类型的并联机器人[1]。

1.2　并联机器人的结构形式

并联机器人按末端执行器自由度的多少可以分为两自由度并联机器人、三自由度并联机器人、四自由度并联机器人、五自由度并联机器人和六自由度并联机器人。并联机器人与其他结构也可以构成七自由度和八自由度混联机器人。下面对一些商用的产品进行简单的介绍，更多详细的内容请参阅 Merlet 的 *Parallel Robots*[12]。

1.2.1 两自由度并联机器人

对于仅需要在两维平面内完成作业的应用场合，多个高校研究机构与公司推出了不同结构的两自由度类 Delta 高速移动并联机器人。如图 1-8 所示为天津大学研制的钻石(Diamond)并联机器人[13]，国内阿童木机器人公司生产钻石系列并联机器人[14]；如图 1-9 所示为法国蒙彼利埃计算机科学、机器人和微电子实验室(LIRMM)和法国蒙彼利埃 Fatronik-Tecnalia 公司共同研制的 Par2 并联机器人[15]，它的加速度能超过 $40g$ [16]；如图 1-10 所示为 Codian Robotics 公司的 D2-500-OS070 并联机器人[17]。

为研究和验证油舱中液体燃料在六级海况下的静电产生情况以及氮气充压保护的可行性和可靠性，须准确模拟船舶在海面上的运动情况，为此哈尔滨工业大学电液伺服仿真及试验系统研究所(简称为哈工大电液伺服所)研制了一种冗余驱动的绕 X 轴和 Y 轴转动的两自由度并联机器人(摇摆台)[18]，如图 1-11(a)和(b)所示(图片来自哈工大电液伺服所)，作动器为液压缸。液压缸不仅能主动沿轴线方向移动，还能绕轴向被动地转动，即为一个圆柱副，如图 1-11(c)所示为它的布局图(R 表示转动副)。如图 1-12 所示为 InMotion Simulation，LLC 公司生产的两自由度电动模拟平台[19](2009 年 12 月 20 日从它们公司主页上下载的)。如图 1-13 所示为 Servos & Simulation 公司生产的两自由度电动模拟平台，能实现俯仰、横滚两个转动自由度的运动[20]。

图 1-8 钻石并联机器人[13]

(a)

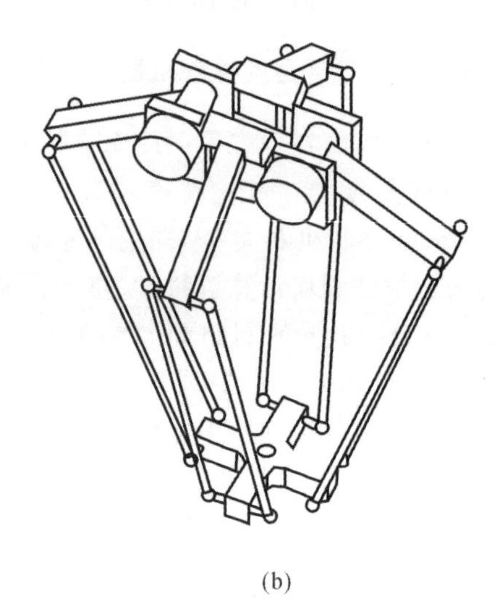

(b)

图 1-9　Par2 并联机器人[15]

(a)实物图；(b)一般描述图

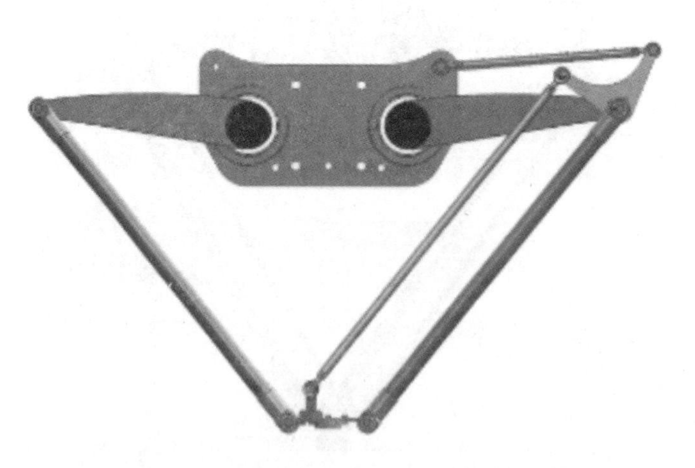

图 1-10　D2-500-OS070 并联机器人[17]

(a)

(b)

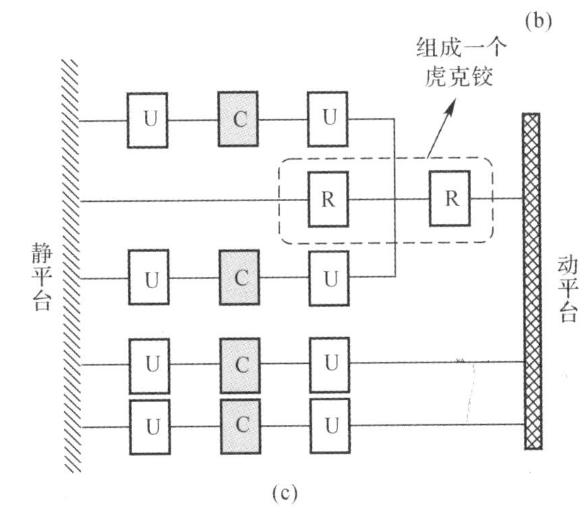

(c)

图 1-11 哈工大电液伺服所研制的两自由度运动模拟系统
(a)实物图 1；(b) 实物图 2；(c)布局图

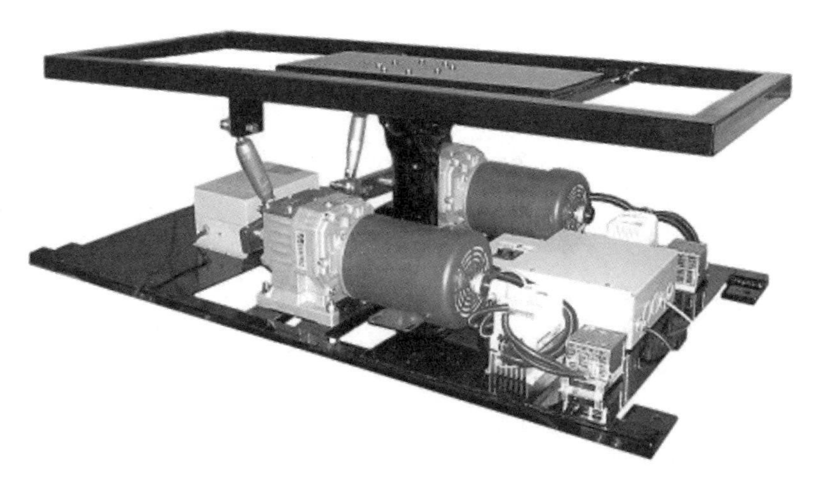

图 1-12 InMotion Simulation 公司两自由度电动模拟平台[19]

图 1－13 Servos & Simulation 公司两自由度电动模拟平台[20]

1.2.2 三自由度并联机器人

三自由度并联机器人中被大家所熟知的主要有用于高速拣选和定位装置的 Delta 机器人和用作并联机床的 Tricept 机器人。瑞士洛桑联邦理工学院（EPFL）Clavel 领导的团队发明了平移三自由度并联机器人——三自由度 Delta 并联机器人，如图 1－14(a)所示[21]，图 1－14(b)为布局图。Clavel 领导的团队发明的三自由度 Delta 并联机器人由一动平台、一静平台和三条支路组成。每一条支路通过固定于静平台上的电机和精密减速装置带动主动臂转动，然后通过一个(2－SS)型空间平行四杆机构连接到动平台上(S 表示球铰)。

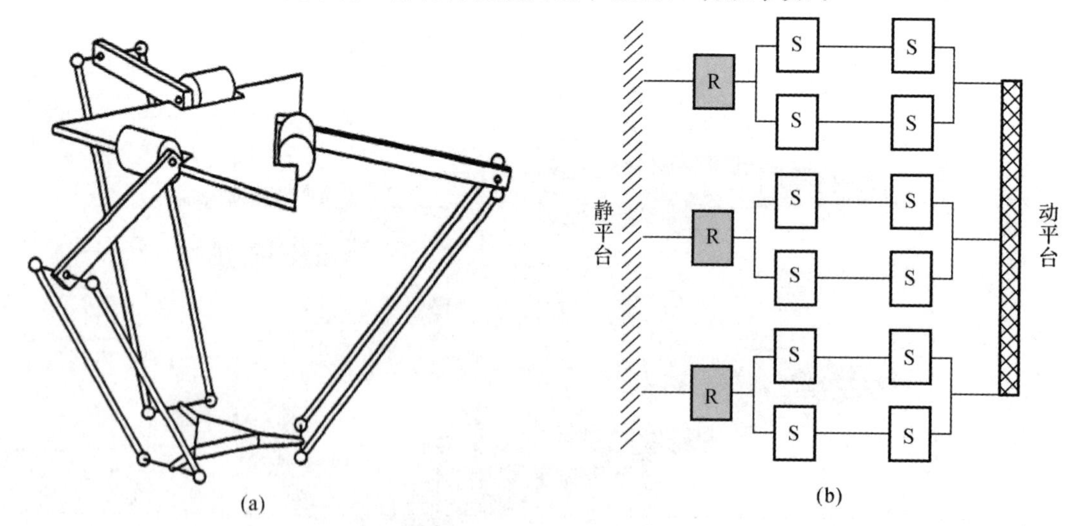

图 1－14 Clavel 领导的团队发明的三自由度 Delta 并联机器人

(a)结构示意图[21]； (b)布局图

在三自由度 Delta 并联机器人基础上加一运动链，用来控制动平台上末端执行器绕 z 轴的转动，就构成一个四自由度机器人，能实现 Schöenflies 运动。图 1－15 所示为 Clavel 领导的团队发明的四自由度 Delta 并联机器人[21]。Delta 并联机器人被广泛应用于工业中，如 ABB 公司的 FlexPicker（见图 1－16）[22]。商用四自由度 Delta 并联机器人的布局图如图 1－17 所示[8]（P 表示移动副）。

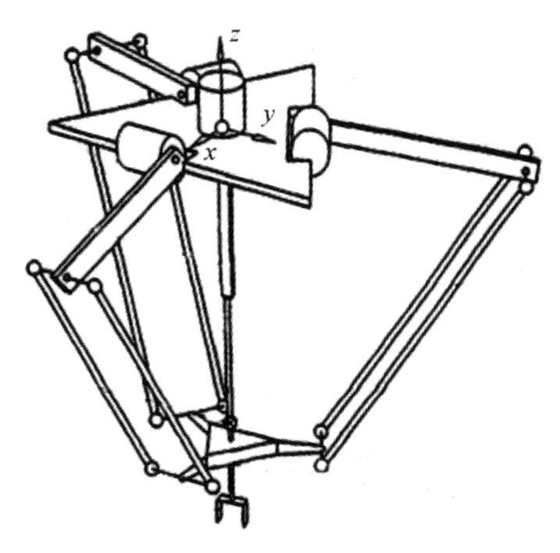

图 1－15　Clavel 领导的团队发明的四自由度 Delta 并联机器人

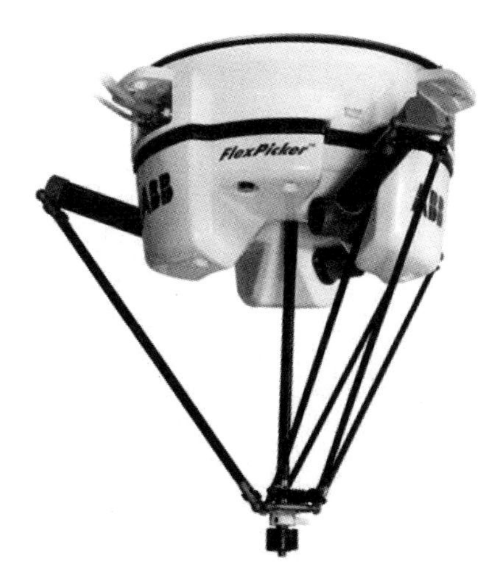

图 1－16　ABB 公司的 FlexPicker

Tricept 机器人是由 Neumann 于 1988 年发明的[23]，其结构如图 1－18 所示[23]。Tricept 机器人在并联机床加工机器中有超过 70％以上的市场占有率，是公认的知名成熟产品[24]。西班牙的 PKMtricept SL 和 Loxin 2002 公司生产的 Tricept 系统机器人，与 Neumann 的设计原理一样(图 1 - 19 所示为它们所生产的 Tricept T9000 机器人[25])。该系列 Tricept 机器人是五(或六)自由度混联机器人。三个自由度由三脚架形并联机器人提供。三脚架形并联机器人动平台上串接一个两(或三)自由度转头，Tricept 机器人工具中心点(tool center point)就有五(或六)个自由度的运动[24]。三脚架形并联机器人由三个 UPS 支链和一个 UP 支链组成，它的布局图如图 1 - 20 所示[8]。

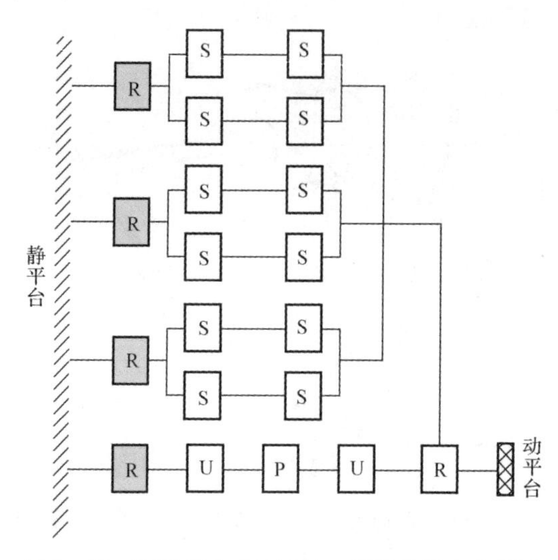

图 1 - 17　商用四自由度 Delta 并联机器人布局图

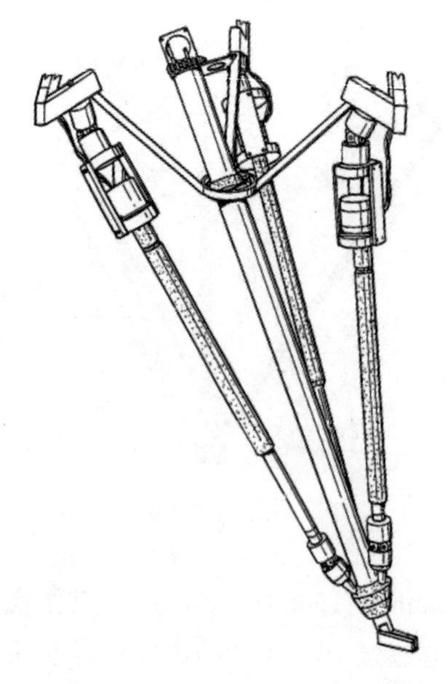

图 1 - 18　Neumann 发明的 Tricept 机器人[23]

图1-19 Tricept T9000机器人[25]

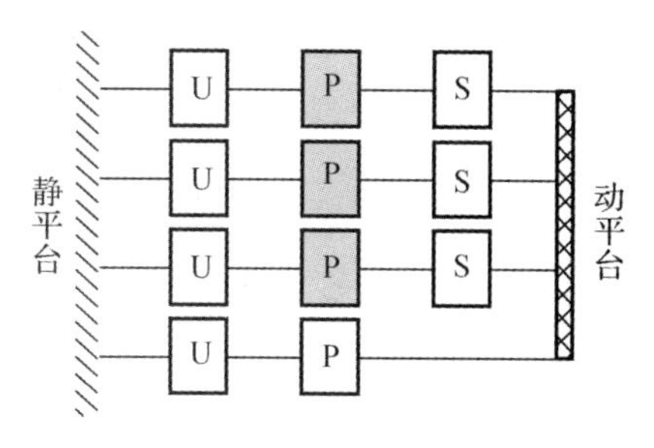

图1-20 三脚架形并联机器人布局图

天津大学黄田教授等人发明了具有我国自主知识产权的可重构制造装备——TriMule混联机器人[26-27]。TriMule机器人是由一个三自由度并联机器人的动平台串接一个两自由度手腕组成的五自由度混联机器人[27]。图1-21所示为TriMule混联机器人[27]。

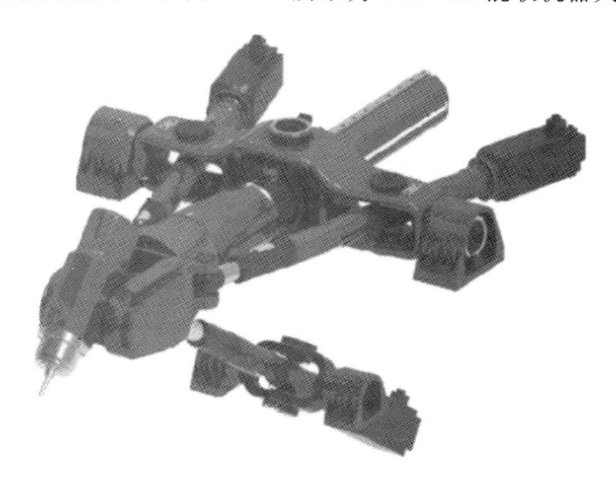

图1-21 TriMule混联机器人

三自由度并联机器人也被广泛用作运动模拟平台。如德国KMW公司研制的坦克模拟器(见图1-22),能够实现俯仰、横滚、偏航和升沉四个自由度的运动,是在三自由度并联机器人动平台上串联一个回转自由度实现四自由度的运动[28]。四自由度摇摆台主要由上转台、动平台、静平台、上折页、下折页及液压缸六部分组成[28]。三自由度并联机器人的组成如下:液压缸与静平台、上折页间通过关节轴承连接;下折页与静平台及上折页间通过轴承连接;上折页与动平台之间通过球铰连接[28]。德国 KMW 公司研制的坦克模拟器的布局图如图 1－23 所示。

图 1－22　德国 KMW 公司研制的坦克模拟器

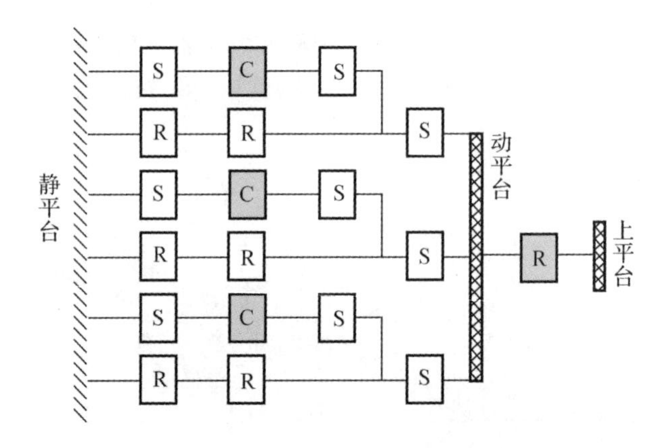

图 1－23　德国 KMW 公司研制的坦克模拟器的布局图

哈工大电液伺服所研制的自行武器动态试验模拟设备如图 1－24 所示[29]。其中三自由度并联机构由动平台、三套液压作动器、三套支撑杆及地基等部件组成[29]。它在伺服控制系统的控制下带动自行武器的炮塔实现俯仰、横滚和偏航三个自由度的运动[29]。液压作动器和支撑杆的两端为关节轴承，三个支撑杆对动平台起约束和支撑作用[29]，布局图如图 1－25 所示。图 1－26 所示为 InMotion Simulation，LLC 公司研制的三自由度电动模拟平台（2009 年 12 月 20 日从该公司主页上下载的）[19]。InMotion Simulation 公司另外一种三自由度的模拟平台在 Merlet 的书 [12] 中有详细介绍。

图1-24 哈工大电液伺服所研制的自行武器动态试验模拟设备

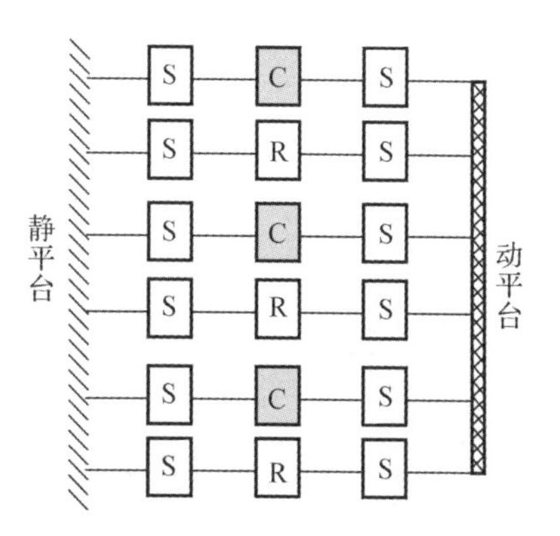

图1-25 哈工大电液伺服所研制的自行武器动态试验模拟设备的布局图

图1-26 InMotion Simulation, LLC公司研制的三自由度电动模拟平台

图1-27所示为美国国家航空航天局(NASA)的垂直运动模拟器(Vertical Motion Simulator,VMS)[30]。图1-28所示为垂直运动模拟器塔(Vertical Motion Simulator Tower)[31]。VMS是世界上最大的基于运动平台的运动飞行模拟器(Advani S,2002)。运动平台安装在一座10层楼高的建筑内,由强大的马达驱动。运动平台可以在相当长的一段时间内保持运动。出于这个原因,垂直运动模拟器在很难复现飞行的一些关键阶段(例如着陆和起飞)表现优异[31]。VMS的上面是一个三自由度的并联机器人,能实现三个转动自由度的运动。VMS沿三个轴向的平移由三个方向的导轨的移动实现。根据Merlet[12]的描述,得到VMS上面三自由度并联机器人的布局图如图1-29所示。图1-30所示为博世力士乐研制的三自由度液压驱动运动模拟平台Cmotion_33000[32]。它能实现俯仰、横滚和升沉三个自由度的运动[32]。图1-31所示为Servos & Simulation公司生产的三自由度电动模拟平台,能

实现俯仰、横滚和升沉三个自由度的运动[33]。

图 1-27　NASA 的垂直运动模拟器

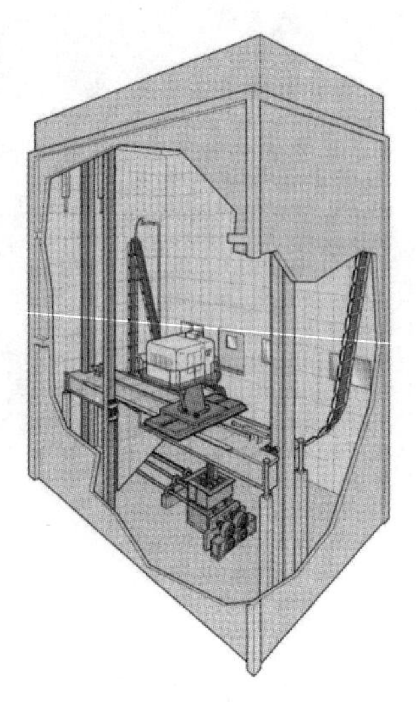

图 1-28　NASA 的垂直运动模拟器塔

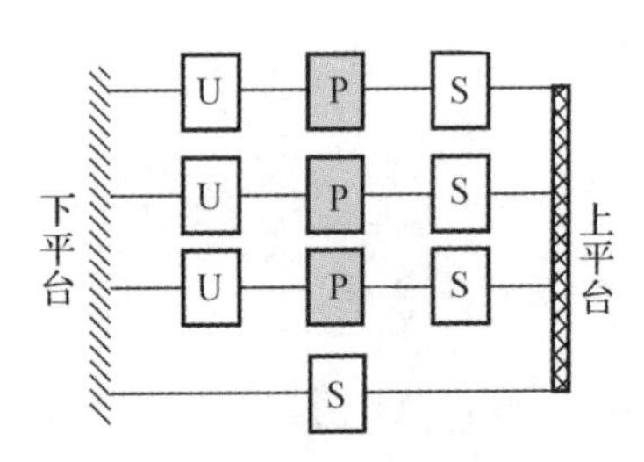

图 1-29　VMS 上面三自由度并联机器人的布局图

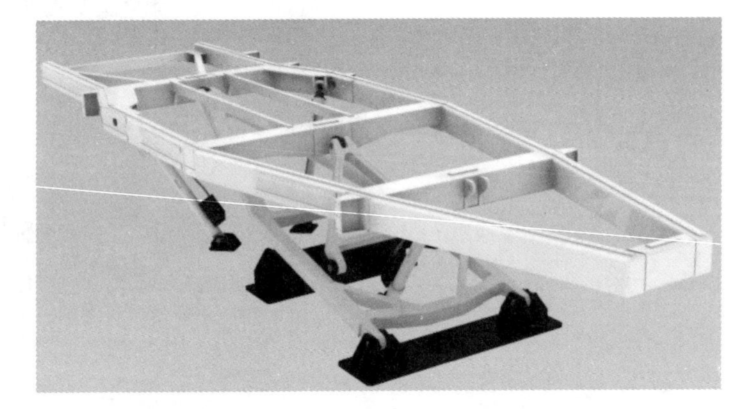

图 1-30　博世力士乐的三自由度液压驱动运动模拟平台 Cmotion_33000

1.2.3　四自由度并联机器人

为了消除四自由度 Delta 并联机器人中平移被动副的影响，现在出现了能实现 Schöenflies 运动的 4 个支路的并联机器人，其中比较著名的为 Omron Adept 的 Quattro 机器人[34]（见图 1-32[35]）。Quattro 机器人是法国蒙彼利埃计算机科学、机器人和微电子实验室(LIRMM)和西班牙 Fatronik 研究人员合作的产物[34]。当 Omron Adept 公司的 Quattro 机器人采用的动平台为 P30(见图 1 - 33[35])时,不能转动,只能实现三个自由度的移动运动。当 Omron Adept 的 Quattro 机器人采用的动平台为 P31、P32 和 P34 时,能实现四个自由度的 Schöenflies 运动[35]。

图 1 - 31　Servos & Simulation 公司三自由度电动模拟平台

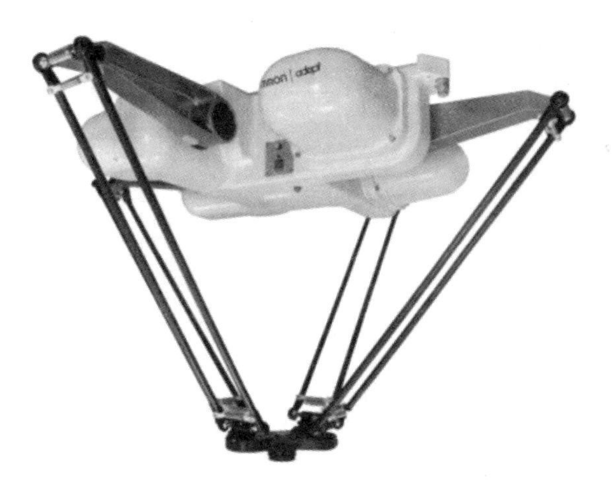

图 1 - 32　Omron Adept 公司的 Quattro 机器人

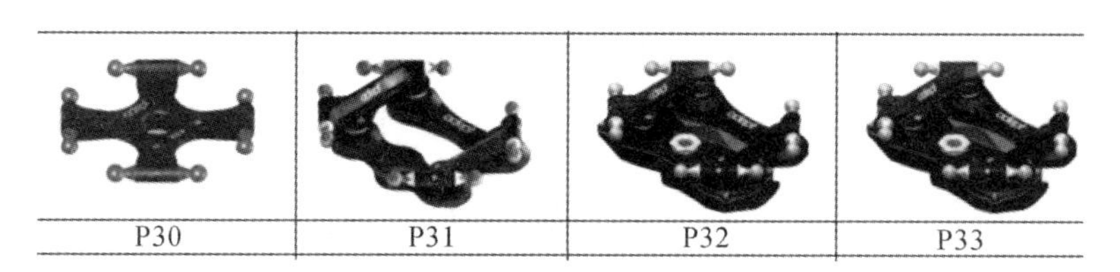

图 1 - 33　Omron Adept 公司的 Quattro 机器人不同的动平台

为了增加旋转运动的范围，法国的 Pierrot F. 等人在移动板中嵌入了铰链，他们研制了 H4、I4L 和 I4R 四支路并联机器人[36]。为了消除 H4、I4L 和 I4R 四支路并联机器人可能在工作空间内存在约束奇异的影响，他们研制了 Par4 四支路并联机器人（见图 1-34）[36]。Par4 并联机器人的布局图[37]如图 1-35 所示。Par4 并联机器人的第一个商业化产品是 Omron Adept 公司的 Quattro 机器人[36]。

图 1-34　Par4 并联机器人

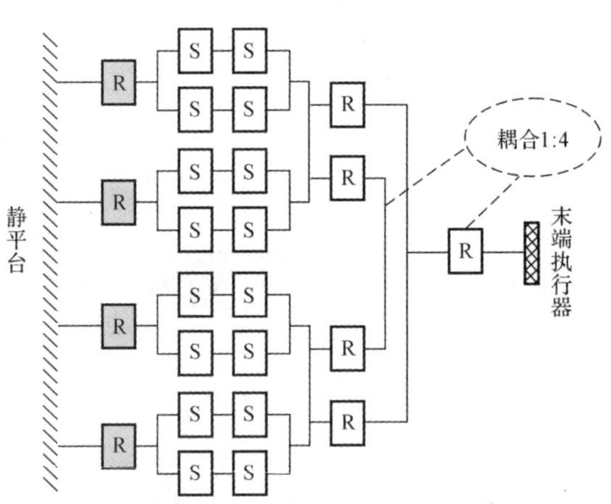

图 1-35　Par4 并联机器人的布局图

清华大学刘辛军教授等人也研制了四支路并联机器人——X4（见图 1-36）[34]。

图 1-36　清华大学研制的 X4 机器人

1.2.4 六自由度并联机器人

六自由度并联机器人中非常著名的为 Gough-Stewart 平台，组成它的结构有 6－UCU 并联机器人、6－UPS 并联机器人等。另外一种六自由度并联机器人为 6－RUS 并联机器人，如图 1－37 所示为 Servos & Simulation 公司生产的电动六自由度摇摆台[38]。由图 1－37 可知，Servos & Simulation 公司生产的电动六自由度摇摆台主动转动副的布置形式不一样。图 1－38所示为国内第一个有自主知识产权的多轴液压振动试验系统，由哈工大电液伺服所研制完成并于 2006 年底顺利通过验收[39]。

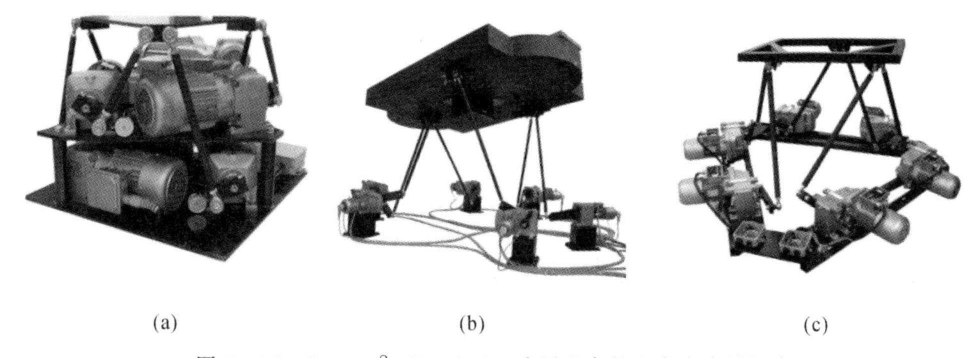

图 1－37　Servos & Simulation 公司生产的六自由度摇摆台

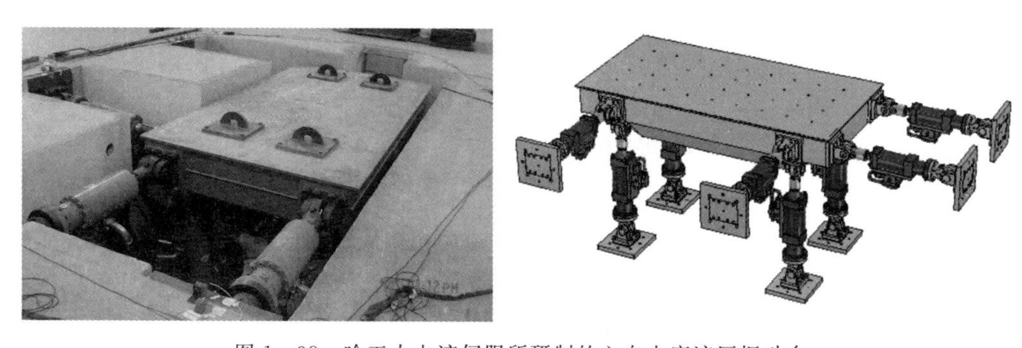

图 1－38　哈工大电液伺服所研制的六自由度液压振动台

1.2.5 其他并联(或混联)机器人

图 1－39 所示为 Moog 公司生产的 MB－EP－2DOF/3400KG 运动模拟平台[40]。MB－EP－2DOF/3400KG 运动模拟平台能够承受 3 400 kg(7 495 lb)的总动载荷(GML)，由 2 个 50 in(1 in＝2.54 cm)行程电动执行器和 2 个 20 in 行程电动执行器组成。机舱可以实现高达 ±30°的横滚角，而万向节机舱组件可以达到±45°的俯仰角[40]。

图 1-39　Moog 公司的 MB-EP-2DOF/3400KG 运动模拟平台

图 1-40 所示为 Moog 公司生产的 MB-EP-5DOF/8/3000KG 五自由度运动模拟平台[40]。MB-EP-5DOF/8/3000KG 运动模拟平台能够承受 3 000 kg(6 614 lb)的总动载荷(GML),由 4 个 8 in 行程电动执行器、2 个 8 in 气动执行器和一个用于横向导轨的 20 in 电动执行器组成[40]。

图 1-40　Moog 公司的 MB-EP-5DOF/8/3000KG 五自由度运动模拟平台

图 1-41 所示为 Moog 公司生产的七自由度驾驶模拟器测试平台[41]。它基于电动系统，使汽车制造商能够测试当前和未来的车辆设计，通过专家驾驶员评估车辆动态，研究驾驶员的行为，评估驾驶员辅助系统以及培训新驾驶员[41]。

Moog 公司以六自由度运动模拟平台为基础，加上一个两自由度(横滚角和俯仰角)的倾斜平台，构成了一个八自由度运动模拟平台(见图 1-42)[42]。两自由度平台横滚角和俯仰角分别能达到 30°。整个八自由度运动模拟平台横滚角和俯仰角分别能超过 50°[42]。

如图 1-43 所示博世力士乐为同济大学提供的八自由度运动系统，凭借同济大学实验室里的模拟驾驶舱，人们也能精准地感受到车辆驾驶过程中的真实体验[43]。

图 1-44 所示为哈工大电液伺服所研制的七自由度运动模拟平台，模拟负载的俯仰、横滚

和偏航三个角运动最高频率可达 15 Hz，偏航最大角位移为 ±90°，角速度达到 100°/s，角加速度达到 800°/s²[44]。

图 1-41　Moog 公司的七自由度驾驶模拟器测试平台

图 1-42　Moog 公司的八自由度运动模拟平台

图 1-43　同济大学八自由度驾驶模拟器

图 1-44　哈工大电液伺服所研制的七自由度运动模拟平台[44]

图 1-45 所示为 Team 公司的 CUBE 六自由度电液式振动台[45]。图中符号1～6 表示 6 个液压激振器。该振动台从外观上看是一个立方体，它的 5 个面是啮合的，激振器配置在内部。3 套平行的整体振动器用自带的静压轴承正交安装在 CUBE 的矩形基础上。每一套平行的激振器控制实现一个方向的平移和转动运动[45]。

图 1-46 所示为 Team 公司的 Tensor 18 kN 六自由度振动台[46]。它是最先进的商用振动测试系统，采用 12 个振动器，能够将现场振动环境复现到 2 000 Hz[46]。

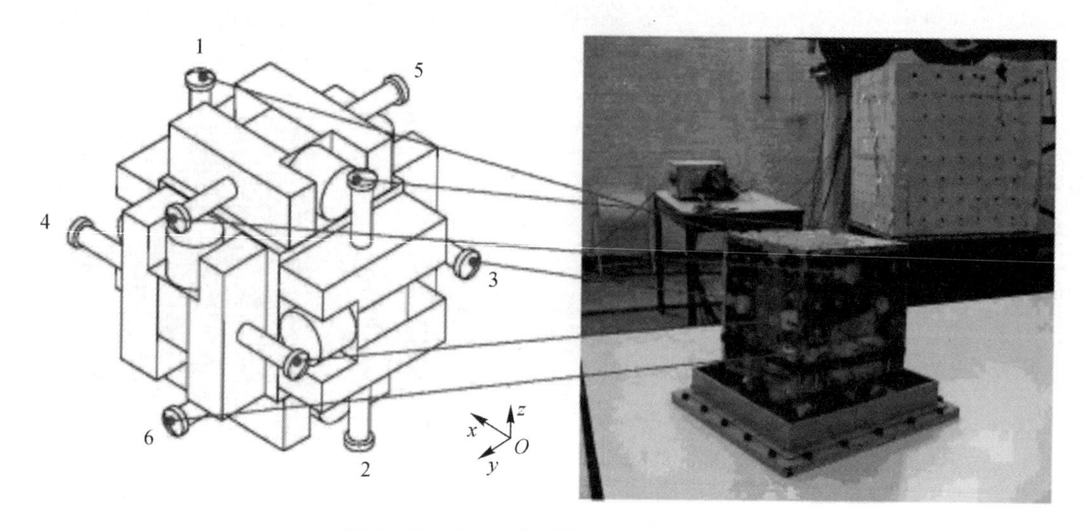

图 1-45　Team 公司的 CUBE 振动台

(a)　　(b)

图 1-46　Team 公司的 Tensor 18 kN 振动台

(a)实物图；(b)振动器布置图

图 1-47 所示为 Team 公司的 Mantis 六自由度振动台，结构上采用 Team 自主研制的无摩擦力静压轴承作动器和静压支撑球铰。它可以满足正弦、随机、正弦随机叠加、随机叠加、锯齿、冲击、瞬态和波形再现等各种波形振动试验，该试验台频宽高达 100 Hz[47]。

图 1-48 所示为美国 NASA 的 MVF 六自由度振动台，竖直方向采用了 16 个振动器，水平方向采用了 4 个振动器，可以实现六自由度的振动测试[48]。关于它的更多内容请查阅 NASA 的官网[49]。

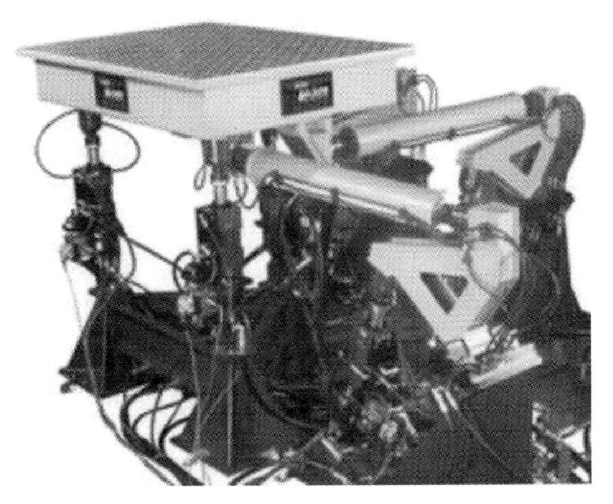

图1-47　Team公司的Mantis六自由度振动台

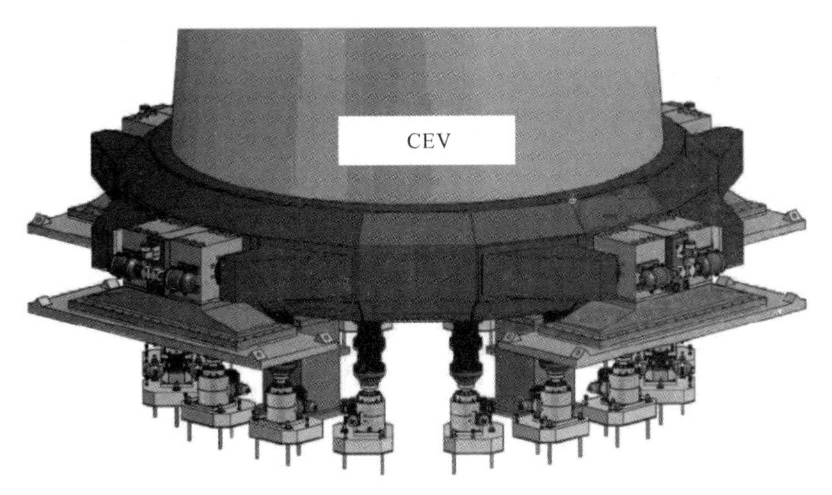

图1-48　美国NASA的MVF六自由度振动台

图1-49所示为Moog公司生产的液压六自由度多轴振动台，该动态仿真台由尽可能紧凑、轻便的平台和由底板组成的底座夹具组成，可以实现高达100 Hz的频率[50]。图1-50所示为Moog公司生产的高频液压六自由度多轴振动台，可以实现高达200 Hz的频率[51]。

美国在多轴振动试验台方面以MTS公司为代表。MTS公司是一家以提供测试和检测系统为主的企业，该公司不仅具有伺服控制系统技术，而且在振动控制系统技术领域也是全球领先的，并已经投入到商业生产中[52]。图1-51所示为MTS生产的三自由度农业测试平台，能够实现横滚、俯仰和升沉三个自由度的运动，频率范围为0.1～60 Hz。图1-52所示为MTS公司生产的基于Gough-Stewart平台的六自由度振动台，其中型号353.10、353.20和354.20基于Gough-Stewart平台的六自由度振动台可分别在高达500 Hz、150 Hz和100 Hz

的频率下运行[53]。图 1-53 所示为 MTS 公司生产的正交结构的六自由度振动台[53]。MTS 公司生产的正交结构的六自由度振动台由 6 个电液伺服激振器组成,采用传动杆结构连接驱动水平运动的激振器,取消了水平反作用质量,从而减少了反作用质量的造价。这类振动台的推力为数万牛,台面尺寸在 1 m×1 m～2 m×2 m 之间,特别适合数百千克的试验件,其频率范围较小,频率上限一般为 40～50 Hz[39]。

图 1-49　Moog 公司生产的六自由度振动台

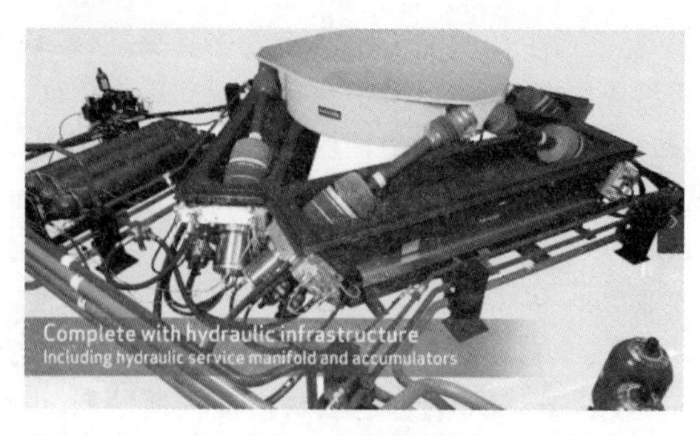

图 1-50　Moog 公司生产的高频六自由度振动台

图1-51 MTS公司生产的三自由度农业测试平台

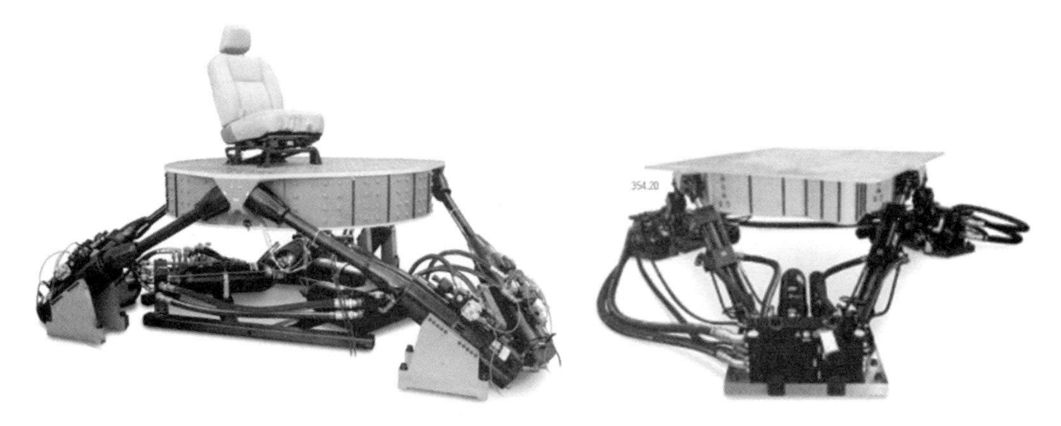

图1-52 MTS公司生产的基于Gough-Stewart平台的六自由度振动台

图 1－53　MTS公司生产的正交结构的六自由度振动台

图 1－54 所示为德国 CFM Schiller GmbH 公司生产的微型液压六自由度多轴振动台(mini－MAST)[54]。

图 1－54　CFM Schiller GmbH 公司生产的六自由度振动台

英国 Servotest 公司在 20 世纪 40 年代成立，是从事多轴振动台研究比较早的公司，在伺服液压测试和运动模拟行业技术领先[52]。图 1－55～图 1－57 所示是 Servotest 公司生产的正交型六自由度振动台。图 1－58 所示是 Servotest 公司生产的基于 Gough-Stewart 平台的六自由度振动台。如图 1－59 所示是 Servotest 公司研制并搭建的飞行器模拟试验系统，该系统可以模拟横滚、俯仰和升沉三个自由度的运动[55]。

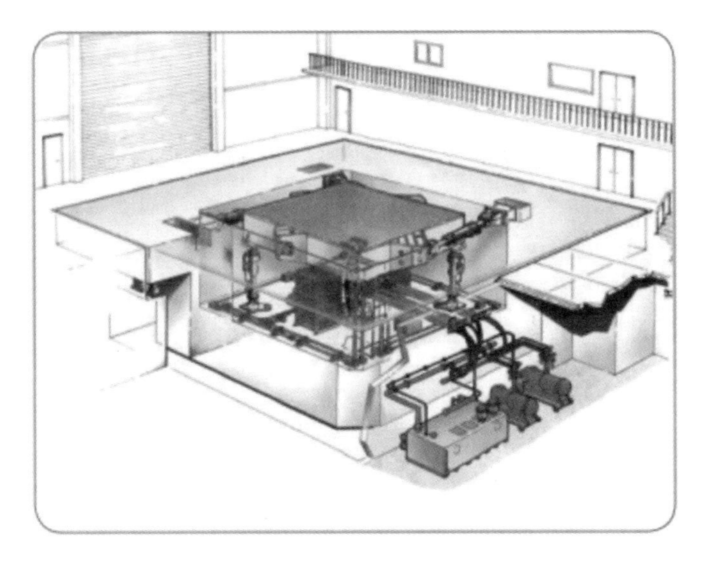

图1-55 Servotest生产的六自由度振动台一

图1-56 Servotest公司生产的六自由度振动台二

图1-57 Servotest公司生产的六自由度振动台三

日本是研制液压振动试验系统较早的国家，也是一直领先的国家[52]。日本防灾科学技术研究所在2005年建造了堪称世界上最大的地震台[56]，如图1-60所示，水平两向各有5个激振器，垂向有14个激振器[55-56]。系统的主要技术参数如下[56]：

台体尺寸：20 m×15 m×5.5 m；

有效载荷：12 000 t；

自由度数：6，沿X、Y、Z轴的平移加上横滚、俯仰和偏航；

最大位移：X 和 Y 向都为±1.0 m，Z 向为±0.5 m；

最大速度：X 和 Y 向都为 2 m/s；Z 向为 0.7 m/s；

最大加速度：水平 1.5g；垂直 0.9g；

频率范围：0～15 Hz（精度可达到）；15～30 Hz（可以驱动）。

图 1-58　Servotest 公司生产的基于 Gough-Stewart 平台的六自由度振动台

图 1-59　Servotest 公司生产的三自由度飞机座舱模拟器

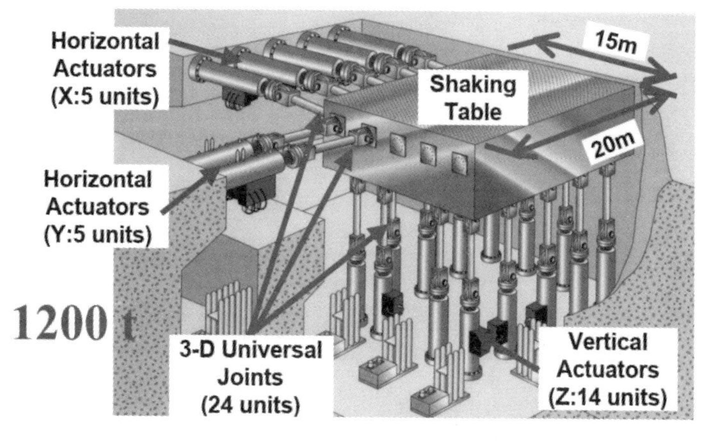

图1-60　日本建造的世界上最大的地震台

1.3　并联机器人的应用

1.3.1　运动模拟平台

并联机器人由于具有精度高、承载能力大等优点，所以被广泛用作各种运动模拟平台，这是并联机器人成功应用的领域之一。如基于联合技术公司的西科斯基飞机部对六自由度直升机飞行模拟器的设计与建造需求，Cappel 建造了有史以来第一台基于 Gough-Stewart 平台的飞行模拟器，如图1-6所示；全球著名飞行模拟器制造商加拿大 CAE 公司制造的3000系列全动直升机飞行模拟器与 XR7000 系列 D 级全动飞行模拟器分别如图1-61[58]和图1-62[58]所示。

图 1-61　CAE 3000 系列全动直升机飞行模拟器

图 1-62　CAE XR 7000 系列 D 级全动飞行模拟器

世界上领先的运动赛车和车辆模拟器设计者和制造商克鲁登(Cruden)公司生产的 Cruden Hexatech 终极赛车模拟器[59](见图 1-63),能够模拟真实的 F1、NASCAR、WRC 和 LeMans 等比赛。Cruden Hexatech 终极赛车模拟器[59]也是采用电动缸驱动的 Gough-Stewart 平台,且上、下铰都分别采用虎克铰。

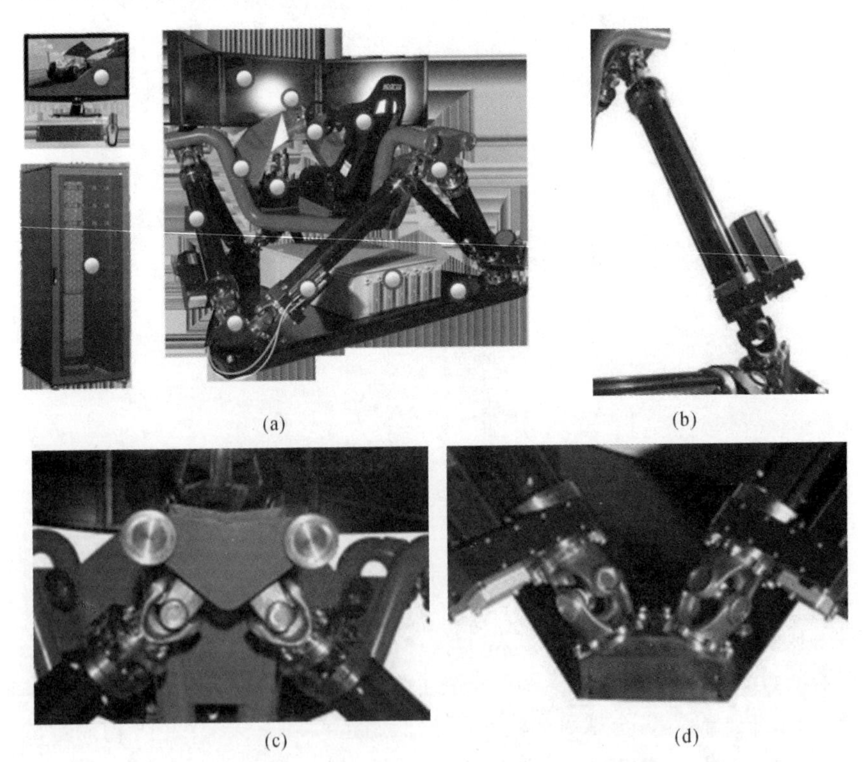

图 1-63　Cruden Hexatech 终极赛车模拟器

(a)整体图；(b)支路图；(c)上铰；(d)下铰

4D－7D影院六自由度运动座椅一般也采用Gough-Stewart平台，如世界最大的游戏超级商店BMIGaming公司官网上提供的VALKYRIE和X-Rider影院运动座椅如图1－64所示[60]。

(a)

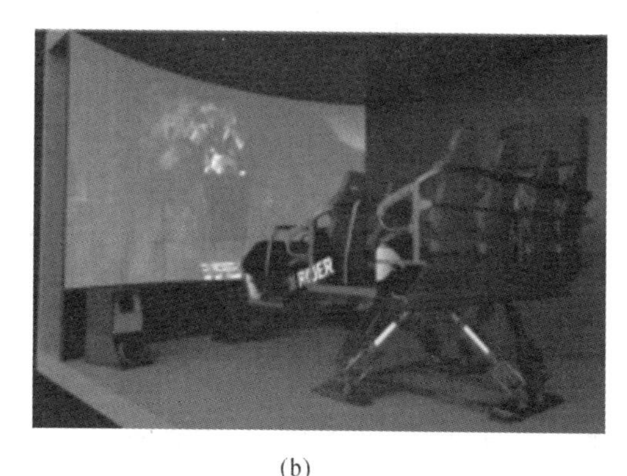

(b)

图1－64 4D－7D影院六自由度运动座椅
(a)VALKYRIE影院运动座椅； (b)X－Rider影院运动座椅

Gough-Stewart平台还用作空间对接机构综合试验设备。如为了实现“神舟八号”和“天宫一号”的空间对接试验，哈工大电液伺服所为中国航天科技集团公司研制了空中对接机构综合试验台运动模拟器(验收时间：2008年，见图1－65，为国内第一台空间对接机构半物理仿真系统)[61]。运动范围大：纵向位移为3 m、横向位移1.7 m、绕任意轴转角为50°；精度高：静态误差小于1 mm，0.1°，重复定位精度为0.2 mm；频率高：12 Hz(－2 dB、70°)；安全保护：故障情况下作动器快速锁紧，锁紧时间10 ms，锁紧位移为10 mm[61]。图1－66所示为俄罗斯“能源”联合体对接机构综合试验设备[62]。

图1－65 哈工大研制的空中对接机构综合试验台运动模拟器

图1－66 俄罗斯“能源”联合体对接机构综合试验设备

图 1-67 所示为哈工大电液伺服所研制的两栖战车驾驶模拟系统[63]。图 1-68 为哈工大电液伺服所研制的车端关系综合试验台[64]。

图 1-67　两栖战车驾驶模拟系统

图 1-68　车端关系综合试验台

图 1-69 为 InMotion Simulation 公司研制的三自由度飞机模拟器[19]。图 1-70 所示为 InMotion Simulation 公司为皇家海军研制的三自由度射击训练平台[19]。图 1-71 所示为博世力士乐的三自由度乘务员训练器[32]。

图 1-69　InMotion Simulation 公司研制的三自由度飞机模拟器

1.3.2　振动台

并联和混联(也叫串并联)机器人也被广泛用作振动台,如 1.2 节中提到的振动台。

图1-70 InMotion Simulation公司为皇家海军研制的三自由度射击训练平台

图1-71 博世力士乐的三自由度乘务员训练器

1.3.3 并联机床

20世纪80年代国外开始了对并联机床的研究,90年代相继推出了形式各异的产品化样机。1994年美国芝加哥IMT博览会上的Giddings & Levis公司Variax并联机床如图1-72所示[65]。每条支路通过万向接头(gimberls)分别连到上平台和下平台上[65]。加工精度达到10 μm,最大速度为66 m/min,最大加速度超过1g。图1-73所示为在一台标准的立式铣床下面配置一台Gough-Stewart平台,可以变成一个五轴加工中心[66]。1.2节还提到了基于Tricept和TriMule混联机器人的并联机床等。

1.3.4 分拣机器人

分拣工作是内部物流最复杂的一环,往往人工工时耗费最多。自动分拣机器人能够实现24 h不间断分拣;占地面积小,分拣效率高,可减少70%的人工;精准、高效,提升工作效率,降低物流成本。并联机器人在食品、制药、电子和日化等行业的分拣、搬运、装箱和抓取等环节都有广泛应用，如 1.2 节提到的 Delta 机器人、Omron Adept 的 Quattro 机器人以及钻石机器人等。

(a)

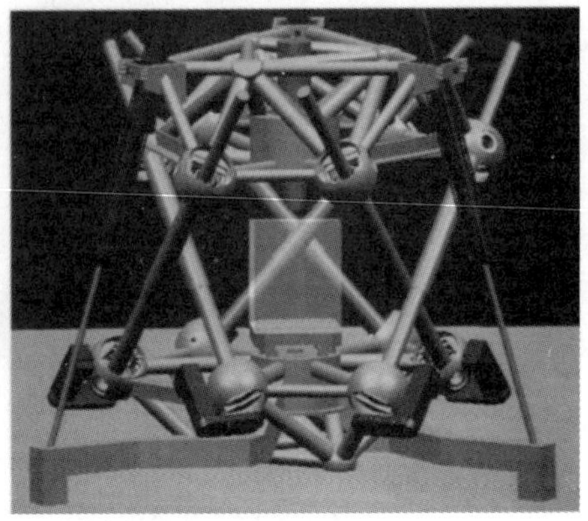

(b)

图 1－72 Giddings & Levis 公司的 Variax 并联机床

(a)样机； (b)万向接头布置图

图 1－73 组合成的五轴加工中心

1.3.5 工业机器人

并联(或混联)机器人也可用作工业机器人，如发那科(FANUC)机器人有限公司生产的 F－i200iB系列机器人(见图 1－74)，最大负重可达到 100 kg，可应用于装配、物流搬运、材料加工、弧焊和点焊[67]。

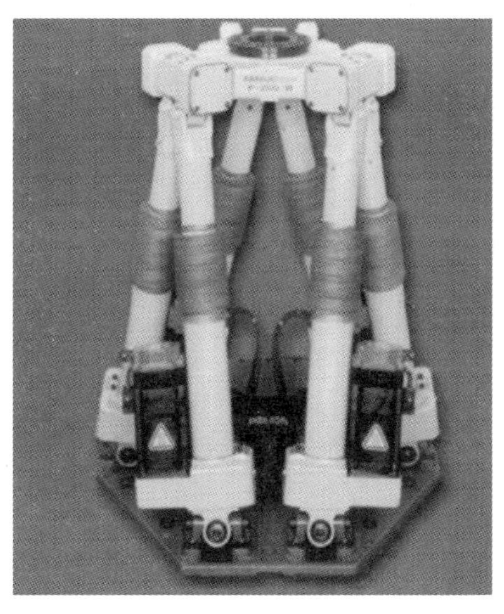

图 1－74 F－i200iB 系列机器人

Juan Ramirez 和 Jörg Wollnack 把 Gough-Stewart 平台用于大型碳纤维复合材料结构柔性自动化装配系统中(见图 1－75)[68]。

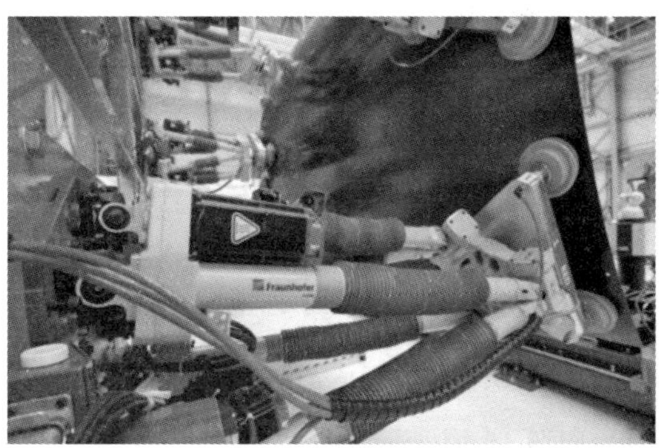

图 1－75 Juan Ramirez 和 Jörg Wollnack 的样机

1.3.6 波浪补偿舷梯

荷兰 AMPELMANN 集团的 AMPELMANN 波浪补偿舷梯是世界波浪补偿舷梯领导品牌。AMPELMANN 波浪补偿舷梯成立 10 年来，已经完成了 4 000 000 人次安全转移，5 000 t 货物安全转移，为全球 200 位客户提供服务。全球主流的石油公司、海上风电公司与 AMPELMANN 集团都有良好合作[68]。如图 1－76 所示为 AMPELMANN 波浪补偿舷梯[68]。

(a)

(b)

图 1-76　AMPELMANN 波浪补偿舷梯

1.3.7　天文望远镜

Gough-Stewart 平台也被用于天文望远镜系统中。如安装在美国夏威夷莫纳罗亚山(Mauna Loa)上的 AMiBA 天文望远镜(见图 1-77),采用 Gough-Stewart 平台结构,能够在高达 30 m/s 的风速下运行[69]。

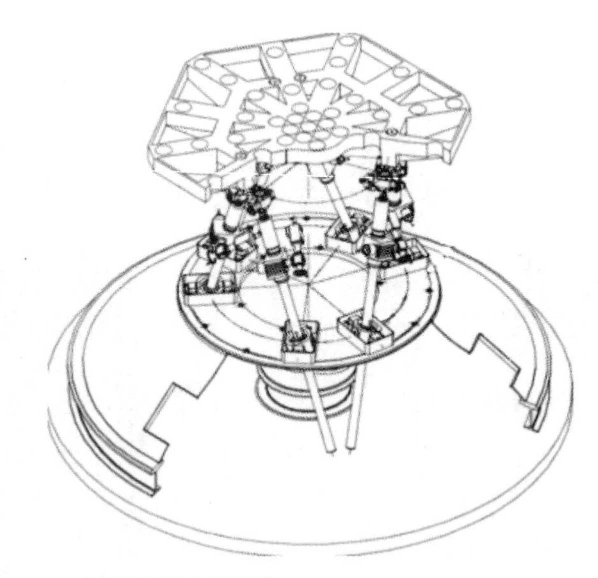

图 1-77　AMiBA 天文望远镜

并联机器人也被用于定位、隔振等,详细的内容请阅读著名并联机器人专家 J. P. Merlet 2006 年编著的 *Parallel Robots*(第二版)[12](中文版:并联机器人. 黄远灿,译. 北京:机械工业出版社,2014)。

1.4 本书内容

建立动力学模型有下面几个重要性：第一，动力学模型可用于计算机模拟机器人系统，可以在不需要真实系统的情况下检查各种制造任务；第二，它可以用于开发合适的控制策略；第三，对动力学模型分析能够得到为确定连杆、轴承和执行器尺寸所需的所有关节的作用力和力矩[70]。

本书内容为并联机器人的刚体动力学反解分析。第2章对运动学分析的基础知识进行介绍。对并联机器人进行运动学反解分析和动力学反解分析时，一般是在没有奇异的前提下推导得到式子，第3章内容对螺旋理论及奇异性进行介绍；为了能正确理解和推导出并联机器人的刚体动力学反解模型，第4章对常用的刚体动力学分析方法进行介绍；第5～8章运用第4章中的刚体动力学分析方法建立 Gough-Stewart 平台和 Delta 并联机器人的动力学反解模型。

参考文献

[1] MERLET J P, GOSSELIN C, HUANG T. Parallel Mechanisms[C]//Springer Handbook of Robotics. 2nd ed. Berlin - Heidelberg: Springer, 2016: 443 - 461.

[2] FICHTER E F, KERR D R, REES - JONES J. The Gough-Stewart Platform Parallel Manipulator: A Retrospective Appreciation[J]. Proceedings of the Institution of Mechanical Engineers, Part C: Journal of Mechanical Engineering Science, 2009, 223 (1): 243 - 281.

[3] BONEV I. The True Origins of Parallel Robots[EB/OL]. (2003 - 01 - 24) [2013 - 06 - 30]. http://www.parallemic.org/Reviews/Review007.html.

[4] GOUGH V E, WHITEHALL S G. Universal Tyre Testing Machine[C]//Proceedings of the 9th International Automobile Technical Congress, London, 1962: 117 - 137.

[5] Wikipedia. Stewart Platform[EB/OL]. (2018 - 03 - 08)[2018 - 05 - 01]. https://en.wikipedia.org/wiki/Stewart_platform.

[6] STEWART D. A Platform with Six Degrees of Freedom[J]. Proceedings of the Institution of Mechanical Engineers, 1965, 180(1): 371 - 386.

[7] CAPPEL K L. Motion Simulator: US 3295224[P]. 1967 - 01 - 03.

[8] MERLET J P, PIERROT F. Modeling of Parallel Robots[M]// Modeling, Performance Analysis and Control of Robot Manipulators. CA: ISTE, 2007:81 - 139.

[9] KRUT S, NABAT V, COMPANY O, et al. A High - speed Parallel Robot for Scara Motions[C]//Proceedings of the 2004 IEEE International Conference on Robotics and

Automation. New Orleans, 2004: 4109 - 4115.

[10] 刘国军. Gough-Stewart 平台的分析与优化设计[M]. 西安:西北工业大学出版社, 2019.

[11] BONEV I. Delta Parallel Robot — the Story of Success[EB/OL]. (2001 - 05 - 06) [2019 - 08 - 28]. http://www.parallemic.org/Reviews/Review002.html.

[12] MERLET J P. Parallel Robots[M]. 2nd ed. Netherlands: Springer, 2006: 27 - 93.

[13] HUANG T, LIU S T, et al. Optimal Design of a 2 - DOF Pick - and - Place Parallel Robot Using Dynamic Performance Indices and Angular Constraints[J]. Mechanism and Machine Theory, 2013, 70: 246 - 253.

[14] 阿童木机器人. 钻石(Diamond)[EB/OL]. [2019 - 08 - 30]. http://www.tjchenxing.com/h - col - 113.html.

[15] COMPANY O, PIERROT F, KRUT S, et al. Par2: a Spatial Mechanism for Fast Planar Two - Degree - of - Freedom Pick - and - Place Applications[J]. Meccanica, 2011, 46: 239 - 248.

[16] PIERROT F, BARADAT C, NABAT V, et al. Above 40g Acceleration for Pick - and -Place with a New 2 - dof PKM[C]//2009 IEEE International Conference on Robotics and Automation. Kobe, Japan, 2009: 1794 - 1800.

[17] Codian Robotics. D2 - 500 - OS070 [EB/OL]. [2019 - 08 - 30]. https://www.codian - robotics.com/producten/d2 - 500 - os070/.

[18] 罗中宝, 杨志东, 丛大成, 等. 2 自由度驱动冗余摇摆台的设计[J]. 机器人, 2012, 34 (5): 246 - 253.

[19] InMotion Simulation. http://www.inmotionsimulation.com

[20] Servos&Simulation, Inc. Motion Platform Technology - 2 DOF[EB/OL]. [2019 - 09 - 04]. http://servosandsimulation.com/2018/07/10/motion - platform - technology - 2dof/.

[21] CLAVEL R. Conception d'un Robot Parallèle Rapide *à* 4 Degrés de Liberté[D]. Lausanne: école Polytechnique Fédérale de Lausanne, 1991: 23, 11.

[22] ABB. IRB 360 FlexPicker[EB/OL]. [2019 - 08 - 23]. https://new.abb.com/products/robotics/industrial - robots/irb - 360

[23] NEUMANN K E. Robot: US4732525[P]. 1988 - 03 - 22.

[24] OLAZAGOITIA J, WYATT S. New PKM Tricept T9000 and Its Application to Flexible Manufacturing at Aerospace Industry[J]. SAE Technical Paper, 2007 - 01 - 3820, 2007

[25] PKMtricept SL. Tricept T9000 [EB/OL]. [2019 - 08 - 31]. http://www.pkmtricept.com/productos/index.php? id=en&Nproduct=1238061426.

[26] DONG C L, LIU H T, YUE WEI, et al. Stiffness Modeling and Analysis of a Novel 5-DOF Hybrid Robot[J]. Mechanism and Machine Theory, 2018, 125: 80-93.

[27] LIU Q, HUANG T. Inverse Kinematics of a 5-Axis Hybrid Robot with Non-Singular Tool Path Generation [J]. Robotics and Computer Integrated Manufacturing, 2019, 56: 140-148.

[28] 张振涛. 三自由度并联机器人分析与设计[D]. 哈尔滨:哈尔滨工业大学, 2008:1,8-9.

[29] 代小林. 三自由度并联机构分析与控制策略研究[D]. 哈尔滨:哈尔滨工业大学, 2009: 1-2,19-21.

[30] NASA. Vertical Motion Simulator Photos [EB/OL]. [2019-09-02]. https://www.aviationsystemsdivision.arc.nasa.gov/multimedia/vms/index.shtml.

[31] NASA. The VMS Motion Base [EB/OL]. [2019-09-02]. https://www.aviationsystemsdivision.arc.nasa.gov/facilities/vms/motionb.shtml.

[32] BOSCH REXROTH AG. 3Dof Motion Platform Technology[EB/OL]. [2019-09-02]. https://www.boschrexroth.com/en/xc/industries/machinery-applications-and-engineering/motion-simulation-technology/products-and-solutions/3dof-motion-platform/index.

[33] Servos&Simulation, Inc. Three Axis Motion Base Platform-Product Literature[EB/OL]. [2019-09-04]. http://servosandsimulation.com/2018/07/10/three-axis-motion-base-platform-product-literature/.

[34] BONEV I. Delta Robots Are so Yesterday — Here Come the Four-Armed Parallel Robots[EB/OL]. (2014-03-17) [2019-09-03]. https://coro.etsmtl.ca/blog/?p=263.

[35] OMRON. Quattro[EB/OL]. [2019-09-03]. https://industrial.omron.eu/en/products/quattro

[36] PIERROT F, NABAT V, et al. Optimal Design of a 4-DOF Parallel Manipulator: From Academia to Industry[J]. IEEE Transactions on Robotics, 2009, 25(2): 213-224.

[37] CORBEL D. Contribution à l'amélioration de la précision des robots parallèles[D]. Université Montpellier II-Sciences et Techniques du Languedoc, 2008: 14.

[38] Servos&Simulation, Inc. Six Axis Motion Base Platform-Product Literature[EB/OL]. [2019-09-04]. http://servosandsimulation.com/2018/07/10/six-axis-motion-base-platform-product-literature/.

[39] 关广丰. 液压驱动六自由度振动试验系统控制策略研究[D]. 哈尔滨:哈尔滨工业大学, 2007:6-13.

[40] MOOG. Motion Bases[EB/OL]. [2019-09-04]. https://www.moog.com/

products/motion - systems/motion - bases. html.

[41] MOOG. Driving Simulator Testing[EB/OL]. [2019 - 09 - 04]. https://www.moog.com/markets/automotive - test - and - simulation1/automotive - performance - testing/driving - simulator. html.

[42] MOOG. Electric Simulation Table with Tilt[EB/OL]. [2018 - 05 - 01]. http://www.moog.com/products/simulation - tables/electric - simulation - table - with - tilt. html

[43] 同济大学. 同济大学 8 自由度驾驶模拟器投入运行[EB/OL]. (2011 - 12 - 26) [2018 -05 - 01]. http://www.tjsafety.cn/Content.aspx? LID=129&ID=429.

[44] 福云天翼. 七自由度运动模拟系统[EB/OL]. [2018 - 05 - 01]. http://www.fyty2010.com/index.php? m=content&c=index&a=show&catid=128&id=36.

[45] CONINCK F D, DESMET W, et al. Increasing the Accuracy of MDOF Road Reproduction Experiments: Experimental Validation [C]//SAE 2005 Noise and Vibration Conference and Exhibition, Traverse City, Michigan, 2005: 2005 - 01 - 2393.

[46] HOKSBERGEN J. Advanced High - Frequency 6 - DOF Vibration Testing Using the Tensor[J]. Sound & Vibration/March 2013.

[47] Team Corporation. Mantis? 6 DoF Vibration[EB/OL]. [2019 - 09 - 04]. https://teamcorporation.com/mantis - 6 - d. Zof - vibration.

[48] HUGHES W O, HUGHES A D, et al. Overview of the Orion Vibroacoustic Test Capability at NASA Glenn Research Center[R]. NASA Glenn Research Center,2008.

[49] NASA Glennn Research Center. Space Environments Complex[EB/OL]. [2019 -09 - 04]. https://www1.grc.nasa.gov/facilities/sec/.

[50] MOOG. Hydraulic Simulation Table[EB/OL]. [2019 - 09 - 04]. https://www.moog.com/products/simulation - tables/hydraulic - simulation - table. html.

[51] MOOG. High Frequency Hydraulic Simulation Table[EB/OL]. [2019 - 09 - 04]. https://www.moog.com/products/simulation - tables/high - frequency - hydraulic - simulation - table. html.

[52] 沈刚. 三自由度电液振动台时域波形复现控制策略研究[D]. 哈尔滨:哈尔滨工业大学, 2011:2 - 10.

[53] MTS: http://www.mts.com/en/index.htm.

[54] CFM Schiller GmbH: http://www.cfm - schiller.de/en/.

[55] Servotest: https://www.servotestsystems.com/.

[56] MASAYOSHI N, TAKUYA N, et al. Experiences, Accomplishments, Lessons, and Challenges of E - defense—Tests Using World's Largest Shaking Table[J].

Japan Architectural Review，2018，1(1)：4－17.

[57] KEIICHI O. Project “E－Defense”(3－D Full－Scale Earthquake Testing Facility)[R]. Taipei：Taipei Joint NCREE/JRC Workshop，2003.

[58] CAE. Full－Flight Simulators[EB/OL]. [2018－05－01]. https://www.cae.com/civil－aviation/airlines－fleet－operators/training－equipment/full－flight－simulators.

[59] Cruden. Cruden's Hexatech Simulator[EB/OL]. [2013－06－30]. http://www.cruden.com/training/the－simulator1/.

[60] BMIGaming. Motion Simulator Rides & Attractions[EB/OL]. [2018－05－01]. https://www.bmigaming.com/games－arcade－motion－simulators－rides－3d－theaters.html.

[61] 福云天翼.空中对接机构综合试验台运动模拟器[EB/OL]. [2018－05－01]. http://www.fyty2010.com/index.php? m=content&c=index&a=show&catid=128&id=23.

[62] 张尚盈. 液压驱动并联机器人力控制研究[D].哈尔滨：哈尔滨工业大学，2005：7.

[63] 福云天翼.两栖战车驾驶模拟系统 [EB/OL]. [2018－05－01]. http://www.fyty2010.com/index.php? m=content&c=index&a=show&catid=125&id=38.

[64] 福云天翼.车端关系综合试验台[EB/OL]. [2018－05－01]. http://www.fyty2010.com/index.php? m=content&c=index&a=show&catid=119&id=29.

[65] Giddings & Lewis，Inc. VARIAX：the Machine Tool of the Future－Today! [R]. USA：1994

[66] KOEPFER C. This Hexapod You Can Work With－Hexel Corp.'s Hexabot Series 1 of machining centers for machine shops－Brief Article－Statistical Data Included[J]. Modern Machine Shop，2000(9).

[67] OKUMA. F－200iB 系列[EB/OL]. [2018－05－03]. http://www.shanghai－fanuc.com.cn/index.php? option=com_djcatalog2&view=items&cid=9%3Af－100iaf－200ib&Itemid=63&lang=zh.

[68] RAMIREZ J，WOLLNACK J. Flexible Automated Assembly Systems for Large CFRP－Structures[J]. Procedia Technology，2014，15：447－455.

[69] KOCH P M，KESTEVEN M，NISHIOKA H，et al. The AMiBA Hexapod Telescope Mount[J]. The Astrophysical Journal，2009，694(2)：1670－1684.

[70] TSAI L－W. Solving the Inverse Dynamics of a Stewart－Gough Manipulator by the Principle of Virtual Work[J]. Journal of Mechanical Design，2000，122：3－9.

第2章　运动学分析基础

在不考虑力的影响下，对空间中某一点的位置、速度和加速度进行分析，为运动学分析。

2.1　位姿描述

2.1.1　位置描述

当并联机器人动平台上控制点的位置需要确定时，先要建立一个固定的惯性坐标系。由于并联机器人分析时广泛采用直角坐标系，所以本章只介绍直角坐标系。

如图2-1所示，空间中一点P在直角坐标系$O-XYZ$中的位置矢量$\boldsymbol{p}$可以表示为

$$\boldsymbol{p}=p_X\boldsymbol{i}+p_Y\boldsymbol{j}+p_Z\boldsymbol{k} \tag{2-1}$$

式中，$\boldsymbol{i},\boldsymbol{j},\boldsymbol{k}$表示分别沿$OX$，$OY$，$OZ$轴正向的单位矢量；$p_X$，$p_Y$，$p_Z$表示$\boldsymbol{p}$分别沿$OX$，$OY$，$OZ$轴的投影值。

$\boldsymbol{p}$若用列向量表示，则可以表示为

$$\boldsymbol{p}=\begin{bmatrix} p_X \\ p_Y \\ p_Z \end{bmatrix} \tag{2-2}$$

如图2-2所示，当已知点P在直角坐标系$O-XYZ$中的位置矢量$\boldsymbol{p}$，且已知点B相对于点P在坐标系$O-XYZ$中的相对位置矢量$\boldsymbol{r}_{PB}$，根据矢量的三角形求和法则，可得到点B在坐标系$O-XYZ$中的位置矢量$\boldsymbol{b}$为

$$\boldsymbol{b}=\boldsymbol{p}+\boldsymbol{r}_{PB} \tag{2-3}$$

注意：对矢量进行加减运算时，各矢量需转换到同一坐标系中。

为了对多刚体系统中矢量(包括位置矢量、速度矢量、加速度矢量和力矢量)进行分析，一般需要建立多个坐标系。为了明确是在哪一个坐标系中表示的矢量，在矢量的左上角标上坐标系的名称，如${}^A\boldsymbol{p}$表示是在坐标系$\{A\}$中表示的矢量，${}^B\boldsymbol{p}$则表示是在坐标系$\{B\}$中表示的矢量。如果很明显知道是哪个坐标系就可以省略左上角标。

2.1.2　方向余弦矩阵描述姿态

对于不同坐标系中不同两点的位置矢量，不仅存在移动位移，还有可能存在相对转动。如图2-3所示，有两个直角坐标系：坐标系$\{A\}$(原点为O，X，Y，Z轴为三个坐标轴，$\boldsymbol{i},\boldsymbol{j},\boldsymbol{k}$表示分

别沿 X,Y,Z 轴正向的单位矢量）和坐标系$\{B\}$（原点为 O_1,X_1,Y_1,Z_1 轴为三个坐标轴,$\boldsymbol{i}_1$,$\boldsymbol{j}_1$,$\boldsymbol{k}_1$ 表示分别沿 X_1,Y_1,Z_1 轴正向的单位矢量）。B 点是在坐标系$\{B\}$中的。坐标系$\{B\}$相对于坐标系$\{A\}$产生了旋转。现已知 B 点在坐标系$\{B\}$中的位置矢量${}^B\boldsymbol{p}_B$,点 O_1 在坐标系$\{A\}$中的位置矢量${}^A\boldsymbol{p}_{O1}$。现在要求出 B 点在坐标系$\{A\}$中的位置矢量${}^A\boldsymbol{p}_B$,则需要把${}^B\boldsymbol{p}_B$ 转换到坐标系$\{A\}$中,应怎样描述其姿态?

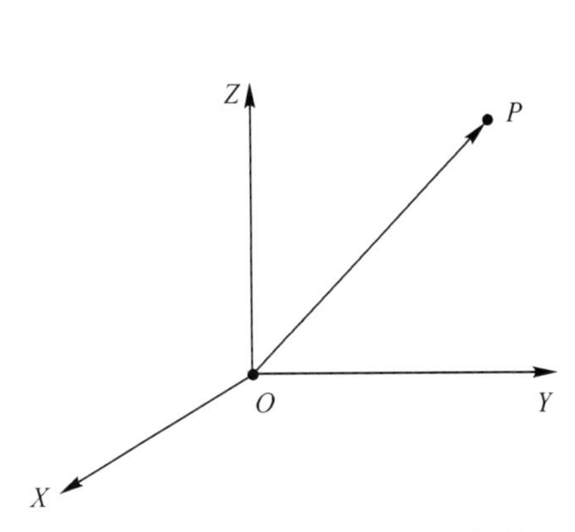

图 2－1　直角坐标系中的位置矢量

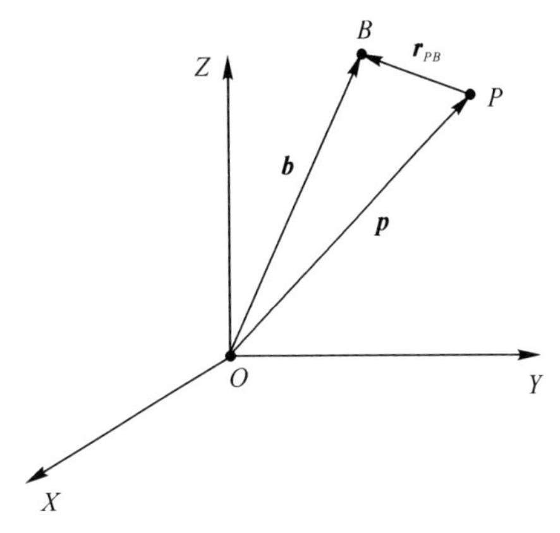

图 2－2　直角坐标系中的相对位置表示

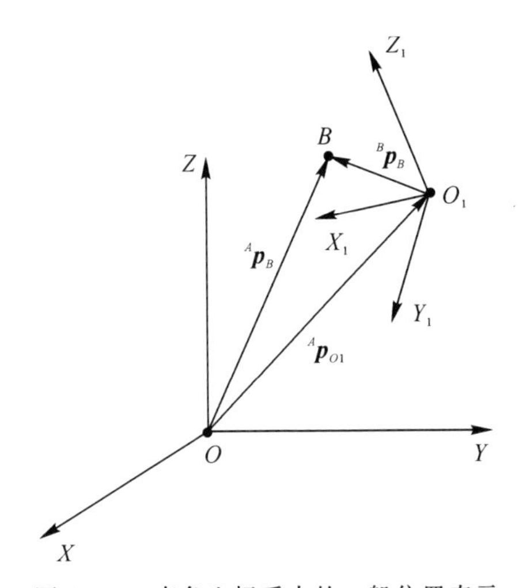

图 2－3　直角坐标系中的一般位置表示

不失一般性,先假设坐标系$\{A\}$与坐标系$\{B\}$中的原点重合,如图 2－4 所示。由于 $\boldsymbol{i}_1$,$\boldsymbol{j}_1$,$\boldsymbol{k}_1$ 为三个单位矢量,所以它们在坐标系$\{A\}$中的坐标也可用沿 X,Y,Z 三个坐标轴的坐标来表示成列向量,有

$$\boldsymbol{i}_1=\begin{bmatrix}i_{1X}\\i_{1Y}\\i_{1Z}\end{bmatrix},\quad \boldsymbol{j}_1=\begin{bmatrix}j_{1X}\\j_{1Y}\\j_{1Z}\end{bmatrix},\quad \boldsymbol{k}_1=\begin{bmatrix}k_{1X}\\k_{1Y}\\k_{1Z}\end{bmatrix} \tag{2-4}$$

式中，i_{1X}，i_{1Y}，i_{1Z} 分别为$\boldsymbol{i}_1$ 在坐标系$\{A\}$中沿 X，Y，Z 三个坐标轴的坐标；j_{1X}，j_{1Y}，j_{1Z} 分别为$\boldsymbol{j}_1$ 在坐标系$\{A\}$中沿 X，Y，Z 三个坐标轴的坐标；k_{1X}，k_{1Y}，k_{1Z} 分别为$\boldsymbol{k}_1$ 在坐标系$\{A\}$中沿 X，Y，Z 三个坐标轴的坐标。

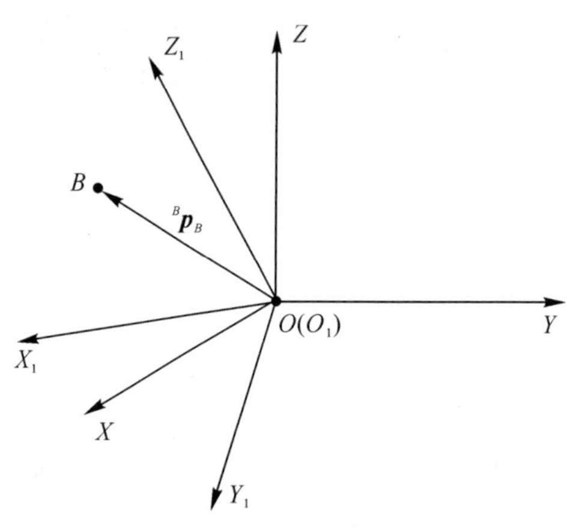

图 2-4　姿态描述

根据图 2-4 中的矢量关系，有

$${}^{A}\boldsymbol{p}={}^{B}p_1\boldsymbol{i}_1+{}^{B}p_2\boldsymbol{j}_1+{}^{B}p_3\boldsymbol{k}_1={}^{B}p_1\begin{bmatrix}i_{1X}\\i_{1Y}\\i_{1Z}\end{bmatrix}+{}^{B}p_2\begin{bmatrix}j_{1X}\\j_{1Y}\\j_{1Z}\end{bmatrix}+{}^{B}p_3\begin{bmatrix}k_{1X}\\k_{1Y}\\k_{1Z}\end{bmatrix}=\begin{bmatrix}i_{1X}&j_{1X}&k_{1X}\\i_{1Y}&j_{1Y}&k_{1Y}\\i_{1Z}&j_{1Z}&k_{1Z}\end{bmatrix}\begin{bmatrix}{}^{B}p_1\\{}^{B}p_2\\{}^{B}p_3\end{bmatrix}=$$

$$\begin{bmatrix}i_{1X}&j_{1X}&k_{1X}\\i_{1Y}&j_{1Y}&k_{1Y}\\i_{1Z}&j_{1Z}&k_{1Z}\end{bmatrix}{}^{B}\boldsymbol{p}={}^{A}\boldsymbol{R}_B{}^{B}\boldsymbol{p} \tag{2-5}$$

式中，${}^{B}p_1$，${}^{B}p_2$，${}^{B}p_3$ 分别为${}^{B}\boldsymbol{p}$ 在坐标系$\{B\}$中沿 X_1，Y_1，Z_1 三个坐标轴的坐标；${}^{A}\boldsymbol{R}_B$ 表示坐标系$\{B\}$相对于坐标系$\{A\}$的旋转矩阵，则有

$${}^{A}\boldsymbol{R}_B=\begin{bmatrix}i_{1X}&j_{1X}&k_{1X}\\i_{1Y}&j_{1Y}&k_{1Y}\\i_{1Z}&j_{1Z}&k_{1Z}\end{bmatrix}=\begin{bmatrix}\cos(\boldsymbol{i}_1,\boldsymbol{i})&\cos(\boldsymbol{j}_1,\boldsymbol{i})&\cos(\boldsymbol{k}_1,\boldsymbol{i})\\\cos(\boldsymbol{i}_1,\boldsymbol{j})&\cos(\boldsymbol{j}_1,\boldsymbol{j})&\cos(\boldsymbol{k}_1,\boldsymbol{j})\\\cos(\boldsymbol{i}_1,\boldsymbol{k})&\cos(\boldsymbol{j}_1,\boldsymbol{k})&\cos(\boldsymbol{k}_1,\boldsymbol{k})\end{bmatrix} \tag{2-6}$$

式(2-6)为方向余弦矩阵表示法。由式(2-6)中可得：旋转矩阵${}^{A}\boldsymbol{R}_B$ 中 3 列分别为坐标系$\{B\}$中三个坐标轴正方向单位矢量向坐标系$\{A\}$中三个坐标轴正方向的投影；旋转矩阵${}^{A}\boldsymbol{R}_B$ 中 3 行分别为坐标系$\{A\}$中三个坐标轴正方向单位矢量向坐标系$\{B\}$中三个坐标轴正方向的投影，即有${}^{B}\boldsymbol{R}_A=({}^{A}\boldsymbol{R}_B)^{-1}={}^{A}\boldsymbol{R}_B^{\mathrm{T}}$。

对于刚体中任意两点，当发生运动后两点之间的距离保持不变[1]，有

$$ {}^{A}\boldsymbol{p}^{\mathrm{T}}\ {}^{A}\boldsymbol{p} = {}^{B}\boldsymbol{p}^{\mathrm{T}}\ {}^{B}\boldsymbol{p} \tag{2-7} $$

把式(2-5)代入式(2-7)中，得

$$ {}^{A}\boldsymbol{p}^{\mathrm{T}}\ {}^{A}\boldsymbol{p} = ({}^{A}\boldsymbol{R}_{B}\,{}^{B}\boldsymbol{p})^{\mathrm{T}}\ {}^{A}\boldsymbol{R}_{B}\,{}^{B}\boldsymbol{p} = {}^{B}\boldsymbol{p}^{\mathrm{T}}\ {}^{A}\boldsymbol{R}_{B}^{\mathrm{T}}\,{}^{A}\boldsymbol{R}_{B}\,{}^{B}\boldsymbol{p} = {}^{B}\boldsymbol{p}^{\mathrm{T}}\ {}^{B}\boldsymbol{p} \tag{2-8} $$

从而${}^{A}\boldsymbol{R}_{B}^{\mathrm{T}}\ {}^{A}\boldsymbol{R}_{B}$必须为单位矩阵[1]，即

$$ {}^{A}\boldsymbol{R}_{B}^{\mathrm{T}}\ {}^{A}\boldsymbol{R}_{B} = \boldsymbol{E}_{3\times 3} \tag{2-9} $$

式中，$\boldsymbol{E}_{3\times 3}$表示单位矩阵，为

$$ \boldsymbol{E}_{3\times 3} = \begin{bmatrix} 1 & 0 & 0 \\ 0 & 1 & 0 \\ 0 & 0 & 1 \end{bmatrix} \tag{2-10} $$

表明旋转矩阵${}^{A}\boldsymbol{R}_{B}$为正交矩阵[1]，有

$$ {}^{A}\boldsymbol{R}_{B}^{\mathrm{T}} = {}^{A}\boldsymbol{R}_{B}^{-1} \tag{2-11} $$

即旋转矩阵的逆等于它的转置矩阵。

由于直角坐标系中三个坐标轴互相垂直，则有

$$ \boldsymbol{j}_{1} \times \boldsymbol{k}_{1} = \boldsymbol{i}_{1} \tag{2-12} $$

$$ \boldsymbol{i}_{1}^{\mathrm{T}}\boldsymbol{i}_{1} = 1 \tag{2-13} $$

将式(2-12)展开，得

$$ \begin{aligned} \boldsymbol{j}_{1} \times \boldsymbol{k}_{1} &= \begin{vmatrix} \boldsymbol{i} & \boldsymbol{j} & \boldsymbol{k} \\ j_{1X} & j_{1Y} & j_{1Z} \\ k_{1X} & k_{1Y} & k_{1Z} \end{vmatrix} = \\ &(j_{1Y}k_{1Z} - k_{1Y}j_{1Z})\boldsymbol{i} + (j_{1Z}k_{1X} - j_{1X}k_{1Z})\boldsymbol{j} + (j_{1X}k_{1Y} - k_{1X}j_{1Y})\boldsymbol{k} = \\ &i_{1X}\boldsymbol{i} + i_{1Y}\boldsymbol{j} + i_{1Z}\boldsymbol{k} \end{aligned} \tag{2-14} $$

从而可得到

$$ \left. \begin{aligned} j_{1Y}k_{1Z} - k_{1Y}j_{1Z} = i_{1X} \\ j_{1Z}k_{1X} - j_{1X}k_{1Z} = i_{1Y} \\ j_{1X}k_{1Y} - k_{1X}j_{1Y} = i_{1Z} \end{aligned} \right\} \tag{2-15} $$

旋转矩阵${}^{A}\boldsymbol{R}_{B}$的行列式值$\det({}^{A}\boldsymbol{R}_{B})$为

$$ \begin{aligned} \det({}^{A}\boldsymbol{R}_{B}) &= \begin{vmatrix} i_{1X} & j_{1X} & k_{1X} \\ i_{1Y} & j_{1Y} & k_{1Y} \\ i_{1Z} & j_{1Z} & k_{1Z} \end{vmatrix} = \\ &(j_{1Y}k_{1Z} - k_{1Y}j_{1Z})i_{1X} + (j_{1Z}k_{1X} - j_{1X}k_{1Z})i_{1Y} + (j_{1X}k_{1Y} - k_{1X}j_{1Y})i_{1Z} \end{aligned} \tag{2-16} $$

将式(2-15)和式(2-13)代入式(2-16)中，得

$$ \det({}^{A}\boldsymbol{R}_{B}) = i_{1X}^{2} + i_{1Y}^{2} + i_{1Z}^{2} = 1 \tag{2-17} $$

2.1.3　欧拉角描述姿态

式(2-6)中旋转矩阵${}^{A}\boldsymbol{R}_{B}$是用坐标系$\{B\}$中三个坐标轴正方向单位矢量在坐标系$\{A\}$中

的方向余弦来表示的，有 9 个参数。旋转矩阵也常用欧拉角来表示[2]，只有 3 个参数。在用欧拉角表示旋转矩阵时，采用绕直角坐标系坐标轴连续 3 次转动来描述，从而需要先知道绕各个坐标轴转动的表示方法。

假设坐标系$\{A\}$和坐标系$\{B\}$刚开始时重合，坐标系$\{B\}$绕 Z 轴逆时针转动θ角，则坐标系$\{A\}$和坐标系$\{B\}$的关系如图 2－5 所示。

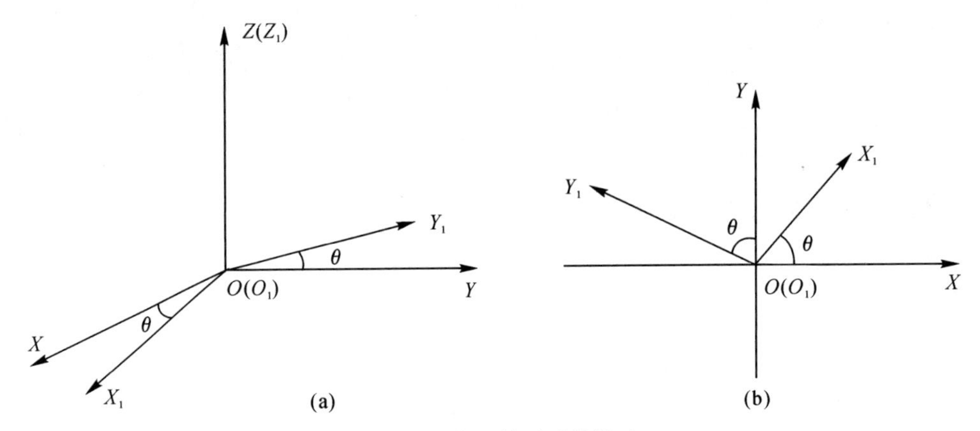

图 2－5　绕 Z 轴逆时针转动

如图 2－5 所示，得到下面的关系式：

$$\left.\begin{aligned} \boldsymbol{i}_1 &= \mathrm{c}\theta \boldsymbol{i} + \mathrm{s}\theta \boldsymbol{j} + 0\boldsymbol{k} \\ \boldsymbol{j}_1 &= -\mathrm{s}\theta \boldsymbol{i} + \mathrm{c}\theta \boldsymbol{j} + 0\boldsymbol{k} \\ \boldsymbol{k}_1 &= 0\boldsymbol{i} + 0\boldsymbol{j} + 1\boldsymbol{k} \end{aligned}\right\} \tag{2-18}$$

式中，为了简化，$\mathrm{c}\theta$ 表示 $\cos(\theta)$，$\mathrm{s}\theta$ 表示 $\sin(\theta)$，后面也类似。

根据式(2－6)和式(2－18)得到绕 Z 轴的旋转矩阵 $\boldsymbol{R}_Z(\theta)$ 为

$$\boldsymbol{R}_Z(\theta) = \begin{bmatrix} i_{1X} & j_{1X} & k_{1X} \\ i_{1Y} & j_{1Y} & k_{1Y} \\ i_{1Z} & j_{1Z} & k_{1Z} \end{bmatrix} = \begin{bmatrix} \mathrm{c}\theta & -\mathrm{s}\theta & 0 \\ \mathrm{s}\theta & \mathrm{c}\theta & 0 \\ 0 & 0 & 1 \end{bmatrix} \tag{2-19}$$

假设坐标系$\{A\}$和坐标系$\{B\}$刚开始时重合，坐标系$\{B\}$绕 Y 轴逆时针转动θ角，则坐标系$\{A\}$和坐标系$\{B\}$的关系如图 2－6 所示。

如图 2－6 所示可得到关系式：

$$\left.\begin{aligned} \boldsymbol{i}_1 &= \mathrm{c}\theta \boldsymbol{i} + 0\boldsymbol{j} - \mathrm{s}\theta \boldsymbol{k} \\ \boldsymbol{j}_1 &= 0\boldsymbol{i} + 1\boldsymbol{j} + 0\boldsymbol{k} \\ \boldsymbol{k}_1 &= \mathrm{s}\theta \boldsymbol{i} + 0\boldsymbol{j} + \mathrm{c}\theta \boldsymbol{k} \end{aligned}\right\} \tag{2-20}$$

根据式(2－6)和式(2－20)得到绕 Y 轴的旋转矩阵 $\boldsymbol{R}_Y(\theta)$ 为

$$\boldsymbol{R}_Y(\theta)=\begin{bmatrix} i_{1X} & j_{1X} & k_{1X} \\ i_{1Y} & j_{1Y} & k_{1Y} \\ i_{1Z} & j_{1Z} & k_{1Z} \end{bmatrix}=\begin{bmatrix} c\theta & 0 & s\theta \\ 0 & 1 & 0 \\ -s\theta & 0 & c\theta \end{bmatrix} \tag{2-21}$$

假设坐标系$\{A\}$和坐标系$\{B\}$刚开始时重合，坐标系$\{B\}$绕 X 轴逆时针转动θ角，则坐标系$\{A\}$和坐标系$\{B\}$的关系如图 2 - 7 所示。

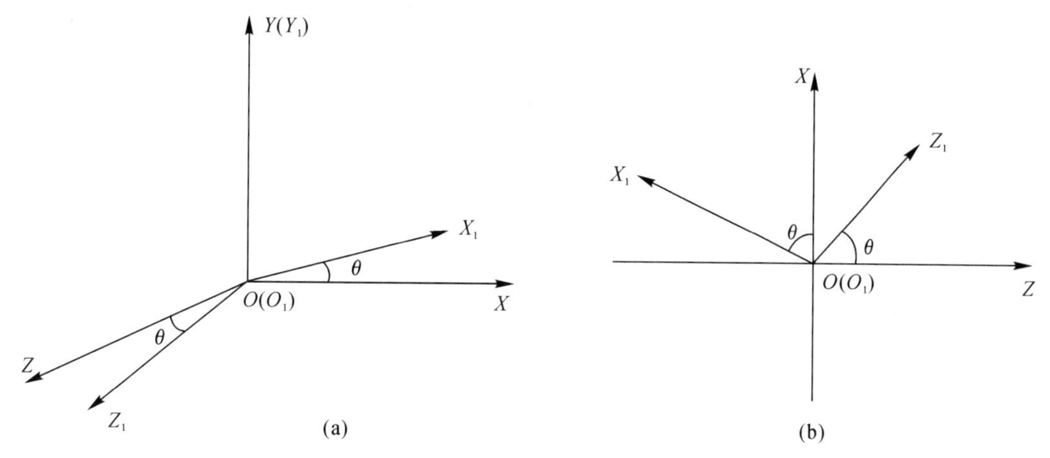

图 2 - 6　绕 Y 轴逆时针转动

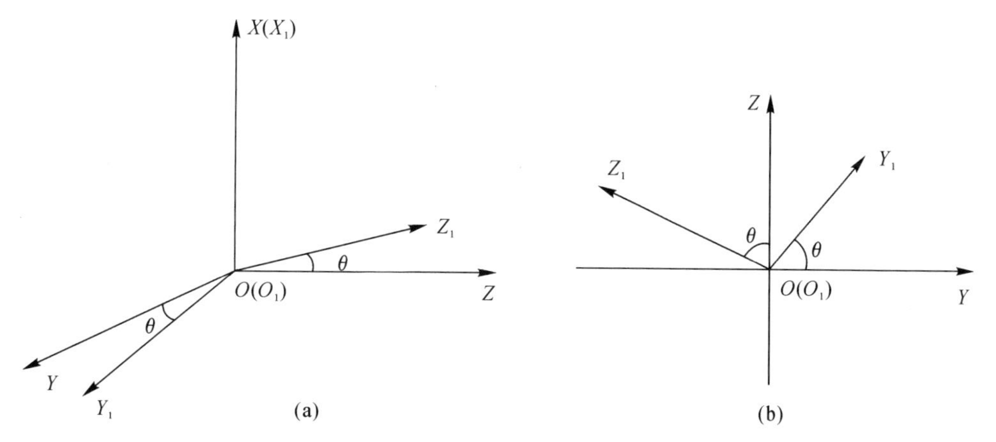

图 2 - 7　绕 X 轴逆时针转动

如图 2 - 7 所示，可得关系式：

$$\left.\begin{aligned} \boldsymbol{i}_1 &= 1\boldsymbol{i}+0\boldsymbol{j}+0\boldsymbol{k} \\ \boldsymbol{j}_1 &= 0\boldsymbol{i}+c\theta\boldsymbol{j}+s\theta\boldsymbol{k} \\ \boldsymbol{k}_1 &= 0\boldsymbol{i}-s\theta\boldsymbol{j}+c\theta\boldsymbol{k} \end{aligned}\right\} \tag{2-22}$$

根据式(2 - 6)和式(2 - 22)得到绕 X 轴的旋转矩阵$\boldsymbol{R}_X(\theta)$为

$$\boldsymbol{R}_X(\theta)=\begin{bmatrix} i_{1X} & j_{1X} & k_{1X} \\ i_{1Y} & j_{1Y} & k_{1Y} \\ i_{1Z} & j_{1Z} & k_{1Z} \end{bmatrix}=\begin{bmatrix} 1 & 0 & 0 \\ 0 & \mathrm{c}\theta & -\mathrm{s}\theta \\ 0 & \mathrm{s}\theta & \mathrm{c}\theta \end{bmatrix} \tag{2-23}$$

欧拉角表示法有两种：绕动坐标系坐标轴转角参数表示法和绕固定坐标系坐标轴转角参数表示法[1,3-6]。根据旋转坐标轴的选择不同以及旋转次序不同，它们各有 12 种不同的组合。本节只介绍应用比较多的三种：绕动坐标系的 ZXZ 欧拉角表示法和 ZYX 欧拉角表示法，绕固定坐标系的 RPY 表示法。

ZXZ 欧拉角表示法：刚开始时，动坐标系$\{B\}$和定坐标系$\{A\}$重合，即动坐标系$\{B\}$中 X_1, Y_1, Z_1 三个坐标轴分别与定坐标系$\{A\}$中 X, Y, Z 三轴重合，动坐标系$\{B\}$的原点 O_1 和定坐标系$\{A\}$原点 O 重合。在动坐标系$\{B\}$中固定了一个矢量 ${}^B\boldsymbol{\xi}$。然后绕动坐标系坐标轴的转动如下：

(1) 首先动坐标系$\{B\}$绕动坐标系$\{B\}$中的 Z_1 轴逆时针旋转 α 角，此时动坐标系$\{B\}$中的 X_1, Y_1 分别变为了 X'_1, Y'_1（见图 2-8），假设转动后的动坐标系为坐标系$\{B'\}$，矢量 ${}^B\boldsymbol{\xi}$ 在动坐标系$\{B'\}$中变为 ${}^B\boldsymbol{\xi}'$，则有

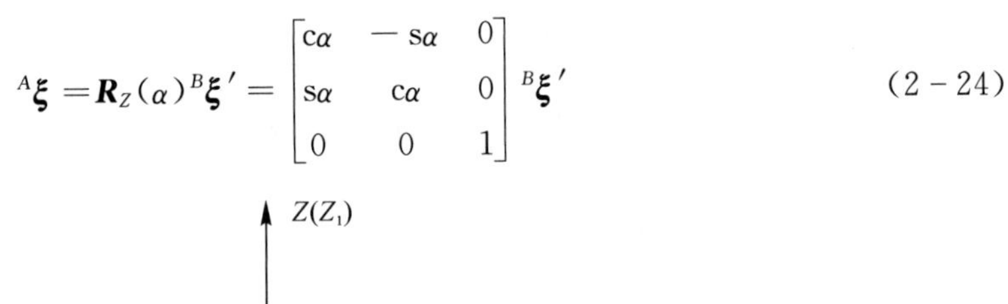

$${}^A\boldsymbol{\xi}=\boldsymbol{R}_Z(\alpha)\,{}^B\boldsymbol{\xi}'=\begin{bmatrix} \mathrm{c}\alpha & -\mathrm{s}\alpha & 0 \\ \mathrm{s}\alpha & \mathrm{c}\alpha & 0 \\ 0 & 0 & 1 \end{bmatrix}{}^B\boldsymbol{\xi}' \tag{2-24}$$

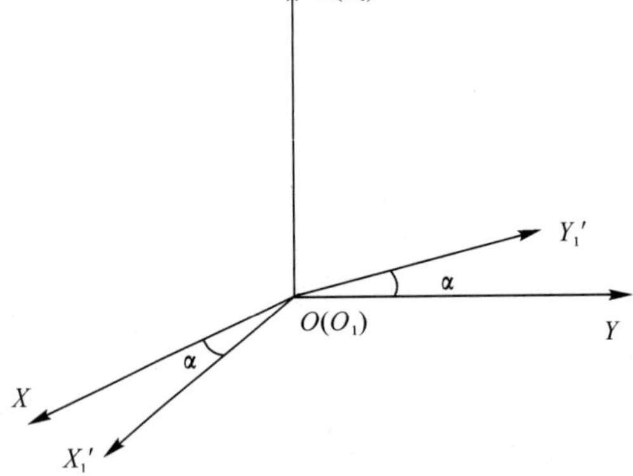

图 2-8　绕 Z_1 轴逆时针转动 α 角

(2) 然后动坐标系$\{B'\}$绕动坐标系$\{B'\}$中的 X'_1 轴逆时针旋转 β 角，此时动坐标系$\{B'\}$中的 Y'_1 变为 Y''_1、Z_1 变为 Z'_1（见图 2-9），假设转动后的动坐标系为坐标系$\{B''\}$，矢量 ${}^B\boldsymbol{\xi}'$ 在动坐标系$\{B''\}$中变为 ${}^B\boldsymbol{\xi}''$，则有

$${}^B\boldsymbol{\xi}'=\boldsymbol{R}_X(\beta)\,{}^B\boldsymbol{\xi}''=\begin{bmatrix} 1 & 0 & 0 \\ 0 & \mathrm{c}\beta & -\mathrm{s}\beta \\ 0 & \mathrm{s}\beta & \mathrm{c}\beta \end{bmatrix}{}^B\boldsymbol{\xi}'' \tag{2-25}$$

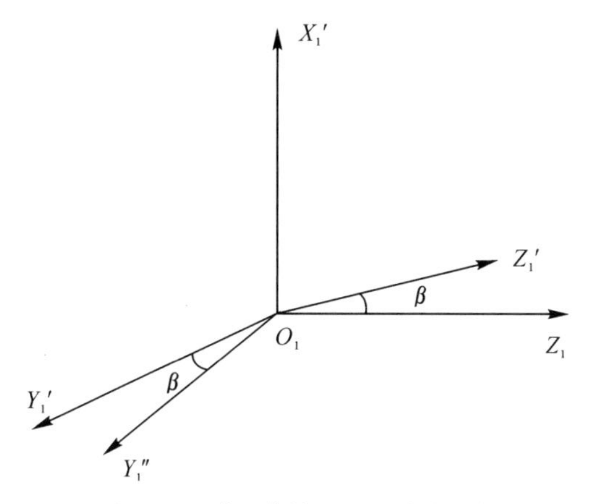

图 2-9　绕 X'_1 轴逆时针转动 β 角

(3) 最后动坐标系$\{B''\}$绕动坐标系$\{B''\}$中的 Z'_1 轴逆时针旋转 γ 角，此时动坐标系$\{B''\}$中的 X'_1 变为 X''_1、Y''_1 变为 Y'''_1（见图 2-10），假设转动后的动坐标系为坐标系$\{B'''\}$，矢量${}^B\boldsymbol{\xi}''$ 在动坐标系$\{B'''\}$中变为${}^B\boldsymbol{\xi}'''$，则有

$$
{}^B\boldsymbol{\xi}''=\boldsymbol{R}_Z(\gamma)\,{}^B\boldsymbol{\xi}'''=\begin{bmatrix}\mathrm{c}\gamma & -\mathrm{s}\gamma & 0\\ \mathrm{s}\gamma & \mathrm{c}\gamma & 0\\ 0 & 0 & 1\end{bmatrix}{}^B\boldsymbol{\xi}''' \tag{2-26}
$$

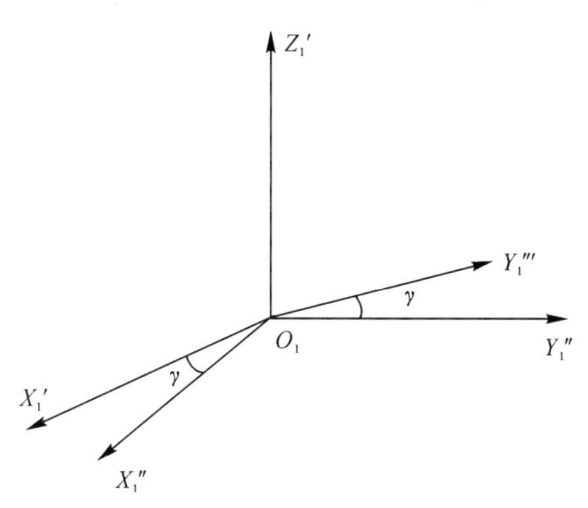

图 2-10　绕 Z'_1 轴逆时针转动 γ 角

坐标系$\{B'''\}$即为坐标系$\{B\}$的要求转动到的姿态，动坐标系$\{B'''\}$中的${}^B\boldsymbol{\xi}'''$ 即为${}^B\boldsymbol{\xi}$。由式(2-24) ～ 式(2-26)，可得

$$
\begin{aligned}
{}^A\boldsymbol{\xi}&=\boldsymbol{R}_Z(\alpha)\,{}^B\boldsymbol{\xi}'=\boldsymbol{R}_Z(\alpha)\boldsymbol{R}_X(\beta)\,{}^B\boldsymbol{\xi}''=\boldsymbol{R}_Z(\alpha)\boldsymbol{R}_X(\beta)\boldsymbol{R}_Z(\gamma)\,{}^B\boldsymbol{\xi}'''=\\
&\boldsymbol{R}_Z(\alpha)\boldsymbol{R}_X(\beta)\boldsymbol{R}_Z(\gamma)\,{}^B\boldsymbol{\xi}={}^A\boldsymbol{R}_B\,{}^B\boldsymbol{\xi}
\end{aligned}\tag{2-27}
$$

式(2-27) 可得到旋转矩阵${}^A\boldsymbol{R}_B$ 为

$$
{}^{A}\boldsymbol{R}_{B}=\boldsymbol{R}_{Z}(\alpha)\boldsymbol{R}_{X}(\beta)\boldsymbol{R}_{Z}(\gamma)=\begin{bmatrix} c\alpha & -s\alpha & 0 \\ s\alpha & c\alpha & 0 \\ 0 & 0 & 1 \end{bmatrix}\begin{bmatrix} 1 & 0 & 0 \\ 0 & c\beta & -s\beta \\ 0 & s\beta & c\beta \end{bmatrix}\begin{bmatrix} c\gamma & -s\gamma & 0 \\ s\gamma & c\gamma & 0 \\ 0 & 0 & 1 \end{bmatrix}=
$$

$$
\begin{bmatrix} c\alpha c\gamma - s\alpha c\beta s\gamma & -c\alpha s\gamma - s\alpha c\beta c\gamma & s\alpha s\beta \\ s\alpha c\gamma + c\alpha c\beta s\gamma & -s\alpha s\gamma + c\alpha c\beta c\gamma & -c\alpha s\beta \\ s\beta s\gamma & s\beta c\gamma & c\beta \end{bmatrix} \tag{2-28}
$$

由式(2-28)可知：绕动坐标系依次转动时，绕各个坐标轴的旋转矩阵依次右乘。

假设旋转矩阵${}^{A}\boldsymbol{R}_{B}$中9个元素都已知，为

$$
{}^{A}\boldsymbol{R}_{B}=\begin{bmatrix} r_{11} & r_{12} & r_{13} \\ r_{21} & r_{22} & r_{23} \\ r_{31} & r_{32} & r_{33} \end{bmatrix} \tag{2-29}
$$

通过式(2-28)与式(2-29)可得到ZXZ欧拉角表示法的三个欧拉角为

$$
\left.\begin{aligned} \beta &= \arccos r_{33} \\ \alpha &= \mathrm{Atan2}\left(\frac{r_{13}}{s\beta}, -\frac{r_{23}}{s\beta}\right) \\ \gamma &= \mathrm{Atan2}\left(\frac{r_{31}}{s\beta}, \frac{r_{32}}{s\beta}\right) \end{aligned}\right\} \tag{2-30}
$$

式中，Atan2是求反正切函数，它同时确定了区间，对于求反正切函数能得到唯一解。

用它们描述天体的方位运动十分方便，α称为进动角，β称为章动角，γ称为自转角，三个角的名称也是由天体力学中借用过来的[3,7]。

ZYX欧拉角表示法：刚开始时，动坐标系$\{B\}$和定坐标系$\{A\}$重合，即动坐标系$\{B\}$中X_1, Y_1, Z_1三个坐标轴分别与定坐标系$\{A\}$中X, Y, Z三轴重合，动坐标系$\{B\}$的原点O_1和定坐标系$\{A\}$原点O重合。在动坐标系$\{B\}$中固定了一个矢量${}^{B}\boldsymbol{\xi}$。然后绕动坐标系坐标轴的转动如下：

(1) 首先动坐标系$\{B\}$绕动坐标系$\{B\}$中的Z_1轴逆时针旋转α角，此时动坐标系$\{B\}$中的X_1, Y_1分别变为X'_1, Y'_1(见图2-8)，假设转动后的动坐标系为坐标系$\{B'\}$，矢量${}^{B}\boldsymbol{\xi}$在动坐标系$\{B'\}$中变为${}^{B}\boldsymbol{\xi}'$，则有

$$
{}^{A}\boldsymbol{\xi}=\boldsymbol{R}_{Z}(\alpha){}^{B}\boldsymbol{\xi}'=\begin{bmatrix} c\alpha & -s\alpha & 0 \\ s\alpha & c\alpha & 0 \\ 0 & 0 & 1 \end{bmatrix}{}^{B}\boldsymbol{\xi}' \tag{2-31}
$$

(2) 然后动坐标系$\{B'\}$绕动坐标系$\{B'\}$中的Y'_1轴逆时针旋转β角，此时动坐标系$\{B'\}$中的X'_1变为X''_1、Z_1变为Z'_1(见图2-11)，假设转动后的动坐标系为坐标系$\{B''\}$，矢量${}^{B}\boldsymbol{\xi}'$在动坐标系$\{B''\}$中变为${}^{B}\boldsymbol{\xi}''$，则有

$$
{}^{B}\boldsymbol{\xi}'=\boldsymbol{R}_{Y}(\beta){}^{B}\boldsymbol{\xi}''=\begin{bmatrix} c\beta & 0 & s\beta \\ 0 & 1 & 0 \\ -s\beta & 0 & c\beta \end{bmatrix}{}^{B}\boldsymbol{\xi}'' \tag{2-32}
$$

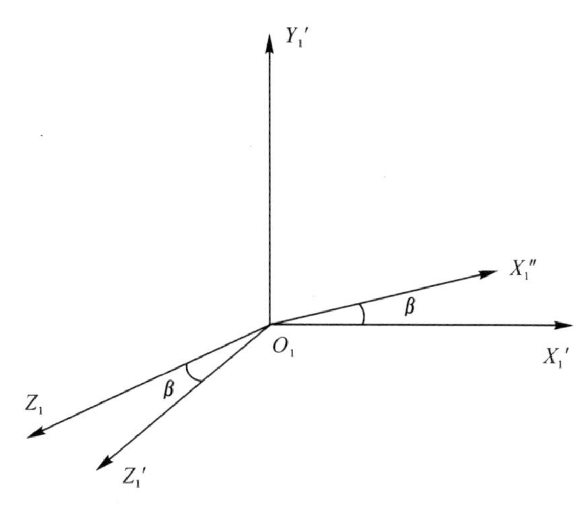

图 2-11　绕 Y'_1 轴逆时针转动 β 角

(3) 最后动坐标系 $\{B''\}$ 绕动坐标系 $\{B''\}$ 中的 X''_1 轴逆时针旋转 γ 角，此时动坐标系 $\{B''\}$ 中的 Y'_1 变为 Y''_1、Z'_1 变为 Z''_1（见图 2-12），假设转动后的动坐标系为坐标系 $\{B'''\}$，矢量 ${}^B\boldsymbol{\xi}''$ 在动坐标系 $\{B'''\}$ 中变为 ${}^B\boldsymbol{\xi}'''$，则有

$$
{}^B\boldsymbol{\xi}'' = \boldsymbol{R}_X(\gamma)\,{}^B\boldsymbol{\xi}''' = \begin{bmatrix} 1 & 0 & 0 \\ 0 & \mathrm{c}\gamma & -\mathrm{s}\gamma \\ 0 & \mathrm{s}\gamma & \mathrm{c}\gamma \end{bmatrix} {}^B\boldsymbol{\xi}''' \tag{2-33}
$$

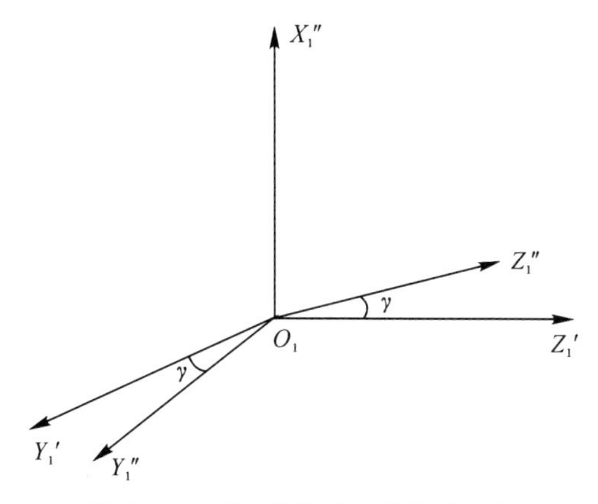

图 2-12　绕 X''_1 轴逆时针转动 γ 角

坐标系 $\{B'''\}$ 即为坐标系 $\{B\}$ 要求转动到的姿态，动坐标系 $\{B'''\}$ 中的 ${}^B\boldsymbol{\xi}'''$ 即为 ${}^B\boldsymbol{\xi}$。由式 (2-31) ~ 式(2-33) 得到

$$
\begin{aligned}
{}^A\boldsymbol{\xi} &= \boldsymbol{R}_Z(\alpha)\,{}^B\boldsymbol{\xi}' = \boldsymbol{R}_Z(\alpha)\boldsymbol{R}_Y(\beta)\,{}^B\boldsymbol{\xi}'' = \boldsymbol{R}_Z(\alpha)\boldsymbol{R}_Y(\beta)\boldsymbol{R}_X(\gamma)\,{}^B\boldsymbol{\xi}''' = \\
&\boldsymbol{R}_Z(\alpha)\boldsymbol{R}_Y(\beta)\boldsymbol{R}_X(\gamma)\,{}^B\boldsymbol{\xi} = {}^A\boldsymbol{R}_B\,{}^B\boldsymbol{\xi}
\end{aligned} \tag{2-34}
$$

从式(2-32)可得到旋转矩阵${}^A\boldsymbol{R}_B$为

$$
{}^A\boldsymbol{R}_B=\boldsymbol{R}_Z(\alpha)\boldsymbol{R}_Y(\beta)\boldsymbol{R}_X(\gamma)=\begin{bmatrix}c\alpha & -s\alpha & 0\\ s\alpha & c\alpha & 0\\ 0 & 0 & 1\end{bmatrix}\begin{bmatrix}c\beta & 0 & s\beta\\ 0 & 1 & 0\\ -s\beta & 0 & c\beta\end{bmatrix}\begin{bmatrix}1 & 0 & 0\\ 0 & c\gamma & -s\gamma\\ 0 & s\gamma & c\gamma\end{bmatrix}=
$$

$$
\begin{bmatrix}c\alpha c\beta & c\alpha s\beta s\gamma-s\alpha c\gamma & c\alpha s\beta c\gamma+s\alpha s\gamma\\ s\alpha c\beta & s\alpha s\beta s\gamma+c\alpha c\gamma & s\alpha s\beta c\gamma-c\alpha s\gamma\\ -s\beta & c\beta s\gamma & c\beta c\gamma\end{bmatrix} \tag{2-35}
$$

通过式(2-29)与式(2-35)可得到ZYX欧拉角表示法的三个欧拉角为

$$
\left.\begin{aligned}
\beta&=\arcsin(-r_{31})\\
\alpha&=\mathrm{Atan2}\left(\frac{r_{32}}{c\beta},\frac{r_{33}}{c\beta}\right)\\
\gamma&=\mathrm{Atan2}\left(\frac{r_{21}}{c\beta},\frac{r_{11}}{c\beta}\right)
\end{aligned}\right\} \tag{2-36}
$$

RPY表示法:R表示roll,P表示pitch,Y表示yaw,常被用来描述飞机、船舶和车辆的动力学[1]。它是依次绕固定坐标系中坐标轴进行三次旋转得到的。刚开始时,动坐标系$\{B\}$和定坐标系$\{A\}$重合,即动坐标系$\{B\}$中X_1,Y_1,Z_1三个坐标轴分别与定坐标系$\{A\}$中X,Y,Z三轴重合,动坐标系$\{B\}$的原点O_1和定坐标系$\{A\}$原点O重合。在动坐标系$\{B\}$中固定了一个矢量${}^B\boldsymbol{\xi}$。绕固定坐标系坐标轴的转动如下:

(1)动坐标系$\{B\}$绕固定坐标系$\{A\}$中的X轴逆时针旋转α角,此时动坐标系$\{B\}$中的Y_1,Z_1分别变为了Y'_1,Z'_1(见图2-13),矢量${}^B\boldsymbol{\xi}$在定坐标系$\{A\}$中变为${}^A\boldsymbol{\xi}'$,则有

$$
{}^A\boldsymbol{\xi}'=\boldsymbol{R}_X(\alpha){}^B\boldsymbol{\xi}=\begin{bmatrix}1 & 0 & 0\\ 0 & c\alpha & -s\alpha\\ 0 & s\alpha & c\alpha\end{bmatrix}{}^B\boldsymbol{\xi} \tag{2-37}
$$

(2)动坐标系$\{B\}$再绕固定坐标系$\{A\}$中的Y轴逆时针旋转β角,此时动坐标系$\{B\}$中的X_1,Y'_1,Z'_1分别变为了X'_1,Y''_1,Z''_1(见图2-14),矢量${}^B\boldsymbol{\xi}$在定坐标系$\{A\}$中变为${}^A\boldsymbol{\xi}''$,则有

$$
{}^A\boldsymbol{\xi}''=\boldsymbol{R}_Y(\beta){}^A\boldsymbol{\xi}'=\boldsymbol{R}_Y(\beta)\boldsymbol{R}_X(\alpha){}^B\boldsymbol{\xi}=\begin{bmatrix}c\beta & 0 & s\beta\\ 0 & 1 & 0\\ -s\beta & 0 & c\beta\end{bmatrix}\begin{bmatrix}1 & 0 & 0\\ 0 & c\alpha & -s\alpha\\ 0 & s\alpha & c\alpha\end{bmatrix}{}^B\boldsymbol{\xi} \tag{2-38}
$$

(3)最后动坐标系$\{B\}$绕固定坐标系$\{A\}$中的Z轴逆时针旋转γ角,此时动坐标系$\{B\}$中的X'_1,Y''_1,Z''_1分别变为了X''_1,Y'''_1,Z'''_1(见图2-15),矢量${}^B\boldsymbol{\xi}$在定坐标系$\{A\}$中变为${}^A\boldsymbol{\xi}'''$,则有

$$
{}^A\boldsymbol{\xi}'''=\boldsymbol{R}_Z(\gamma){}^A\boldsymbol{\xi}''=\boldsymbol{R}_Z(\gamma)\boldsymbol{R}_Y(\beta)\boldsymbol{R}_X(\alpha){}^B\boldsymbol{\xi}=
$$

$$
\begin{bmatrix}c\gamma & -s\gamma & 0\\ s\gamma & c\gamma & 0\\ 0 & 0 & 1\end{bmatrix}\begin{bmatrix}c\beta & 0 & s\beta\\ 0 & 1 & 0\\ -s\beta & 0 & c\beta\end{bmatrix}\begin{bmatrix}1 & 0 & 0\\ 0 & c\alpha & -s\alpha\\ 0 & s\alpha & c\alpha\end{bmatrix}{}^B\boldsymbol{\xi} \tag{2-39}
$$

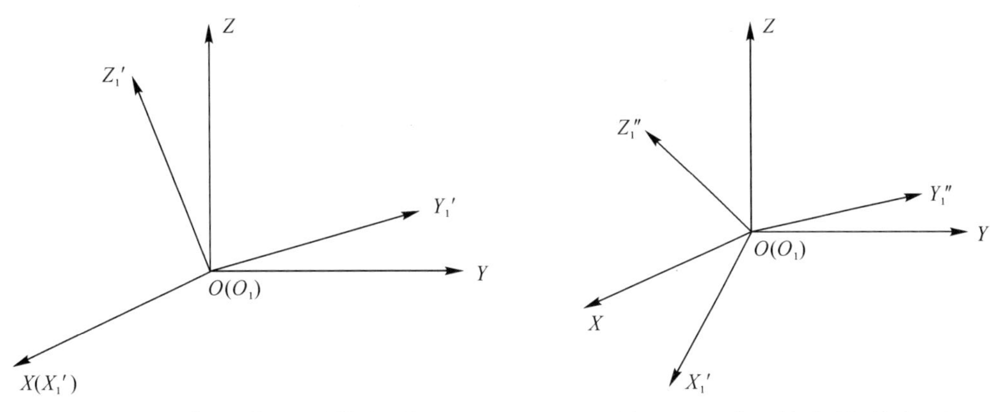

图2-13　绕 X 轴逆时针转动 α 角　　图2-14　绕 Y 轴逆时针转动 β 角

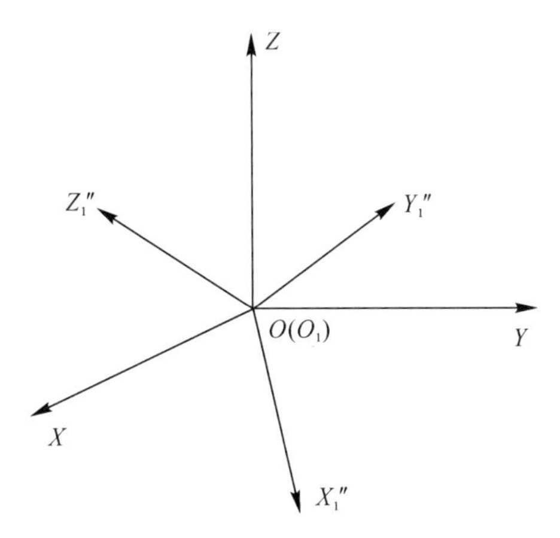

图2-15　绕 Z 轴逆时针转动 γ 角

通过三次旋转后最终达到的需要姿态，即 ${}^A\boldsymbol{\xi}'''$ 为需要的 ${}^A\boldsymbol{\xi}$，有关系式

$${}^A\boldsymbol{\xi}={}^A\boldsymbol{\xi}'''=\boldsymbol{R}_Z(\gamma){}^A\boldsymbol{\xi}''=\boldsymbol{R}_Z(\gamma)\boldsymbol{R}_Y(\beta)\boldsymbol{R}_X(\alpha){}^B\boldsymbol{\xi} \tag{2-40}$$

从而可得到旋转矩阵 ${}^A\boldsymbol{R}_B$ 为

$${}^A\boldsymbol{R}_B=\boldsymbol{R}_Z(\gamma)\boldsymbol{R}_Y(\beta)\boldsymbol{R}_X(\alpha) \tag{2-41}$$

通过式(2-35)与式(2-41)比较可得到：绕动坐标系坐标轴转动表示法依次转动得到旋转矩阵时采用右乘，而绕固定坐标系坐标轴转动表示法依次转动得到旋转矩阵时采用左乘，所以绕动坐标系坐标轴转动的 ZYX 欧拉角表示法与绕固定坐标系坐标轴转动的RPY法得到的旋转矩阵是一样的[5]。绕固定坐标系 X 轴转动的 α 角，称为滚转角(Roll)；绕固定坐标系 Y 轴转动的 β 角，称为俯仰角(Pitch)；绕固定坐标系 Z 轴转动的 γ 角，称为偏摆角(Yaw)[1,3](见图2-16)。

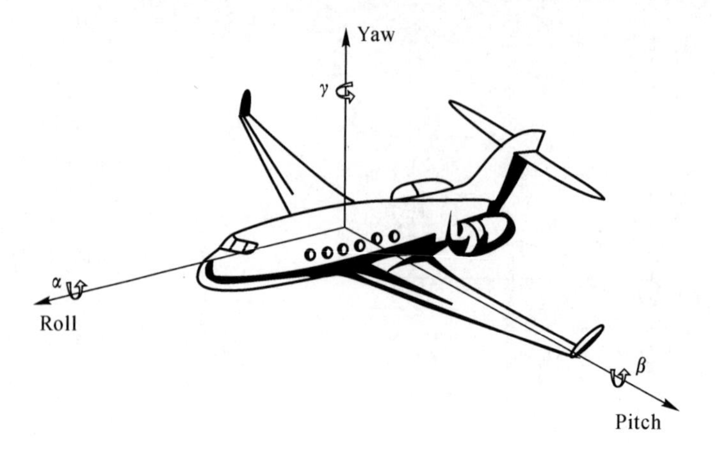

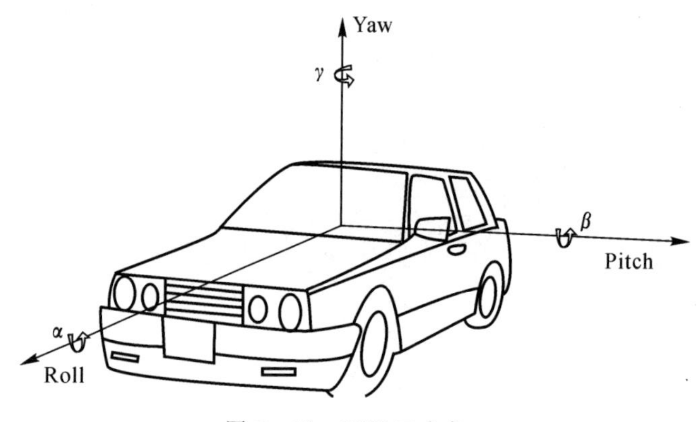

图 2-16　RPY 三个角

在用欧拉角表示旋转矩阵时，要注意选择的坐标轴和转动的顺序，不同的选择会导致不一样的结果。对于不同的旋转矩阵 $\boldsymbol{R}_1$ 和 $\boldsymbol{R}_2$，一般并不满足交换律，即

$$\boldsymbol{R}_1\boldsymbol{R}_2 \neq \boldsymbol{R}_2\boldsymbol{R}_1 \tag{2-42}$$

例如：

$$\boldsymbol{R}_Z(\theta)\boldsymbol{R}_X(\psi)=\begin{bmatrix} c\theta & -s\theta & 0 \\ s\theta & c\theta & 0 \\ 0 & 0 & 1 \end{bmatrix}\begin{bmatrix} 1 & 0 & 0 \\ 0 & c\psi & -s\psi \\ 0 & s\psi & c\psi \end{bmatrix}=\begin{bmatrix} c\theta & -s\theta c\psi & s\theta s\psi \\ s\theta & c\theta c\psi & -c\theta s\psi \\ 0 & s\psi & c\psi \end{bmatrix} \tag{2-43}$$

$$\boldsymbol{R}_X(\psi)\boldsymbol{R}_Z(\theta)=\begin{bmatrix} 1 & 0 & 0 \\ 0 & c\psi & -s\psi \\ 0 & s\psi & c\psi \end{bmatrix}\begin{bmatrix} c\theta & -s\theta & 0 \\ s\theta & c\theta & 0 \\ 0 & 0 & 1 \end{bmatrix}=\begin{bmatrix} c\theta & -s\theta & 0 \\ c\psi s\theta & c\theta c\psi & -s\psi \\ s\theta s\psi & c\theta s\psi & c\psi \end{bmatrix} \tag{2-44}$$

从以上两式可得

$$\boldsymbol{R}_X(\psi)\boldsymbol{R}_Z(\theta) \neq \boldsymbol{R}_Z(\theta)\boldsymbol{R}_X(\psi) \tag{2-45}$$

当有多个坐标系时，它们之间的旋转矩阵有连乘的关系。现以 4 个坐标系旋转矩阵之间

的关系为例进行说明:已知坐标系{B}相对于坐标系{A}的旋转矩阵${}^{A}\boldsymbol{R}_{B}$、坐标系{C}相对于坐标系{B}的旋转矩阵${}^{B}\boldsymbol{R}_{C}$、坐标系{D}相对于坐标系{C}的旋转矩阵${}^{C}\boldsymbol{R}_{D}$,则坐标系{D}相对于坐标系{A}的旋转矩阵${}^{A}\boldsymbol{R}_{D}$为

$$ {}^{A}\boldsymbol{R}_{D}={}^{A}\boldsymbol{R}_{B}{}^{B}\boldsymbol{R}_{C}{}^{C}\boldsymbol{R}_{D} \tag{2-46} $$

2.1.4　一般位姿描述

如图 2-3 所示,坐标系{B}中的 B 点,相对于坐标系{A}的位置矢量,即为一般位姿。现已知 B 点在坐标系{B}中的位置矢量${}^{B}\boldsymbol{p}_{B}$,点 O_1 在坐标系{A}中的位置矢量${}^{A}\boldsymbol{p}_{O1}$,要求出 B 点在坐标系{A}中的位置矢量${}^{A}\boldsymbol{p}_{B}$,则需要把${}^{B}\boldsymbol{p}_{B}$转换到坐标系{A}中,且已知坐标系{B}相对于坐标系{A}的旋转矩阵${}^{A}\boldsymbol{R}_{B}$,则有下面的关系式:

$$ {}^{A}\boldsymbol{p}_{B}={}^{A}\boldsymbol{p}_{O1}+{}^{A}\boldsymbol{R}_{B}{}^{B}\boldsymbol{p}_{B} \tag{2-47} $$

2.2　速 度 分 析

2.2.1　一般速度分析

由式(2-9) ~ 式(2-11),得到

$$ {}^{A}\boldsymbol{R}_{B}{}^{A}\boldsymbol{R}_{B}^{\mathrm{T}}=\boldsymbol{E}_{3\times3} \tag{2-48} $$

式(2-48)对时间求导得

$$ {}^{A}\dot{\boldsymbol{R}}_{B}{}^{A}\boldsymbol{R}_{B}^{\mathrm{T}}+{}^{A}\boldsymbol{R}_{B}{}^{A}\dot{\boldsymbol{R}}_{B}^{\mathrm{T}}=\boldsymbol{0}_{3\times3} \tag{2-49} $$

式中,$\boldsymbol{0}_{3\times3}$ 表示 3 行 3 列元素全部为 0 的方阵。

又由于

$$ ({}^{A}\dot{\boldsymbol{R}}_{B}{}^{A}\boldsymbol{R}_{B}^{\mathrm{T}})^{\mathrm{T}}={}^{A}\boldsymbol{R}_{B}{}^{A}\dot{\boldsymbol{R}}_{B}^{\mathrm{T}} \tag{2-50} $$

式(2-49)结合式(2-50),可得

$$ {}^{A}\dot{\boldsymbol{R}}_{B}{}^{A}\boldsymbol{R}_{B}^{\mathrm{T}}+({}^{A}\dot{\boldsymbol{R}}_{B}{}^{A}\boldsymbol{R}_{B}^{\mathrm{T}})^{\mathrm{T}}=\boldsymbol{0}_{3\times3} \tag{2-51} $$

根据矩阵的知识,可知${}^{A}\dot{\boldsymbol{R}}_{B}{}^{A}\boldsymbol{R}_{B}^{\mathrm{T}}$为一个 3 行 3 列的斜对称矩阵(skew symmmetric matrix)。

当两个列向量 $\boldsymbol{a}^{\mathrm{T}}=[a_1\quad a_2\quad a_3]^{\mathrm{T}}$ 与 $\boldsymbol{b}^{\mathrm{T}}=[b_1\quad b_2\quad b_3]^{\mathrm{T}}$ 叉乘时,有关系式

$$ \boldsymbol{a}\times\boldsymbol{b}=[\boldsymbol{a}_{\times}]\begin{bmatrix}b_1\\b_2\\b_3\end{bmatrix} \tag{2-52} $$

式中,矩阵$[\boldsymbol{a}_{\times}]$为列向量 $\boldsymbol{a}^{\mathrm{T}}=[a_1\quad a_2\quad a_3]^{\mathrm{T}}$ 构造成的一个 3 行 3 列的斜对称矩阵,有

$$ [\boldsymbol{a}_{\times}]=\begin{bmatrix}0 & -a_3 & a_2\\ a_3 & 0 & -a_1\\ -a_2 & a_1 & 0\end{bmatrix} \tag{2-53} $$

转动角速度${}^A\boldsymbol{\omega}_B^{\mathrm{T}}=[{}^A\omega_{B1}\quad {}^A\omega_{B2}\quad {}^A\omega_{B3}]^{\mathrm{T}}$构造成的3行3列斜对称矩阵$[{}^A\boldsymbol{\omega}_{B\times}]$为[6]

$$[{}^A\boldsymbol{\omega}_{B\times}]={}^A\dot{\boldsymbol{R}}_B{}^A\boldsymbol{R}_B^{\mathrm{T}}=\begin{bmatrix}0 & -{}^A\omega_{B3} & {}^A\omega_{B2}\\ {}^A\omega_{B3} & 0 & -{}^A\omega_{B1}\\ -{}^A\omega_{B2} & {}^A\omega_{B1} & 0\end{bmatrix} \tag{2-54}$$

根据线性代数的知识，$[{}^A\boldsymbol{\omega}_{B\times}]$相当于${}^A\boldsymbol{\omega}_B\times$，即${}^A\boldsymbol{\omega}_B$叉乘运算。

式(2-47)对时间求导得

$$\frac{\mathrm{d}^A\boldsymbol{p}_B}{\mathrm{d}t}=\frac{\mathrm{d}^A\boldsymbol{p}_{O1}}{\mathrm{d}t}+{}^A\dot{\boldsymbol{R}}_B{}^B\boldsymbol{p}_B+{}^A\boldsymbol{R}_B\frac{\mathrm{d}^B\boldsymbol{p}_B}{\mathrm{d}t} \tag{2-55}$$

式(2-54)两边右乘${}^A\boldsymbol{R}_B$，得到${}^A\dot{\boldsymbol{R}}_B$为

$${}^A\dot{\boldsymbol{R}}_B=[{}^A\boldsymbol{\omega}_{B\times}]{}^A\boldsymbol{R}_B \tag{2-56}$$

把式(2-56)代入式(2-55)得

$${}^A\boldsymbol{v}_B={}^A\boldsymbol{v}_{O1}+[{}^A\boldsymbol{\omega}_{B\times}]{}^A\boldsymbol{R}_B{}^B\boldsymbol{p}_B+{}^A\boldsymbol{R}_B{}^B\boldsymbol{v}_B={}^A\boldsymbol{v}_{O1}+{}^A\boldsymbol{\omega}_B\times({}^A\boldsymbol{R}_B{}^B\boldsymbol{p}_B)+{}^A\boldsymbol{R}_B{}^B\boldsymbol{v}_B \tag{2-57}$$

式中，${}^A\boldsymbol{v}_B=\dfrac{\mathrm{d}^A\boldsymbol{p}_B}{\mathrm{d}t}$表示点$B$相对于坐标系$\{A\}$的平移速度，是在坐标系$\{A\}$中表示的；${}^A\boldsymbol{v}_{O1}=\dfrac{\mathrm{d}^A\boldsymbol{p}_{O1}}{\mathrm{d}t}$表示点$O_1$相对于坐标系$\{A\}$的平移速度，是在坐标系$\{A\}$中表示的；${}^A\boldsymbol{\omega}_B$表示坐标系$\{B\}$相对于坐标系$\{A\}$的转动角速度，是在坐标系$\{A\}$中表示的；${}^B\boldsymbol{v}_B=\dfrac{\mathrm{d}^B\boldsymbol{p}_B}{\mathrm{d}t}$表示点$B$相对于坐标系$\{B\}$的平移速度，且是在坐标系$\{B\}$中表示的。

${}^A\boldsymbol{R}_B{}^B\boldsymbol{v}_B$则把${}^B\boldsymbol{v}_B$转换到坐标系$\{A\}$中表示写为${}^A({}^B\boldsymbol{v}_B)$，括号外的$A$表示${}^B\boldsymbol{v}_B$是在坐标系$\{A\}$中表示的。${}^B({}^B\boldsymbol{v}_B)$表示${}^B\boldsymbol{v}_B$是在坐标系$\{B\}$中表示的，又${}^B\boldsymbol{v}_B$表示点$B$在坐标系$\{B\}$中的平移速度，两个坐标系是同一个坐标系可省略，即把${}^B({}^B\boldsymbol{v}_B)$直接写成${}^B\boldsymbol{v}_B$即可。以后的表示方式与此一致。

若图2-3中的点B和点O_1是同一个刚体中的两个点，则${}^B\boldsymbol{p}_B$是一个常矢量，从而

$${}^B\boldsymbol{v}_B=\frac{\mathrm{d}^B\boldsymbol{p}_B}{\mathrm{d}t}=\boldsymbol{0}_{3\times1} \tag{2-58}$$

式中，$\boldsymbol{0}_{3\times1}$为元素全为0的$3\times1$维列向量。

对于刚体，式(2-57)变为

$${}^A\boldsymbol{v}_B={}^A\boldsymbol{v}_{O1}+{}^A\boldsymbol{\omega}_B\times({}^A\boldsymbol{R}_B{}^B\boldsymbol{p}_B) \tag{2-59}$$

2.2.2 多个坐标系间转动角速度的关系

为了方便分析多刚体中点的位置关系等，常常建立多个坐标系，如图2-17所示。

坐标系$\{n\}$相对于坐标系$\{1\}$的旋转矩阵${}^1\boldsymbol{R}_n$为

$${}^1\boldsymbol{R}_n={}^1\boldsymbol{R}_2{}^2\boldsymbol{R}_3\cdots{}^{n-1}\boldsymbol{R}_n \tag{2-60}$$

式中，${}^1\boldsymbol{R}_2$表示坐标系$\{2\}$相对于坐标系$\{1\}$的旋转矩阵；${}^2\boldsymbol{R}_3$表示坐标系$\{3\}$相对于坐标系$\{2\}$

的旋转矩阵；${}^{n-1}\boldsymbol{R}_n$ 表示坐标系{n}相对于坐标系{n－1}的旋转矩阵。

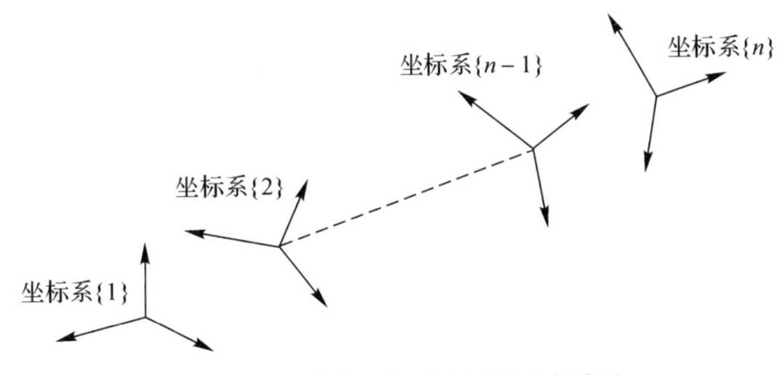

图 2－17　多个坐标系之间的速度关系

根据本节前面的内容，可知坐标系{n}相对于坐标系{1}的角速度为${}^1\boldsymbol{\omega}_n$。

${}^1\boldsymbol{\omega}_n^{\mathrm{T}}=\left[{}^1\omega_{n1}\quad {}^1\omega_{n2}\quad {}^1\omega_{n3}\right]^{\mathrm{T}}$ 构造成的 3 行 3 列斜对称矩阵$[{}^1\boldsymbol{\omega}_{n\times}]$为

$$[{}^1\boldsymbol{\omega}_{n\times}]={}^1\dot{\boldsymbol{R}}_n{}^1\boldsymbol{R}_n^{\mathrm{T}}=\begin{bmatrix}0 & -{}^1\omega_{n3} & {}^1\omega_{n2}\\ {}^1\omega_{n3} & 0 & -{}^1\omega_{n1}\\ -{}^1\omega_{n2} & {}^1\omega_{n1} & 0\end{bmatrix}\tag{2-61}$$

把式(2－60 代入式(2－61)，可得

$$\begin{aligned}[{}^1\boldsymbol{\omega}_{n\times}]={}&{}^1\dot{\boldsymbol{R}}_n{}^1\boldsymbol{R}_n^{\mathrm{T}}={}^1\dot{\boldsymbol{R}}_2{}^2\boldsymbol{R}_3\cdots{}^{n-1}\boldsymbol{R}_n{}^{n-1}\boldsymbol{R}_n^{\mathrm{T}}\cdots{}^2\boldsymbol{R}_3^{\mathrm{T}}{}^1\boldsymbol{R}_2^{\mathrm{T}}+\\&{}^1\boldsymbol{R}_2{}^2\dot{\boldsymbol{R}}_3\cdots{}^{n-1}\boldsymbol{R}_n{}^{n-1}\boldsymbol{R}_n^{\mathrm{T}}\cdots{}^2\boldsymbol{R}_3^{\mathrm{T}}{}^1\boldsymbol{R}_2^{\mathrm{T}}+\cdots+{}^1\boldsymbol{R}_2{}^2\boldsymbol{R}_3\cdots{}^{n-1}\dot{\boldsymbol{R}}_n{}^{n-1}\boldsymbol{R}_n^{\mathrm{T}}\cdots{}^2\boldsymbol{R}_3^{\mathrm{T}}{}^1\boldsymbol{R}_2^{\mathrm{T}}=\\&{}^1\dot{\boldsymbol{R}}_2{}^1\boldsymbol{R}_2^{\mathrm{T}}+{}^1\boldsymbol{R}_2{}^2\dot{\boldsymbol{R}}_3{}^2\boldsymbol{R}_3^{\mathrm{T}}{}^1\boldsymbol{R}_2^{\mathrm{T}}+\cdots+{}^1\boldsymbol{R}_2{}^2\boldsymbol{R}_3\cdots{}^{n-1}\dot{\boldsymbol{R}}_n{}^{n-1}\boldsymbol{R}_n^{\mathrm{T}}\cdots{}^2\boldsymbol{R}_3^{\mathrm{T}}{}^1\boldsymbol{R}_2^{\mathrm{T}}=\\&{}^1\dot{\boldsymbol{R}}_2{}^1\boldsymbol{R}_2^{\mathrm{T}}+{}^1\boldsymbol{R}_2{}^2\dot{\boldsymbol{R}}_3{}^2\boldsymbol{R}_3^{\mathrm{T}}{}^1\boldsymbol{R}_2^{\mathrm{T}}+\cdots+{}^1\boldsymbol{R}_{n-1}{}^{n-1}\dot{\boldsymbol{R}}_n{}^{n-1}\boldsymbol{R}_n^{\mathrm{T}}{}^1\boldsymbol{R}_{n-1}^{\mathrm{T}}=\\&[{}^1\boldsymbol{\omega}_{2\times}]+{}^1\boldsymbol{R}_2[{}^2\boldsymbol{\omega}_{3\times}]{}^1\boldsymbol{R}_2^{\mathrm{T}}+\cdots+{}^1\boldsymbol{R}_{n-1}[{}^{n-1}\boldsymbol{\omega}_{n\times}]{}^1\boldsymbol{R}_{n-1}^{\mathrm{T}}\end{aligned}\tag{2-60}$$

假设${}^1\boldsymbol{R}_2$ 和${}^2\boldsymbol{\omega}_3$ 都已知，为

$$\left.\begin{aligned}{}^1\boldsymbol{R}_2&=\begin{bmatrix}r_{11} & r_{12} & r_{13}\\ r_{21} & r_{22} & r_{23}\\ r_{31} & r_{32} & r_{33}\end{bmatrix}\\ {}^2\boldsymbol{\omega}_3&=\begin{bmatrix}\omega_1\\ \omega_2\\ \omega_3\end{bmatrix}\end{aligned}\right\}\tag{2-63}$$

则有

$${}^1\boldsymbol{R}_2{}^2\boldsymbol{\omega}_3=\begin{bmatrix}r_{11} & r_{12} & r_{13}\\ r_{21} & r_{22} & r_{23}\\ r_{31} & r_{32} & r_{33}\end{bmatrix}\begin{bmatrix}\omega_1\\ \omega_2\\ \omega_3\end{bmatrix}=\begin{bmatrix}r_{11}\omega_1+r_{12}\omega_2+r_{13}\omega_3\\ r_{21}\omega_1+r_{22}\omega_2+r_{23}\omega_3\\ r_{31}\omega_1+r_{32}\omega_2+r_{33}\omega_3\end{bmatrix}\tag{2-64}$$

然后得到

$$[({}^1\boldsymbol{R}_2{}^2\boldsymbol{\omega}_3)_\times]=\begin{bmatrix}0 & -(r_{31}\omega_1+r_{32}\omega_2+r_{33}\omega_3) & (r_{21}\omega_1+r_{22}\omega_2+r_{23}\omega_3)\\(r_{31}\omega_1+r_{32}\omega_2+r_{33}\omega_3) & 0 & -(r_{11}\omega_1+r_{12}\omega_2+r_{13}\omega_3)\\-(r_{21}\omega_1+r_{22}\omega_2+r_{23}\omega_3) & (r_{11}\omega_1+r_{12}\omega_2+r_{13}\omega_3) & 0\end{bmatrix}\tag{2-65}$$

而

$${}^1\boldsymbol{R}_2[{}^2\boldsymbol{\omega}_{3\times}]{}^1\boldsymbol{R}_2^{\mathrm{T}}=\begin{bmatrix}r_{11} & r_{12} & r_{13}\\r_{21} & r_{22} & r_{23}\\r_{31} & r_{32} & r_{33}\end{bmatrix}\begin{bmatrix}0 & -\omega_3 & \omega_2\\\omega_3 & 0 & -\omega_1\\-\omega_2 & \omega_1 & 0\end{bmatrix}\begin{bmatrix}r_{11} & r_{12} & r_{13}\\r_{21} & r_{22} & r_{23}\\r_{31} & r_{32} & r_{33}\end{bmatrix}^{\mathrm{T}}=$$
$$\begin{bmatrix}r_{12}\omega_3-r_{13}\omega_2 & r_{13}\omega_1-r_{11}\omega_3 & r_{11}\omega_2-r_{12}\omega_1\\r_{22}\omega_3-r_{23}\omega_2 & r_{23}\omega_1-r_{21}\omega_3 & r_{21}\omega_2-r_{22}\omega_1\\r_{32}\omega_3-r_{33}\omega_2 & r_{33}\omega_1-r_{31}\omega_3 & r_{31}\omega_2-r_{32}\omega_1\end{bmatrix}\begin{bmatrix}r_{11} & r_{21} & r_{31}\\r_{12} & r_{22} & r_{32}\\r_{13} & r_{23} & r_{33}\end{bmatrix}\tag{2-66}$$

假设

$${}^1\boldsymbol{R}_2[{}^2\boldsymbol{\omega}_{3\times}]{}^1\boldsymbol{R}_2^{\mathrm{T}}=\begin{bmatrix}a_{11} & a_{12} & a_{13}\\a_{21} & a_{22} & a_{23}\\a_{31} & a_{32} & a_{33}\end{bmatrix}\tag{2-67}$$

通过式(2-66)可求得

$$a_{11}=a_{22}=a_{33}=0\tag{2-68}$$

$$a_{21}=-a_{12}=(r_{12}r_{21}-r_{11}r_{22})\omega_3+(r_{11}r_{23}-r_{13}r_{21})\omega_2+(r_{13}r_{22}-r_{12}r_{23})\omega_1\tag{2-69}$$

$$a_{32}=-a_{23}=(r_{21}r_{32}-r_{22}r_{31})\omega_3+(r_{23}r_{31}-r_{21}r_{33})\omega_2+(r_{22}r_{33}-r_{22}r_{33})\omega_1\tag{2-70}$$

$$a_{13}=-a_{31}=(r_{12}r_{31}-r_{11}r_{32})\omega_3+(r_{11}r_{33}-r_{13}r_{31})\omega_2+(r_{13}r_{32}-r_{12}r_{33})\omega_1\tag{2-71}$$

根据旋转矩阵方向余弦矩阵表示法矩阵中各个元素之间的关系可知，旋转矩阵的三行构成的列向量互相垂直，且有

$$\left.\begin{aligned}\begin{bmatrix}r_{11}\\r_{12}\\r_{13}\end{bmatrix}\times\begin{bmatrix}r_{21}\\r_{22}\\r_{23}\end{bmatrix}=\begin{bmatrix}r_{31}\\r_{32}\\r_{33}\end{bmatrix}\\\begin{bmatrix}r_{21}\\r_{22}\\r_{23}\end{bmatrix}\times\begin{bmatrix}r_{31}\\r_{32}\\r_{33}\end{bmatrix}=\begin{bmatrix}r_{11}\\r_{12}\\r_{13}\end{bmatrix}\\\begin{bmatrix}r_{31}\\r_{32}\\r_{33}\end{bmatrix}\times\begin{bmatrix}r_{11}\\r_{12}\\r_{13}\end{bmatrix}=\begin{bmatrix}r_{21}\\r_{22}\\r_{23}\end{bmatrix}\end{aligned}\right\}\tag{2-72}$$

把式(2-72)左边叉乘展开后，与右边对应项相等，可得

$$\left.\begin{array}{lll}(r_{12}r_{21}-r_{11}r_{22})=r_{33}, & (r_{11}r_{23}-r_{13}r_{21})=r_{32}, & (r_{13}r_{22}-r_{12}r_{23})=r_{31} \\ (r_{21}r_{32}-r_{22}r_{31})=r_{13}, & (r_{23}r_{31}-r_{21}r_{33})=r_{12}, & (r_{22}r_{33}-r_{22}r_{33})=r_{11} \\ (r_{12}r_{31}-r_{11}r_{32})=r_{13}, & (r_{11}r_{33}-r_{13}r_{31})=r_{22}, & (r_{13}r_{32}-r_{12}r_{33})=r_{21}\end{array}\right\} \tag{2-73}$$

根据式(2－65)～式(2－73),可得

$$[({}^1\boldsymbol{R}_2{}^2\boldsymbol{\omega}_3)_\times]={}^1\boldsymbol{R}_2[{}^2\boldsymbol{\omega}_{3\times}]{}^1\boldsymbol{R}_2^{\mathrm{T}} \tag{2-74}$$

同样有

$$\left.\begin{array}{c}[({}^2\boldsymbol{R}_3{}^3\boldsymbol{\omega}_4)_\times]={}^2\boldsymbol{R}_3[{}^3\boldsymbol{\omega}_{4\times}]{}^2\boldsymbol{R}_3^{\mathrm{T}} \\ \vdots \\ [({}^1\boldsymbol{R}_{n-1}{}^{n-1}\boldsymbol{\omega}_n)_\times]={}^1\boldsymbol{R}_{n-1}[{}^{n-1}\boldsymbol{\omega}_{n\times}]{}^1\boldsymbol{R}_{n-1}^{\mathrm{T}}\end{array}\right\} \tag{2-75}$$

所以式(2－62)转变成

$$[{}^1\boldsymbol{\omega}_{n\times}]=[{}^1\boldsymbol{\omega}_{2\times}]+[({}^1\boldsymbol{R}_2{}^2\boldsymbol{\omega}_3)_\times]+\cdots+[({}^1\boldsymbol{R}_{n-1}{}^{n-1}\boldsymbol{\omega}_n)_\times] \tag{2-76}$$

从而可以得到坐标系$\{n\}$相对于坐标系$\{1\}$的角速度为

$${}^1\boldsymbol{\omega}_n={}^1\boldsymbol{\omega}_2+{}^1\boldsymbol{R}_2{}^2\boldsymbol{\omega}_3+\cdots+{}^1\boldsymbol{R}_{n-1}{}^{n-1}\boldsymbol{\omega}_n \tag{2-77}$$

2.2.3　欧拉角对时间的一阶导数与角速度之间的关系

欧拉角被广泛用来表示旋转矩阵,但欧拉角表示法中绕坐标轴转动角对时间的一阶导数并不是角速度分量,它们之间有一定的关系,具体要根据不同的表示方法进行分析。下面主要对 ZXZ 欧拉角表示法和 ZYX 欧拉角表示法进行分析,其他也可以依此类推。

ZXZ 欧拉角表示法:根据绕动坐标系依次转动的次序,可得到 ZXZ 欧拉角与角速度之间的关系如下:

$${}^A\boldsymbol{\omega}_B=\boldsymbol{z}_1\dot{\alpha}+\boldsymbol{x}'_1\dot{\beta}+\boldsymbol{z}'_1\dot{\gamma} \tag{2-78}$$

式中,$\boldsymbol{z}_1$表示轴 Z_1 的单位矢量正方向;$\boldsymbol{x}'_1$表示轴 X'_1的单位矢量正方向;$\boldsymbol{z}'_1$表示轴 Z'_1的单位矢量正方向;$\dot{\alpha}$ 表示 α 对时间求一阶导数;$\dot{\beta}$ 表示 β 对时间求一阶导数;$\dot{\gamma}$ 表示 γ 对时间求一阶导数。

把 $\boldsymbol{z}_1$,$\boldsymbol{x}'_1$和 $\boldsymbol{z}'_1$转换到坐标系$\{A\}$中[6],得到角速度与 ZXZ 欧拉角对时间的一阶导数之间的关系如下:

$$\begin{aligned}{}^A\boldsymbol{\omega}_B&=\begin{bmatrix}0\\0\\1\end{bmatrix}\dot{\alpha}+\boldsymbol{R}_Z(\alpha)\begin{bmatrix}1\\0\\0\end{bmatrix}\dot{\beta}+\boldsymbol{R}_Z(\alpha)\boldsymbol{R}_X(\beta)\begin{bmatrix}0\\0\\1\end{bmatrix}\dot{\gamma}= \\ &\begin{bmatrix}0\\0\\1\end{bmatrix}\dot{\alpha}+\begin{bmatrix}c\alpha&-s\alpha&0\\s\alpha&c\alpha&0\\0&0&1\end{bmatrix}\begin{bmatrix}1\\0\\0\end{bmatrix}\dot{\beta}+\begin{bmatrix}c\alpha&-s\alpha&0\\s\alpha&c\alpha&0\\0&0&1\end{bmatrix}\begin{bmatrix}1&0&0\\0&c\beta&-s\beta\\0&s\beta&c\beta\end{bmatrix}\begin{bmatrix}0\\0\\1\end{bmatrix}\dot{\gamma}= \\ &\begin{bmatrix}0\\0\\1\end{bmatrix}\dot{\alpha}+\begin{bmatrix}c\alpha\\s\alpha\\0\end{bmatrix}\dot{\beta}+\begin{bmatrix}s\alpha s\beta\\-c\alpha s\beta\\c\beta\end{bmatrix}\dot{\gamma}=\begin{bmatrix}0&c\alpha&s\alpha s\beta\\0&s\alpha&-c\alpha s\beta\\1&0&c\beta\end{bmatrix}\begin{bmatrix}\dot{\alpha}\\\dot{\beta}\\\dot{\gamma}\end{bmatrix}\end{aligned} \tag{2-79}$$

也可以根据式(2－54)得到

$$[{}^{A}\boldsymbol{\omega}_{B\times}]={}^{A}\dot{\boldsymbol{R}}_{B}{}^{A}\boldsymbol{R}_{B}^{\mathrm{T}}=\frac{\mathrm{d}(\boldsymbol{R}_Z(\alpha)\boldsymbol{R}_X(\beta)\boldsymbol{R}_Z(\gamma))}{\mathrm{d}t}(\boldsymbol{R}_Z(\alpha)\boldsymbol{R}_X(\beta)\boldsymbol{R}_Z(\gamma))^{\mathrm{T}}=$$

$$\dot{\boldsymbol{R}}_Z(\alpha)\boldsymbol{R}_X(\beta)\boldsymbol{R}_Z(\gamma)\boldsymbol{R}_Z(\gamma)^{\mathrm{T}}\boldsymbol{R}_X(\beta)^{\mathrm{T}}\boldsymbol{R}_Z(\alpha)^{\mathrm{T}}+$$
$$\boldsymbol{R}_Z(\alpha)\dot{\boldsymbol{R}}_X(\beta)\boldsymbol{R}_Z(\gamma)\boldsymbol{R}_Z(\gamma)^{\mathrm{T}}\boldsymbol{R}_X(\beta)^{\mathrm{T}}\boldsymbol{R}_Z(\alpha)^{\mathrm{T}}+$$
$$\boldsymbol{R}_Z(\alpha)\boldsymbol{R}_X(\beta)\dot{\boldsymbol{R}}_Z(\gamma)\boldsymbol{R}_Z(\gamma)^{\mathrm{T}}\boldsymbol{R}_X(\beta)^{\mathrm{T}}\boldsymbol{R}_Z(\alpha)^{\mathrm{T}}=$$
$$\dot{\boldsymbol{R}}_Z(\alpha)\boldsymbol{R}_Z(\alpha)^{\mathrm{T}}+\boldsymbol{R}_Z(\alpha)\dot{\boldsymbol{R}}_X(\beta)\boldsymbol{R}_X(\beta)^{\mathrm{T}}\boldsymbol{R}_Z(\alpha)^{\mathrm{T}}+$$
$$\boldsymbol{R}_Z(\alpha)\boldsymbol{R}_X(\beta)\dot{\boldsymbol{R}}_Z(\gamma)\boldsymbol{R}_Z(\gamma)^{\mathrm{T}}\boldsymbol{R}_X(\beta)^{\mathrm{T}}\boldsymbol{R}_Z(\alpha)^{\mathrm{T}} \tag{2-80}$$

由式(2－54)和式(2－74)得到

$$\left[\left(\begin{bmatrix}0\\0\\\dot{\alpha}\end{bmatrix}\right)_{\times}\right]=\dot{\boldsymbol{R}}_Z(\alpha)\boldsymbol{R}_Z(\alpha)^{\mathrm{T}} \tag{2-81}$$

$$\left[\left(\boldsymbol{R}_Z(\alpha)\begin{bmatrix}\dot{\beta}\\0\\0\end{bmatrix}\right)_{\times}\right]=\boldsymbol{R}_Z(\alpha)\dot{\boldsymbol{R}}_X(\beta)\boldsymbol{R}_X(\beta)^{\mathrm{T}}\boldsymbol{R}_Z(\alpha)^{\mathrm{T}} \tag{2-82}$$

$$\left[\left(\boldsymbol{R}_Z(\alpha)\boldsymbol{R}_X(\beta)\begin{bmatrix}0\\0\\\dot{\gamma}\end{bmatrix}\right)_{\times}\right]=\boldsymbol{R}_Z(\alpha)\boldsymbol{R}_X(\beta)\dot{\boldsymbol{R}}_Z(\gamma)\boldsymbol{R}_Z(\gamma)^{\mathrm{T}}\boldsymbol{R}_X(\beta)^{\mathrm{T}}\boldsymbol{R}_Z(\alpha)^{\mathrm{T}} \tag{2-83}$$

把式(2－81)～式(2－83)代入式(2－80)，得

$$[{}^{A}\boldsymbol{\omega}_{B\times}]=\left[\left(\begin{bmatrix}0\\0\\\dot{\alpha}\end{bmatrix}\right)_{\times}\right]+\left[\left(\boldsymbol{R}_Z(\alpha)\begin{bmatrix}\dot{\beta}\\0\\0\end{bmatrix}\right)_{\times}\right]+\left[\left(\boldsymbol{R}_Z(\alpha)\boldsymbol{R}_X(\beta)\begin{bmatrix}0\\0\\\dot{\gamma}\end{bmatrix}\right)_{\times}\right] \tag{2-84}$$

从而得到角速度与 ZXZ 欧拉角对时间的一阶导数之间的关系如下：

$$\begin{aligned}{}^{A}\boldsymbol{\omega}_{B}&=\begin{bmatrix}0\\0\\\dot{\alpha}\end{bmatrix}+\boldsymbol{R}_Z(\alpha)\begin{bmatrix}\dot{\beta}\\0\\0\end{bmatrix}+\boldsymbol{R}_Z(\alpha)\boldsymbol{R}_X(\beta)\begin{bmatrix}0\\0\\\dot{\gamma}\end{bmatrix}=\\&\begin{bmatrix}0\\0\\\dot{\alpha}\end{bmatrix}+\begin{bmatrix}\mathrm{c}\alpha&-\mathrm{s}\alpha&0\\\mathrm{s}\alpha&\mathrm{c}\alpha&0\\0&0&1\end{bmatrix}\begin{bmatrix}\dot{\beta}\\0\\0\end{bmatrix}+\begin{bmatrix}\mathrm{c}\alpha&-\mathrm{s}\alpha&0\\\mathrm{s}\alpha&\mathrm{c}\alpha&0\\0&0&1\end{bmatrix}\begin{bmatrix}1&0&0\\0&\mathrm{c}\beta&-\mathrm{s}\beta\\0&\mathrm{s}\beta&\mathrm{c}\beta\end{bmatrix}\begin{bmatrix}0\\0\\\dot{\gamma}\end{bmatrix}=\\&\begin{bmatrix}0\\0\\1\end{bmatrix}\dot{\alpha}+\begin{bmatrix}\mathrm{c}\alpha\\\mathrm{s}\alpha\\0\end{bmatrix}\dot{\beta}+\begin{bmatrix}\mathrm{s}\alpha\mathrm{s}\beta\\-\mathrm{c}\alpha\mathrm{s}\beta\\\mathrm{c}\beta\end{bmatrix}\dot{\gamma}=\begin{bmatrix}0&\mathrm{c}\alpha&\mathrm{s}\alpha\mathrm{s}\beta\\0&\mathrm{s}\alpha&-\mathrm{c}\alpha\mathrm{s}\beta\\1&0&\mathrm{c}\beta\end{bmatrix}\begin{bmatrix}\dot{\alpha}\\\dot{\beta}\\\dot{\gamma}\end{bmatrix}\end{aligned} \tag{2-85}$$

式(2－85)与式(2－79)一样，从而互相进行了验证(因为有些文献中得到的结果不一样，为了检验正确性是要验证的)。

ZYX 欧拉角表示法：根据绕动坐标系依次转动的次序，可得到 ZYX 欧拉角与角速度之间

的关系如下：

$$ {}^{A}\boldsymbol{\omega}_{B}=\boldsymbol{z}_{1}\dot{\alpha}+\boldsymbol{y}'_{1}\dot{\beta}+\boldsymbol{x}''_{1}\dot{\gamma} \tag{2-86} $$

式中，$\boldsymbol{z}_1$ 表示轴 Z_1 的单位矢量正方向；$\boldsymbol{y}'_1$ 表示轴 Y'_1 的单位矢量正方向；$\boldsymbol{x}''_1$ 表示轴 X''_1 的单位矢量正方向。将 $\boldsymbol{z}_1$，$\boldsymbol{y}'_1$ 和 $\boldsymbol{z}'_1$ 转换到坐标系$\{A\}$中，得到角速度与 ZXZ 欧拉角对时间的一阶导数之间的关系如下：

$$ {}^{A}\boldsymbol{\omega}_{B}=\begin{bmatrix}0\\0\\1\end{bmatrix}\dot{\alpha}+\boldsymbol{R}_{Z}(\alpha)\begin{bmatrix}0\\1\\0\end{bmatrix}\dot{\beta}+\boldsymbol{R}_{Z}(\alpha)\boldsymbol{R}_{Y}(\beta)\begin{bmatrix}1\\0\\0\end{bmatrix}\dot{\gamma}= $$

$$ \begin{bmatrix}0\\0\\1\end{bmatrix}\dot{\alpha}+\begin{bmatrix}c\alpha & -s\alpha & 0\\ s\alpha & c\alpha & 0\\ 0 & 0 & 1\end{bmatrix}\begin{bmatrix}0\\1\\0\end{bmatrix}\dot{\beta}+\begin{bmatrix}c\alpha & -s\alpha & 0\\ s\alpha & c\alpha & 0\\ 0 & 0 & 1\end{bmatrix}\begin{bmatrix}c\beta & 0 & s\beta\\ 0 & 1 & 0\\ -s\beta & 0 & c\beta\end{bmatrix}\begin{bmatrix}1\\0\\0\end{bmatrix}\dot{\gamma}= $$

$$ \begin{bmatrix}0\\0\\1\end{bmatrix}\dot{\alpha}+\begin{bmatrix}-s\alpha\\ c\alpha\\ 0\end{bmatrix}\dot{\beta}+\begin{bmatrix}c\alpha c\beta\\ s\alpha c\beta\\ -s\beta\end{bmatrix}\dot{\gamma}=\begin{bmatrix}0 & -s\alpha & c\alpha c\beta\\ 0 & c\alpha & s\alpha c\beta\\ 1 & 0 & -s\beta\end{bmatrix}\begin{bmatrix}\dot{\alpha}\\ \dot{\beta}\\ \dot{\gamma}\end{bmatrix} \tag{2-87} $$

也可以根据式(2-54)可得

$$ \begin{aligned} [{}^{A}\boldsymbol{\omega}_{B\times}]={}^{A}\dot{\boldsymbol{R}}_{B}{}^{A}\boldsymbol{R}_{B}^{\mathrm{T}}=&\frac{\mathrm{d}(\boldsymbol{R}_{Z}(\alpha)\boldsymbol{R}_{Y}(\beta)\boldsymbol{R}_{X}(\gamma))}{\mathrm{d}t}(\boldsymbol{R}_{Z}(\alpha)\boldsymbol{R}_{Y}(\beta)\boldsymbol{R}_{X}(\gamma))^{\mathrm{T}}=\\ &\dot{\boldsymbol{R}}_{Z}(\alpha)\boldsymbol{R}_{Y}(\beta)\boldsymbol{R}_{X}(\gamma)\boldsymbol{R}_{X}(\gamma)^{\mathrm{T}}\boldsymbol{R}_{Y}(\beta)^{\mathrm{T}}\boldsymbol{R}_{Z}(\alpha)^{\mathrm{T}}+\\ &\boldsymbol{R}_{Z}(\alpha)\dot{\boldsymbol{R}}_{Y}(\beta)\boldsymbol{R}_{X}(\gamma)\boldsymbol{R}_{X}(\gamma)^{\mathrm{T}}\boldsymbol{R}_{Y}(\beta)^{\mathrm{T}}\boldsymbol{R}_{Z}(\alpha)^{\mathrm{T}}+\\ &\boldsymbol{R}_{Z}(\alpha)\boldsymbol{R}_{Y}(\beta)\dot{\boldsymbol{R}}_{X}(\gamma)\boldsymbol{R}_{X}(\gamma)^{\mathrm{T}}\boldsymbol{R}_{Y}(\beta)^{\mathrm{T}}\boldsymbol{R}_{Z}(\alpha)^{\mathrm{T}}=\\ &\dot{\boldsymbol{R}}_{Z}(\alpha)\boldsymbol{R}_{Z}(\alpha)^{\mathrm{T}}+\boldsymbol{R}_{Z}(\alpha)\dot{\boldsymbol{R}}_{Y}(\beta)\boldsymbol{R}_{Y}(\beta)^{\mathrm{T}}\boldsymbol{R}_{Z}(\alpha)^{\mathrm{T}}+\\ &\boldsymbol{R}_{Z}(\alpha)\boldsymbol{R}_{Y}(\beta)\dot{\boldsymbol{R}}_{X}(\gamma)\boldsymbol{R}_{X}(\gamma)^{\mathrm{T}}\boldsymbol{R}_{Y}(\beta)^{\mathrm{T}}\boldsymbol{R}_{Z}(\alpha)^{\mathrm{T}} \end{aligned} \tag{2-88} $$

由式(2-54)和式(2-74)可得

$$ \left[\left(\boldsymbol{R}_{Z}(\alpha)\begin{bmatrix}0\\ \dot{\beta}\\ 0\end{bmatrix}\right)_{\times}\right]=\boldsymbol{R}_{Z}(\alpha)\dot{\boldsymbol{R}}_{Y}(\beta)\boldsymbol{R}_{Y}(\beta)^{\mathrm{T}}\boldsymbol{R}_{Z}(\alpha)^{\mathrm{T}} \tag{2-89} $$

$$ \left[\left(\boldsymbol{R}_{Z}(\alpha)\boldsymbol{R}_{Y}(\beta)\begin{bmatrix}\dot{\gamma}\\ 0\\ 0\end{bmatrix}\right)_{\times}\right]=\boldsymbol{R}_{Z}(\alpha)\boldsymbol{R}_{Y}(\beta)\dot{\boldsymbol{R}}_{X}(\gamma)\boldsymbol{R}_{X}(\gamma)^{\mathrm{T}}\boldsymbol{R}_{Y}(\beta)^{\mathrm{T}}\boldsymbol{R}_{Z}(\alpha)^{\mathrm{T}} \tag{2-90} $$

将式(2-81)、式(2-89)和式(2-90)代入式(2-88)得

$$ [{}^{A}\boldsymbol{\omega}_{B\times}]=\left[\left(\begin{bmatrix}0\\0\\ \dot{\alpha}\end{bmatrix}\right)_{\times}\right]+\left[\left(\boldsymbol{R}_{Z}(\alpha)\begin{bmatrix}0\\ \dot{\beta}\\ 0\end{bmatrix}\right)_{\times}\right]+\left[\left(\boldsymbol{R}_{Z}(\alpha)\boldsymbol{R}_{Y}(\beta)\begin{bmatrix}\dot{\gamma}\\ 0\\ 0\end{bmatrix}\right)_{\times}\right] \tag{2-91} $$

从而得到角速度与 ZYX 欧拉角对时间的一阶导数之间的关系如下：

$$
{}^{A}\boldsymbol{\omega}_{B}=\begin{bmatrix}0\\0\\\dot{\alpha}\end{bmatrix}+\boldsymbol{R}_{Z}(\alpha)\begin{bmatrix}0\\\dot{\beta}\\0\end{bmatrix}+\boldsymbol{R}_{Z}(\alpha)\boldsymbol{R}_{Y}(\beta)\begin{bmatrix}\dot{\gamma}\\0\\0\end{bmatrix}=
$$

$$
\begin{bmatrix}0\\0\\\dot{\alpha}\end{bmatrix}+\begin{bmatrix}c\alpha & -s\alpha & 0\\s\alpha & c\alpha & 0\\0 & 0 & 1\end{bmatrix}\begin{bmatrix}0\\\dot{\beta}\\0\end{bmatrix}+\begin{bmatrix}c\alpha & -s\alpha & 0\\s\alpha & c\alpha & 0\\0 & 0 & 1\end{bmatrix}\begin{bmatrix}c\beta & 0 & s\beta\\0 & 1 & 0\\-s\beta & 0 & c\beta\end{bmatrix}\begin{bmatrix}\dot{\gamma}\\0\\0\end{bmatrix}=
$$

$$
\begin{bmatrix}0\\0\\1\end{bmatrix}\dot{\alpha}+\begin{bmatrix}-s\alpha\\c\alpha\\0\end{bmatrix}\dot{\beta}+\begin{bmatrix}c\alpha c\beta\\s\alpha c\beta\\-s\beta\end{bmatrix}\dot{\gamma}=\begin{bmatrix}0 & -s\alpha & c\alpha c\beta\\0 & c\alpha & s\alpha c\beta\\1 & 0 & -s\beta\end{bmatrix}\begin{bmatrix}\dot{\alpha}\\\dot{\beta}\\\dot{\gamma}\end{bmatrix}\tag{2-92}
$$

式(2-92)与式(2-87)一样,从而互相进行了验证(因为有些文献中得到的结果不一样,为了检验正确性是要验证的)。

2.3 加速度分析

2.3.1 一般加速度分析

式(2-57)对时间求导,得到

$$
\begin{aligned}
{}^{A}\boldsymbol{a}_{B}=&{}^{A}\boldsymbol{a}_{O1}+{}^{A}\boldsymbol{\alpha}_{B}\times({}^{A}\boldsymbol{R}_{B}{}^{B}\boldsymbol{p}_{B})+{}^{A}\boldsymbol{\omega}_{B}\times({}^{A}\dot{\boldsymbol{R}}_{B}{}^{B}\boldsymbol{p}_{B})+{}^{A}\boldsymbol{\omega}_{B}\times({}^{A}\boldsymbol{R}_{B}{}^{B}\boldsymbol{v}_{B})+{}^{A}\dot{\boldsymbol{R}}_{B}{}^{B}\boldsymbol{v}_{B}+{}^{A}\boldsymbol{R}_{B}{}^{B}\boldsymbol{a}_{B}=\\
&{}^{A}\boldsymbol{a}_{O1}+{}^{A}\boldsymbol{\alpha}_{B}\times({}^{A}\boldsymbol{R}_{B}{}^{B}\boldsymbol{p}_{B})+{}^{A}\boldsymbol{\omega}_{B}\times({}^{A}\boldsymbol{\omega}_{B}\times({}^{A}\boldsymbol{R}_{B}{}^{B}\boldsymbol{p}_{B}))+\\
&{}^{A}\boldsymbol{\omega}_{B}\times({}^{A}\boldsymbol{R}_{B}{}^{B}\boldsymbol{v}_{B})+{}^{A}\boldsymbol{\omega}_{B}\times({}^{A}\boldsymbol{R}_{B}{}^{B}\boldsymbol{v}_{B})+{}^{A}\boldsymbol{R}_{B}{}^{B}\boldsymbol{a}_{B}=\\
&{}^{A}\boldsymbol{a}_{O1}+{}^{A}\boldsymbol{\alpha}_{B}\times{}^{A}({}^{B}\boldsymbol{p}_{B})+{}^{A}\boldsymbol{\omega}_{B}\times({}^{A}\boldsymbol{\omega}_{B}\times{}^{A}({}^{B}\boldsymbol{p}_{B}))+\\
&2{}^{A}\boldsymbol{\omega}_{B}\times{}^{A}({}^{B}\boldsymbol{v}_{B})+{}^{A}\boldsymbol{R}_{B}{}^{B}\boldsymbol{a}_{B}
\end{aligned}\tag{2-93}
$$

式中,${}^{A}\boldsymbol{a}_{B}=\dfrac{\mathrm{d}{}^{A}\boldsymbol{v}_{B}}{\mathrm{d}t}$ 表示点 B 相对于坐标系$\{A\}$的平移加速度,是在坐标系$\{A\}$中表示的;${}^{A}\boldsymbol{a}_{O1}=\dfrac{\mathrm{d}{}^{A}\boldsymbol{v}_{O1}}{\mathrm{d}t}$ 表示点O_1相对于坐标系$\{A\}$的平移加速度,是在坐标系$\{A\}$中表示的;${}^{A}\boldsymbol{\alpha}_{B}=\dfrac{\mathrm{d}{}^{A}\boldsymbol{\omega}_{B}}{\mathrm{d}t}$ 表示坐标系$\{B\}$相对于坐标系$\{A\}$的转动角加速度,是在坐标系$\{A\}$中表示的;${}^{B}\boldsymbol{a}_{B}=\dfrac{\mathrm{d}{}^{B}\boldsymbol{v}_{B}}{\mathrm{d}t}$ 表示点B相对于坐标系$\{B\}$的平移加速度,且是在坐标系$\{B\}$中表示的。${}^{A}\boldsymbol{R}_{B}{}^{B}\boldsymbol{a}_{B}$ 则把${}^{B}\boldsymbol{a}_{B}$转换到坐标系$\{A\}$中表示写为${}^{A}({}^{B}\boldsymbol{a}_{B})$,括号外的$A$表示${}^{B}\boldsymbol{a}_{B}$是在坐标系$\{A\}$中表示的。${}^{B}({}^{B}\boldsymbol{a}_{B})$表示${}^{B}\boldsymbol{a}_{B}$是在坐标系$\{B\}$中表示的,又${}^{B}\boldsymbol{a}_{B}$表示点$B$在坐标系$\{B\}$中的平移加速度,两个坐标系是同一个坐标系,可省略,即把${}^{B}({}^{B}\boldsymbol{a}_{B})$直接写成${}^{B}\boldsymbol{a}_{B}$即可。

若图2-3中的点B和点O_1是同一个刚体中的两个点,则${}^{B}\boldsymbol{p}_{B}$是一个常矢量,从而

$$
{}^{B}\boldsymbol{a}_{B}=\frac{\mathrm{d}{}^{B}\boldsymbol{v}_{B}}{\mathrm{d}t}=\boldsymbol{0}_{3\times1}\tag{2-94}
$$

式中,$\boldsymbol{0}_{3\times1}$为元素全为0的$3\times1$维列向量。

对于刚体,式(2-93)变为

$$^{A}\boldsymbol{a}_{B}={}^{A}\boldsymbol{a}_{O1}+{}^{A}\boldsymbol{\alpha}_{B}\times{}^{A}({}^{B}\boldsymbol{p}_{B})+{}^{A}\boldsymbol{\omega}_{B}\times({}^{A}\boldsymbol{\omega}_{B}\times{}^{A}({}^{B}\boldsymbol{p}_{B}))\tag{2-95}$$

2.3.2　欧拉角对时间的二阶导数与角加速度之间的关系

欧拉角被广泛用来表示旋转矩阵,但欧拉角表示法中绕坐标轴转角对时间的二阶导数并不是角加速度分量,它们之间有一定的关系,具体要根据不同的表示方法进行分析。下面主要对 ZXZ 欧拉角表示法和 ZYX 欧拉角表示法进行分析,其他也可以依此类推。

ZXZ 欧拉角表示法:式(2-79)对时间求导,可得到 ZXZ 欧拉角绕坐标轴转角对时间的二阶导数与角加速度之间的关系如下:

$$^{A}\boldsymbol{\alpha}_{B}=\begin{bmatrix}0 & -\dot{\alpha}\mathrm{s}\alpha & \dot{\alpha}\mathrm{c}\alpha\mathrm{s}\beta+\dot{\beta}\mathrm{s}\alpha\mathrm{c}\beta\\0 & \dot{\alpha}\mathrm{c}\alpha & \dot{\alpha}\mathrm{s}\alpha\mathrm{s}\beta-\dot{\beta}\mathrm{c}\alpha\mathrm{c}\beta\\0 & 0 & -\dot{\beta}\mathrm{s}\beta\end{bmatrix}\begin{bmatrix}\dot{\alpha}\\\dot{\beta}\\\dot{\gamma}\end{bmatrix}+\begin{bmatrix}0 & \mathrm{c}\alpha & \mathrm{s}\alpha\mathrm{s}\beta\\0 & \mathrm{s}\alpha & -\mathrm{c}\alpha\mathrm{s}\beta\\1 & 0 & \mathrm{c}\beta\end{bmatrix}\begin{bmatrix}\ddot{\alpha}\\\ddot{\beta}\\\ddot{\gamma}\end{bmatrix}\tag{2-96}$$

式中,$\ddot{\alpha}$ 表示 α 对时间求二阶导数;$\ddot{\beta}$ 表示 β 对时间求二阶导数;$\ddot{\gamma}$ 表示 γ 对时间求二阶导数。

ZYX 欧拉角表示法:式(2-87)对时间求导,可得到 ZYX 欧拉角绕坐标轴转角对时间的二阶导数与角加速度之间的关系如下:

$$^{A}\boldsymbol{\alpha}_{B}=\begin{bmatrix}0 & -\dot{\alpha}\mathrm{c}\alpha & -\dot{\alpha}\mathrm{s}\alpha\mathrm{c}\beta-\dot{\beta}\mathrm{c}\alpha\mathrm{s}\beta\\0 & -\dot{\alpha}\mathrm{s}\alpha & \dot{\alpha}\mathrm{c}\alpha\mathrm{c}\beta-\dot{\beta}\mathrm{s}\alpha\mathrm{s}\beta\\0 & 0 & -\dot{\beta}\mathrm{c}\beta\end{bmatrix}\begin{bmatrix}\dot{\alpha}\\\dot{\beta}\\\dot{\gamma}\end{bmatrix}+\begin{bmatrix}0 & -\mathrm{s}\alpha & \mathrm{c}\alpha\mathrm{c}\beta\\0 & \mathrm{c}\alpha & \mathrm{s}\alpha\mathrm{c}\beta\\1 & 0 & -\mathrm{s}\beta\end{bmatrix}\begin{bmatrix}\ddot{\alpha}\\\ddot{\beta}\\\ddot{\gamma}\end{bmatrix}\tag{2-97}$$

参 考 文 献

[1] MOON F C. Applied dynamics: with applications to multibody and mechatronic systems[M]. New York: John Wiley & Sons, 2008: 76,176-180.

[2] PAUL R P. Robot manipulators: mathematics, programming, and control[M]. Cambridge: The MIT Press, 1981: 43-47.

[3] 马香峰. 工业机器人的操作机设计[M]. 北京:冶金工业出版社, 1996:23-25.

[4] GOLDSTEIN H, POOLE C, SAFKO J. Classical mechanics[M]. 3rd ed. Edinburgh Gate: Pearson Education Limited, 2014: 150-154.

[5] SICILIANO B, SCIAVICCO L, VILLANI L, et al. Robotics: modelling, planning and control[M]. Verlag London: Springer, 2009:48-52.

[6] TSAI L W. Robot analysis: the mechanics of serial and parallel manipulators[M]. New York: John Wiley & Sons, 1999:37-42,171-174,427.

[7] 贾书惠. 刚体动力学[M]. 北京:高等教育出版社, 1987:25-33.

第3章 对非冗余并联机器人奇异性分析和检测的一种工程方法

随着并联机器人的深入研究与广泛应用，人们认识到并联机器人不仅具备刚度高、精度高、误差小和承载能力大等优点，还存在一个主要的缺点是在工作空间内可能存在奇异。当机构在某一特定位姿时的动态静力(kinetostatic)特性相对于全局性能发生变化就叫作奇异[1]。由于并联机器人末端执行器的自由度具有数量、方向与类型等性质[2]，所以当末端执行器自由度的数量、方向和类型中任何一项发生变化时，就说明产生了奇异。当并联机器人末端执行器的自由度减少时，不能满足应用要求，变为冗余驱动；当并联机器人末端执行器的自由度增多时，变得不可控；当并联机器人末端执行器的自由度的方向或类型发生变化时，变得不能满足所需要自由度的要求。为了设计出在工作空间内或工作轨迹内无奇异的并联机器人，应在设计过程中进行奇异性分析和奇异性检测[3]。为了正确无误地分析并联机器人的奇异性，必须把被动副的影响考虑进来[4]。本章考虑被动副的影响，以基于螺旋理论的自由度理论为基础，对非冗余并联机器人的奇异性进行分析。

实际上，“快速判定得到一个并联机器人在给定的工作区间或轨迹内是否存在奇异位姿的结论”在机器人设计过程中是至关重要的[3]。为了考虑非冗余并联机器人中主动运动副和被动副对奇异的影响，本章提出相应的奇异性检测算法，并通过实例分析来验证所提出的奇异性检测算法的有效性。

3.1 螺旋理论简介

螺旋理论为工程师处理的许多复杂物理现象提供了强有力的几何见解，例如自由度分析、奇异性分析、约束设计和机构的型综合[5]。螺旋理论被广泛用于机构的自由度分析和奇异性分析[2,6-8]。为了更好地理解奇异性分析的方法，先对螺旋理论进行简单介绍。关于螺旋理论详细的介绍，请阅读 R. S. Ball 的 *The Theory of Screws: a Study in the Dynamics of a Rigid Body*[9] 和 *A Treatise of the Theory of Screws*[10]，燕山大学黄真教授等人的著作[8,11]，清华大学赵景山教授等人的著作[2][6]，孔宪文与 Gosselin 的著作[7]以及 L. W. Tsai 的著名专著 *Robot Analysis: the Mechanics of Serial and Parallel Manipulators*[12] 等。

直线的 Plücker 坐标表示对于直角坐标系 $O\text{-}XYZ$(见图3-1)中任意一条直线，若已知它的单位方向矢量 $\boldsymbol{s}$ 和直线上一点 A 到原点 O 的位置矢量 $\boldsymbol{r}_1$，则可确定直线上点的位置矢量满足关系式：

$$(\boldsymbol{r}-\boldsymbol{r}_1)\times\boldsymbol{s}=\boldsymbol{0}_{3\times1} \tag{3-1}$$

式中,$\boldsymbol{r}$ 为直线上任意点 P 到原点 O 的位置矢量;$\boldsymbol{0}_{3\times1}$ 为元素全为 0 的 3×1 的列向量。

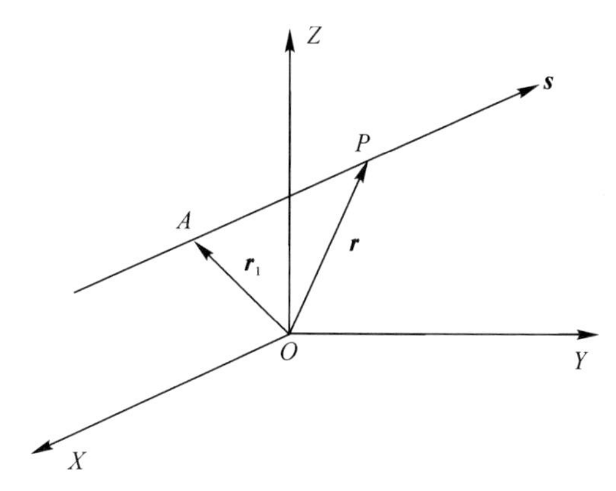

图 3－1　直角坐标系中的一条直线

式(3－1)展开后为

$$\boldsymbol{r}\times\boldsymbol{s}=\boldsymbol{s}_0 \tag{3-2}$$

式中

$$\boldsymbol{s}_0=\boldsymbol{r}_1\times\boldsymbol{s} \tag{3-3}$$

根据单位螺旋的定义,有

$$\hat{\boldsymbol{\$}}=\begin{bmatrix}\boldsymbol{s}\\\boldsymbol{s}^0\end{bmatrix}=\begin{bmatrix}\boldsymbol{s}\\\boldsymbol{r}_1\times\boldsymbol{s}\end{bmatrix}+\begin{bmatrix}\boldsymbol{0}_{3\times1}\\p\boldsymbol{s}\end{bmatrix} \tag{3-4}$$

式中,$\hat{\boldsymbol{\$}}$ 表示单位螺旋;$p=\dfrac{\hat{\boldsymbol{\$}}\cdot\boldsymbol{s}^0}{\boldsymbol{s}\cdot\boldsymbol{s}}$,表示节距;$\begin{bmatrix}\boldsymbol{s}\\\boldsymbol{r}_1\times s\end{bmatrix}$表示螺旋的轴线。

这样的量被称为螺旋矢量,类似于螺纹上螺母的运动——它绕轴线旋转并在平行于该轴上平移[13]。

如图 3－2 所示,两螺旋 $\boldsymbol{\$}_1$ 和 $\boldsymbol{\$}_2$ 的互易积定义为

$$\begin{aligned}(\boldsymbol{\Delta}\boldsymbol{\$}_1)^{\mathrm T}\boldsymbol{\$}_2=&\lambda_1\lambda_2(\boldsymbol{s}_1\cdot\boldsymbol{s}_2^0+\boldsymbol{s}_2\cdot\boldsymbol{s}_1^0)=\\&\lambda_1\lambda_2(\boldsymbol{s}_1\cdot(\boldsymbol{r}_2\times\boldsymbol{s}_2+p_2\boldsymbol{s}_2)+\boldsymbol{s}_2\cdot(\boldsymbol{r}_1\times\boldsymbol{s}_1+p_1\boldsymbol{s}_1))=\\&\lambda_1\lambda_2((\boldsymbol{s}_1\times\boldsymbol{s}_2)\cdot(\boldsymbol{r}_1-\boldsymbol{r}_2)+(p_1+p_2)\cos(\boldsymbol{s}_1,\boldsymbol{s}_2))=\\&\lambda_1\lambda_2(d\sin(\boldsymbol{s}_1,\boldsymbol{s}_2)+(p_1+p_2)\cos(\boldsymbol{s}_1,\boldsymbol{s}_2))\end{aligned} \tag{3-5}$$

式中,$\boldsymbol{\$}_1=\lambda_1\begin{bmatrix}\boldsymbol{s}_1\\\boldsymbol{s}_1^0\end{bmatrix}=\lambda_1\begin{bmatrix}\boldsymbol{s}_1\\\boldsymbol{r}_1\times\boldsymbol{s}_1+p_1\boldsymbol{s}_1\end{bmatrix}$,$\lambda_1$ 为其强度;$\boldsymbol{\$}_2=\lambda_2\begin{bmatrix}\boldsymbol{s}_2\\\boldsymbol{s}_2^0\end{bmatrix}=\lambda_2\begin{bmatrix}\boldsymbol{s}_2\\\boldsymbol{r}_2\times\boldsymbol{s}_2+p_2\boldsymbol{s}_2\end{bmatrix}$,$\lambda_2$ 为其强度;$\boldsymbol{\Delta}=\begin{bmatrix}\boldsymbol{0}_{3\times3}&\boldsymbol{E}_{3\times3}\\\boldsymbol{E}_{3\times3}&\boldsymbol{0}_{3\times3}\end{bmatrix}$,$\boldsymbol{0}_{3\times3}$ 为 3×3 阶的 0 矩阵;$\boldsymbol{E}_{3\times3}$ 为 3×3 阶的单位矩阵;d 为 $\boldsymbol{s}_1$ 和 $\boldsymbol{s}_2$ 公垂线段长。

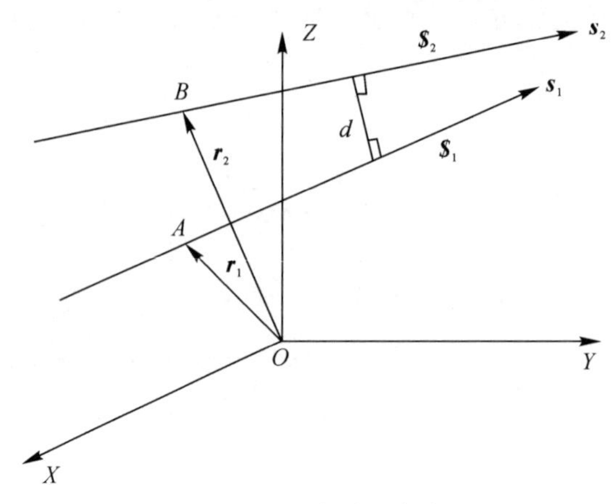

图 3-2　空间中两螺旋

当螺旋表示微小运动时，叫作运动螺旋。当螺旋表示约束力时，叫作力螺旋。当螺旋 $\boldsymbol{\$}_1$ 为运动螺旋，$\boldsymbol{\$}_2$ 为力螺旋时，它们的互易积为它们做的功[10]。Ball 把两单位螺旋的互易积的一半定义为两螺旋的虚拟系数（virtual coefficient）$\bar{\omega}_{12}$[10]，有

$$\bar{\omega}_{12}=\frac{1}{2}(d\sin(\boldsymbol{s}_1,\boldsymbol{s}_2)+(p_1+p_2)\cos(\boldsymbol{s}_1,\boldsymbol{s}_2)) \tag{3-6}$$

当两螺旋虚拟系数为 0 时，它们互为反螺旋[9]。

可以用螺旋表示微小运动和约束力。当螺旋的节距为 0 时，可表示力或纯转动，用符号 $\boldsymbol{\$}(0)$ 表示。当螺旋的节距为无穷大时，可表示纯力偶或纯移动，用符号 $\boldsymbol{\$}(\infty)$ 表示，即

$$\hat{\boldsymbol{\$}}(0)=\begin{bmatrix}\boldsymbol{s}\\ \boldsymbol{r}_1\times\boldsymbol{s}\end{bmatrix} \tag{3-7}$$

$$\hat{\boldsymbol{\$}}(\infty)=\begin{bmatrix}\boldsymbol{0}_{3\times1}\\ \boldsymbol{s}\end{bmatrix} \tag{3-8}$$

式中，$\hat{\boldsymbol{\$}}(0)$ 为 $\boldsymbol{\$}(0)$ 的单位螺旋；$\hat{\boldsymbol{\$}}(\infty)$ 为 $\boldsymbol{\$}(\infty)$ 的单位螺旋。

通过式(3-6) 可以得到一些特定实例[9-10] 如下：

(1) 当两平行或相交螺旋的节距和为 0 时，它们互为反螺旋；

(2) 当两螺旋相垂直时，若它们相交，或其中一个节距为无穷大时，它们互为反螺旋；

(3) 当节距为无穷大时，两个螺旋互为反螺旋；

(4) 当节距为无穷大的螺旋，或节距为 0 的螺旋时，它们和自己互为反螺旋。

上面这些特定实例也可以通过力对运动是否能做功来理解。

运动螺旋用符号 $\boldsymbol{\xi}$ 表示，力螺旋用 $\boldsymbol{\zeta}$ 表示。通过上面 Ball 给出的特定实例，可得

(1)$\boldsymbol{\xi}(0)$ 与轴线共面的 $\boldsymbol{\zeta}(0)$ 互为反螺旋；

(2)$\boldsymbol{\xi}(0)$ 与轴线相垂直的 $\boldsymbol{\zeta}(\infty)$ 互为反螺旋；

(3)$\boldsymbol{\xi}(\infty)$ 和任意 $\boldsymbol{\zeta}(\infty)$ 互为反螺旋。

3.2　并联机器人动平台上控制点速度与运动螺旋理论的关系

为了方便分析，虎克铰可用两个相互垂直的转动副等效代替。球铰可以用三个互相垂直相交的转动副等效代替。我们分析时，把所有的运动副都看作单自由度的转动副和移动副组成。并联机器人由一个动平台、一个静平台和多个支路构成。并联机器人的支路组成如图 3-3 所示。在静平台上建立一个直角坐标系 $O\text{-}XYZ$（即坐标系$\{A\}$），要求动平台上控制点 B 处的速度。分析时，先假设这个支路有 n 个单自由度运动副组成。第 1 个、第 2 个运动副为转动副，它们的轴线方向分别为 $\boldsymbol{s}_1$，$\boldsymbol{s}_2$。中间第 g（$g=1$ 或 $2\cdots$ 或 n）个运动副为移动副，它的轴线方向分别为 $\boldsymbol{s}_g$。分析时，先假设第 1 个、第 2 个运动副为转动副，它们的轴线方向分别为 $\boldsymbol{s}_1$，$\boldsymbol{s}_2$，假设第 $n-1$ 个、第 n 个运动副为转动副，它们的轴线方向分别为 $\boldsymbol{s}_{n-1}$，$\boldsymbol{s}_n$。

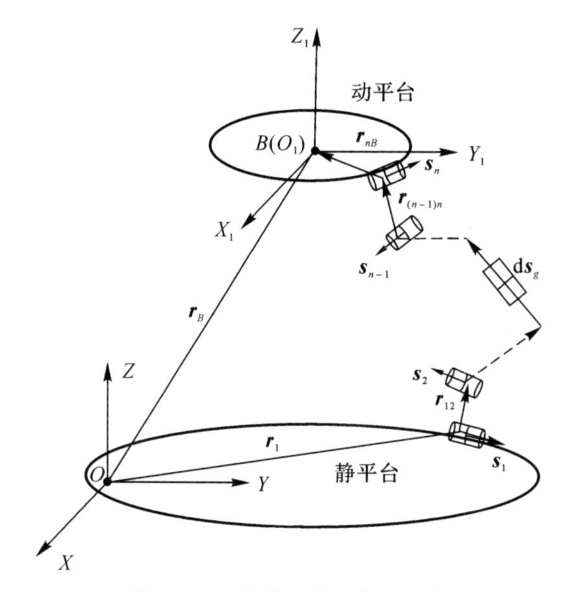

图 3-3　并联机器人单个支路

在直角坐标系$\{A\}$中，从原点 O 到第 1 个运动副的位置矢量为 $\boldsymbol{r}_1$；从第 1 个运动副到第 2 个运动副的相对位置矢量为 $\boldsymbol{r}_{12}$；从第 $n-1$ 个运动副到第 n 个运动副的相对位置矢量为 $\boldsymbol{r}_{(n-1)n}$；从第 n 个运动副到控制点 B 的相对位置矢量为 $\boldsymbol{r}_{nB}$；中间第 g（$g=1$ 或 $2\cdots$ 或 n）个运动副的长度为 $d\boldsymbol{s}_g$。

根据矢量的求和法则有下面关系式：

$$\boldsymbol{r}_B=\boldsymbol{r}_1+\boldsymbol{r}_{12}+\cdots+d\boldsymbol{s}_g+\cdots+\boldsymbol{r}_{(n-1)n}+\boldsymbol{r}_{nB} \tag{3-9}$$

根据式(2-77)可得

$$^{A}\boldsymbol{\omega}_{B}=\boldsymbol{s}_{1}\omega_{1}+\boldsymbol{s}_{2}\omega_{2}+\cdots+\boldsymbol{s}_{(n-1)}\omega_{(n-1)}+\boldsymbol{s}_{n}\omega_{n} \tag{3-10}$$

式中，$^{A}\boldsymbol{\omega}_{B}$ 为动平台上 B 点相对于坐标系$\{A\}$ 的转动速度；$\omega_1,\omega_2,\cdots,\omega_{(n-1)},\omega_n$ 分别为绕第 1 个，第 2 个，…，第 $n-1$ 个，第 n 个转动副轴线转动的角速度大小值；$^{A}\boldsymbol{\omega}_{B}$ 为绕所有转动副轴线转动角速度的和。

式(3-9)两端对时间求导，根据第 2 章的式子，可得

$$\begin{aligned}^{A}\boldsymbol{v}_{B}=&\boldsymbol{s}_{1}\omega_{1}\times\boldsymbol{r}_{12}+(\boldsymbol{s}_{1}\omega_{1}+\boldsymbol{s}_{2}\omega_{2})\times\boldsymbol{r}_{23}+\cdots+(\boldsymbol{s}_{1}\omega_{1}+\boldsymbol{s}_{2}\omega_{2}+\cdots+\boldsymbol{s}_{g-1}\omega_{g-1})\times \mathrm{d}\boldsymbol{s}_{g}+\\&\dot{\mathrm{d}}\boldsymbol{s}_{g}+\cdots+(\boldsymbol{s}_{1}\omega_{1}+\boldsymbol{s}_{2}\omega_{2}+\cdots+\boldsymbol{s}_{n-1}\omega_{n-1})\times\boldsymbol{r}_{(n-1)n}+{}^{A}\boldsymbol{\omega}_{B}\times\boldsymbol{r}_{nB}=\\&\boldsymbol{s}_{1}\omega_{1}\times(\boldsymbol{r}_{12}+\boldsymbol{r}_{23}+\cdots+\mathrm{d}\boldsymbol{s}_{g}+\cdots+\boldsymbol{r}_{(n-1)n}+\boldsymbol{r}_{nB})+\\&\boldsymbol{s}_{2}\omega_{2}\times(\boldsymbol{r}_{23}+\cdots+\mathrm{d}\boldsymbol{s}_{g}+\cdots+\boldsymbol{r}_{(n-1)n}+\boldsymbol{r}_{nB})+\cdots+\\&\boldsymbol{s}_{n-1}\omega_{n-1}\times(\boldsymbol{r}_{(n-1)n}+\boldsymbol{r}_{nB})+\boldsymbol{s}_{n}\omega_{n}\times\boldsymbol{r}_{nB}+\dot{d}\boldsymbol{s}_{g}=\\&\boldsymbol{s}_{1}\omega_{1}\times\boldsymbol{r}_{1B}+\boldsymbol{s}_{2}\omega_{2}\times\boldsymbol{r}_{2B}+\cdots+\boldsymbol{s}_{n}\omega_{n}\times\boldsymbol{r}_{nB}+\dot{d}\boldsymbol{s}_{g}=\\&\boldsymbol{r}_{B1}\times\boldsymbol{s}_{1}\omega_{1}+\boldsymbol{r}_{B2}\times\boldsymbol{s}_{2}\omega_{2}+\cdots+\boldsymbol{r}_{Bn}\times\boldsymbol{s}_{n}\omega_{n}+\dot{d}\boldsymbol{s}_{g}\end{aligned} \tag{3-11}$$

式中，$^{A}\boldsymbol{v}_{B}$ 表示点 B 在坐标系$\{A\}$ 中的平移速度矢量；$\boldsymbol{r}_{1B}$ 表示从第 1 个运动副到点 B 的相对位置矢量，是在坐标系$\{A\}$ 中表示的，其他表示方法与此类似；$\boldsymbol{r}_{B1}$ 表示从点 B 到第一个运动副的相对位置矢量，是在坐标系$\{A\}$ 中表示的，其他表示方法与此类似。

若在 B 点建立瞬时坐标系$\{C\}$。原点为 B 点(或 O_1 点)，X_1，Y_1 和 Z_1 轴分别与坐标系$\{A\}$ 中 X,Y,Z 三轴方向平行。则式(3-11)中 $\boldsymbol{r}_{B1},\boldsymbol{r}_{B2},\cdots,\boldsymbol{r}_{Bn}$ 分别是第 1 个运动副、第 2 个运动副、……、第 n 个运动副在坐标系$\{C\}$ 中的位置矢量。此时把各个单自由度运动副的运动螺旋在坐标系$\{C\}$ 中表示，则有

$$\begin{aligned}^{C}\boldsymbol{\xi}_{B}=&{}^{C}\boldsymbol{\xi}_{1}\omega_{1}+{}^{C}\boldsymbol{\xi}_{2}\omega_{2}+\cdots+{}^{C}\boldsymbol{\xi}_{(n-1)}\omega_{(n-1)}+{}^{C}\boldsymbol{\xi}_{n}\omega_{n}=\\&\omega_{1}\begin{bmatrix}\boldsymbol{s}_{1}\\ \boldsymbol{r}_{B1}\times\boldsymbol{s}_{1}\end{bmatrix}+\omega_{2}\begin{bmatrix}\boldsymbol{s}_{2}\\ \boldsymbol{r}_{B2}\times\boldsymbol{s}_{2}\end{bmatrix}+\cdots+\omega_{(n-1)}\begin{bmatrix}\boldsymbol{s}_{(n-1)}\\ \boldsymbol{r}_{B(n-1)}\times\boldsymbol{s}_{(n-1)}\end{bmatrix}+\omega_{n}\begin{bmatrix}\boldsymbol{s}_{n}\\ \boldsymbol{r}_{Bn}\times\boldsymbol{s}_{n}\end{bmatrix}+\begin{bmatrix}\boldsymbol{0}_{3\times1}\\ \dot{d}\boldsymbol{s}_{g}\end{bmatrix}=\\&\begin{bmatrix}^{A}\boldsymbol{\omega}_{B}\\ \boldsymbol{v}_{N}\end{bmatrix}\end{aligned} \tag{3-12}$$

式中，$^{C}\boldsymbol{\xi}_{B}$ 表示点 B 在坐标系$\{C\}$ 中的运动螺旋。

由式(3-12)与式(3-11)比较得到

$$\boldsymbol{v}_{N}={}^{A}\boldsymbol{v}_{B} \tag{3-13}$$

则有

$$^{C}\boldsymbol{\xi}_{B}=\begin{bmatrix}^{A}\boldsymbol{\omega}_{B}\\ ^{A}\boldsymbol{v}_{B}\end{bmatrix} \tag{3-14}$$

即在控制点 B 处建立瞬时坐标系$\{C\}$，把各个运动副的运动螺旋在坐标系$\{C\}$ 中表示时，得到动平台上控制点 B 处的运动螺旋即为点 B 在坐标系$\{A\}$ 中的角速度和平移速度的组合。对此 L. W. Tsai 在 *Robot Analysis: the Mechanics of Serial and Parallel Manipulators*[12]已经强调了。

若把各个运动副的运动螺旋在坐标系$\{A\}$中表示时，得到动平台上控制点B处的运动螺旋${}^A\boldsymbol{\xi}_B$为

$$
\begin{aligned}
{}^A\boldsymbol{\xi}_B &= {}^A\boldsymbol{\xi}_1\omega_1 + {}^A\boldsymbol{\xi}_2\omega_2 + \cdots + {}^A\boldsymbol{\xi}_{(n-1)}\omega_{(n-1)} + {}^A\boldsymbol{\xi}_n\omega_n = \\
&\omega_1\begin{bmatrix}\boldsymbol{s}_1\\ \boldsymbol{r}_{O1}\times\boldsymbol{s}_1\end{bmatrix} + \omega_2\begin{bmatrix}\boldsymbol{s}_2\\ \boldsymbol{r}_{O2}\times\boldsymbol{s}_2\end{bmatrix} + \cdots + \omega_{(n-1)}\begin{bmatrix}\boldsymbol{s}_{(n-1)}\\ \boldsymbol{r}_{O(n-1)}\times\boldsymbol{s}_{(n-1)}\end{bmatrix} + \\
&\omega_n\begin{bmatrix}\boldsymbol{s}_n\\ \boldsymbol{r}_{On}\times\boldsymbol{s}_n\end{bmatrix} + \begin{bmatrix}\boldsymbol{0}_{3\times1}\\ \dot{d}\boldsymbol{s}_g\end{bmatrix} = \begin{bmatrix}{}^A\boldsymbol{\omega}_B\\ {}^A\boldsymbol{v}_O\end{bmatrix}
\end{aligned}
\tag{3-15}
$$

式中，${}^A\boldsymbol{\xi}_B$表示点B在坐标系$\{A\}$中的运动螺旋；$\boldsymbol{r}_{O1}$表示从点O到第 1 个运动副的相对位置矢量，是在坐标系$\{A\}$中表示的，其他表示方法与此类似，即有

$$
\begin{aligned}
{}^A\boldsymbol{v}_O &= \boldsymbol{r}_{O1}\times\omega_1\boldsymbol{s}_1 + \boldsymbol{r}_{O2}\times\omega_2\boldsymbol{s}_2 + \cdots + \boldsymbol{r}_{O(n-1)}\times\omega_{(n-1)}\boldsymbol{s}_{(n-1)} + \boldsymbol{r}_{On}\times\boldsymbol{s}_n\omega_n + \dot{d}\boldsymbol{s}_g = \\
&\boldsymbol{s}_1\omega_1\times\boldsymbol{r}_{1O} + \boldsymbol{s}_2\omega_2\times\boldsymbol{r}_{2O} + \cdots + \boldsymbol{s}_n\omega_n\times\boldsymbol{r}_{nO} + \dot{d}\boldsymbol{s}_g = \\
&\boldsymbol{s}_1\omega_1\times(-\boldsymbol{r}_1) + \boldsymbol{s}_2\omega_2\times(-\boldsymbol{r}_1-\boldsymbol{r}_{12}) + \\
&\boldsymbol{s}_{n-1}\omega_{n-1}\times(-\boldsymbol{r}_1-\boldsymbol{r}_{12}-\boldsymbol{r}_{23}-\cdots-d\boldsymbol{s}_g-\cdots-\boldsymbol{r}_{(n-2)(n-1)}) + \cdots + \\
&\boldsymbol{s}_n\omega_n\times(-\boldsymbol{r}_1-\boldsymbol{r}_{12}-\boldsymbol{r}_{23}-\cdots-d\boldsymbol{s}_g-\cdots-\boldsymbol{r}_{(n-1)n}) + \dot{d}\boldsymbol{s}_g = \\
&\boldsymbol{s}_1\omega_1\times(-\boldsymbol{r}_1) + (\boldsymbol{s}_1\omega_1+\boldsymbol{s}_2\omega_2)\times(-\boldsymbol{r}_1-\boldsymbol{r}_{12}) + \cdots + \\
&(\boldsymbol{s}_1\omega_1+\boldsymbol{s}_2\omega_2+\cdots+\boldsymbol{s}_n\omega_n)\times(-\boldsymbol{r}_1-\boldsymbol{r}_{12}-\cdots-\boldsymbol{r}_{(n-1)n}) + \dot{d}\boldsymbol{s}_g
\end{aligned}
\tag{3-16}
$$

从而可知${}^A\boldsymbol{v}_O$为动平台上与原点O重合的一个虚拟点的平移速度，而不是点B的平移速度。对此 L. W. Tsai 在 *Robot Analysis: the Mechanics of Serial and Parallel Manipulators*[12] 已经强调了。

3.3　并联机器人动平台的自由度分析

如图 3-4 所示，非冗余并联机器人由$n\ (2\leqslant n\leqslant 6)$个支路连接到一个静平台和动平台上，且每个支路只有 1 个驱动器，总共有n个驱动器。每条支路由一个运动支链组成。

在静平台上建立一个坐标系$\{A\}$（即直角坐标系O-XYZ，原点为O）。为了分析方便，在动平台上以控制点O_1为坐标原点建立坐标系$\{C\}$（即直角坐标系O_1-$X_1Y_1Z_1$）。坐标系O_1-$X_1Y_1Z_1$中的X_1，Y_1和Z_1轴分别与坐标系O-XYZ的X，Y和Z轴平行。假设每条支路是由单自由度的运动副组成的串联运动链。典型支路中运动副示意图如图3-5 所示。其中：上标表示支路数，下标表示运动副数，f表示第i个支路中总的单自由度运动副的数量。$\hat{\boldsymbol{\xi}}_j^i$表示第$i$个支路中第$j$个运动副的单位运动螺旋，且是在坐标系$\{C\}$中表示的。若是转动副，则有

$$
\hat{\boldsymbol{\xi}}_j^i = \begin{bmatrix}\boldsymbol{s}_j^i\\ \boldsymbol{p}_j^i\times\boldsymbol{s}_j^i\end{bmatrix}
\tag{3-17}
$$

若是移动副，则有

$$
\hat{\boldsymbol{\xi}}_j^i = \begin{bmatrix}\boldsymbol{0}_{3\times1}\\ \boldsymbol{s}_j^i\end{bmatrix}
\tag{3-18}
$$

式中，$\boldsymbol{s}_j^i$ 表示第 i 个支路中第 j 个运动副的单位矢量，且是在坐标系$\{C\}$中表示的；$\boldsymbol{p}_j^i$ 是第 i 个支路中第 j 个运动副在坐标系$\{C\}$中的位置矢量。

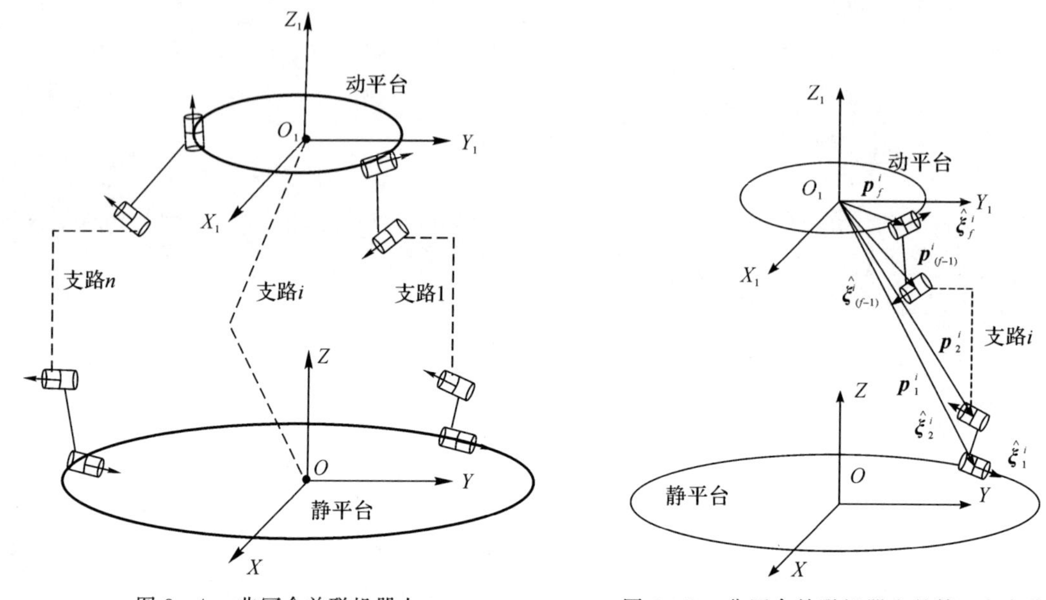

图 3-4　非冗余并联机器人　　　　图 3-5　非冗余并联机器人的第 i 个支路

根据 3.2 节的分析，得到动平台上控制点 O_1 的瞬时运动螺旋${}^C\boldsymbol{\xi}_B$（即控制点 O_1 的速度组合）可以表示为 f 个运动螺旋的组合，有

$$ {}^C\boldsymbol{\xi}_B = \begin{bmatrix} {}^A\boldsymbol{\omega}_B \\ {}^A\boldsymbol{v}_B \end{bmatrix} = \sum_{j=1}^{f} \dot{\theta}_j^i \hat{\boldsymbol{\xi}}_j^i, \quad i=1,\cdots,n \tag{3-19} $$

式中，$\dot{\theta}_j^i$ 是第 i 个支路中第 j 个运动副的速率大小。

为了进一步分析，把支路 i 中全部单位运动螺旋组成一个新的矩阵 $\boldsymbol{S}^i$，有

$$ \boldsymbol{S}^i = [\hat{\boldsymbol{\xi}}_1^i \quad \cdots \quad \hat{\boldsymbol{\xi}}_f^i] \tag{3-20} $$

式中，$\boldsymbol{S}^i$ 表示支路 i 中全部单位运动螺旋组成的矩阵。

根据式(3-5)，构造方程组为

$$ (\Delta \boldsymbol{S}^i)^{\mathrm{T}} \boldsymbol{x} = \boldsymbol{0}_{6\times1} \tag{3-21} $$

式中，$\boldsymbol{0}_{6\times1}$ 表示 6 个元素全为 0 的列向量。

解方程组(3-21)，可得到它所有线性无关的解，即为第 i 个支路中第 j 个反螺旋（即约束力螺旋）$\boldsymbol{\zeta}_j^i$($j=1,\cdots,ci$，其中 ci 表示第i 个支路中的约束力螺旋的个数)。求出 6 个支路中全部运动副的反螺旋，把它们组成一个新的矩阵 $\boldsymbol{C}^{pb}$，有

$$ \boldsymbol{C}^{pb} = [\boldsymbol{\zeta}_1^1 \quad \cdots \quad \boldsymbol{\zeta}_{c1}^1 \quad \boldsymbol{\zeta}_1^2 \quad \cdots \quad \boldsymbol{\zeta}_{cn}^n], \quad c^{pb} = \dim(\boldsymbol{C}^{pb}) \tag{3-22} $$

式中，$\boldsymbol{C}^{pb}$ 表示 6 个支路中全部运动副的单位反螺旋组成的矩阵；c^{pb} 表示矢量空间 $\boldsymbol{C}^{pb}$ 的维数，

即为动平台所受反螺旋(约束力螺旋)的维数;下标 $c1$ 表示第一个支路中约束力螺旋总数,其余依此类推。

根据矩阵理论的知识,可得

$$r^{pb}=6-c^{pb} \tag{3-23}$$

式中,r^{pb} 为动平台相对于静平台的连接度(connectivity),即通常所说的动平台在坐标系$\{A\}$中的自由度。

构造新的方程组为

$$(\Delta \boldsymbol{C}^{pb})^{\mathrm{T}}\boldsymbol{x}=\boldsymbol{0}_{6\times 1} \tag{3-24}$$

式中,$\boldsymbol{0}_{6\times 1}$ 表示 6 个元素全为 0 的列向量。

解方程式(3-24),可得到 r^{pb} 个线性无关的解,即为它的基础解系。这 r^{pb} 个线性无关的解同时也表示了动平台上控制点处自由度的方向和类型,r^{pb} 表示了动平台在坐标系$\{A\}$中的自由度数量。位置是动平台上控制点处。由于并联机器人末端执行器的自由度具有数量、方向与类型等性质[2],所以通过本节的求解,得到了动平台上控制点处在坐标系$\{A\}$中自由度的数量、方向与类型。

3.4　非冗余并联机器人的奇异性分析

根据不同的产生原因,非冗余并联机器人奇异性分为支路奇异和驱动奇异两类。由于并联机器人末端执行器的自由度具有数量、方向与类型等性质[2],所以当末端执行器自由度的数量、方向和类型中任何一项发生变化时,就说明产生了奇异。当其中任意一项发生变化时,把这个特殊位姿定义为支路奇异。在没有支路奇异的前提下,把所有的驱动器固定后,求得动平台上控制点的自由度不为 0 时,此特殊位姿定义为驱动奇异。

3.4.1　支路奇异分析

非冗余并联机器人的结构与参数给定后,就会知道动平台上控制点在某一位姿的自由度数量、方向与类型。为了表示非冗余并联机器人动平台上控制点在某一位姿的自由度数量、方向与类型,将与其相应的单位运动螺旋 $\hat{\boldsymbol{\xi}}_{xr}$,$\hat{\boldsymbol{\xi}}_{yr}$,$\hat{\boldsymbol{\xi}}_{zr}$,$\hat{\boldsymbol{\xi}}_{xt}$,$\hat{\boldsymbol{\xi}}_{yt}$ 和 $\hat{\boldsymbol{\xi}}_{zt}$ 固定在动平台上控制点上,这些单位运动螺旋是在坐标系$\{C\}$中表示的。

其中:

$$\hat{\boldsymbol{\xi}}_{xr}=\begin{bmatrix}1\\0\\0\\0\\0\\0\end{bmatrix},\quad \hat{\boldsymbol{\xi}}_{yr}=\begin{bmatrix}0\\1\\0\\0\\0\\0\end{bmatrix},\quad \hat{\boldsymbol{\xi}}_{zr}=\begin{bmatrix}0\\0\\1\\0\\0\\0\end{bmatrix},\quad \hat{\boldsymbol{\xi}}_{xt}=\begin{bmatrix}0\\0\\0\\1\\0\\0\end{bmatrix},\quad \hat{\boldsymbol{\xi}}_{yt}=\begin{bmatrix}0\\0\\0\\0\\1\\0\end{bmatrix},\quad \hat{\boldsymbol{\xi}}_{zt}=\begin{bmatrix}0\\0\\0\\0\\0\\1\end{bmatrix} \tag{3-25}$$

例如:可以在坐标系$\{C\}$中,在动平台控制点上固定$\hat{\boldsymbol{\xi}}_{xt}$,$\hat{\boldsymbol{\xi}}_{yt}$和$\hat{\boldsymbol{\xi}}_{zt}$,来表示一个三平移自由度非冗余并联机器人自由度的数量、方向与类型。

设定矩阵$\boldsymbol{C}$为所有支路中所有的反螺旋和能表达动平台控制点处在坐标系$\{C\}$中自由度数量、方向与类型的所有单位运动螺旋。假设此非冗余并联机器人为一个三平移自由度的结构,此时矩阵$\boldsymbol{C}$为

$$\boldsymbol{C}=[\boldsymbol{\zeta}_1^1 \quad \cdots \quad \boldsymbol{\zeta}_{cn}^n \quad \hat{\boldsymbol{\xi}}_{xt} \quad \hat{\boldsymbol{\xi}}_{yt} \quad \hat{\boldsymbol{\xi}}_{zt}] \tag{3-26}$$

对于n自由度非冗余并联机器人在某一位姿是否存在支路奇异,可以以下面步骤来进行判断:

(1) 当$\mathrm{rank}(\boldsymbol{C}^{pb})=(6-n)$和$\mathrm{rank}(\boldsymbol{C})=6$同时满足时,在这一位姿不存在支路奇异。

(2) 当$\mathrm{rank}(\boldsymbol{C}^{pb})=(6-n)$且$\mathrm{rank}(\boldsymbol{C})<6$时,这一位姿处于支路奇异。

(3) 当$\mathrm{rank}(\boldsymbol{C}^{pb})\neq(6-n)$,这一位姿处于支路奇异。

上面$\mathrm{rank}(\boldsymbol{C}^{pb})$表示矩阵$\boldsymbol{C}^{pb}$的秩,依此类推。

为了方便利用编程语言编写搜索程序,定义另外一个函数ran1为

$$\mathrm{ran1}=|\mathrm{rank}(\boldsymbol{C}^{pb})-(6-n)|+|\mathrm{rank}(\boldsymbol{C})-6| \tag{3-27}$$

式中,$|\mathrm{rank}(\boldsymbol{C})-6|$表示$(\mathrm{rank}(\boldsymbol{C})-6)$的绝对值,依此类推。

上面非冗余并联机器人在某一位姿是否存在支路奇异的判断步骤可以表示为

(1) 当$\mathrm{ran1}=0$时,这一位姿不处于支路奇异。

(2) 当$\mathrm{ran1}>0$时,这一位姿处于支路奇异。

3.4.2 驱动奇异分析

依据主动副可驱动整个并联机器人的判据[7,14]"对于非冗余并联机器人,在主动副锁定后,末端执行器的自由度应为0"得到:"所有驱动副能完整驱动整个非冗余并联机器人条件为,在不存在支路奇异的前提下,固定所有的主动副后动平台控制点处的自由度应为0"。如图3-6所示,固定第i个支路中主动副$\hat{\boldsymbol{\xi}}_a^i$后,设定矩阵$\boldsymbol{S}^{i\prime}$为第$i$个支路中所有被动副组成的单位运动螺旋矢量,有

$$\boldsymbol{S}^{i\prime}=[\hat{\boldsymbol{\xi}}_1^i \quad \cdots \quad \hat{\boldsymbol{\xi}}_f^i] \tag{3-28}$$

根据螺旋理论与互易螺旋理论,通过求解下面的方程,可得到第i个支路中第j个反螺旋$\boldsymbol{x}=\boldsymbol{\zeta}_j^{i\prime}$。方程为

$$(\Delta\boldsymbol{S}^{i\prime})^{\mathrm{T}}\boldsymbol{x}=\boldsymbol{0}_{6\times1} \tag{3-29}$$

$\boldsymbol{x}=\boldsymbol{\zeta}_j^{i\prime}$为第$i$个支路中固定主动副后的第$j$个反螺旋,且是在动平台控制点处,是在坐标系$\{C\}$中表示的。解方程式(3-29),可得到它的所有线性无关的解,即为支路i中固定主动副后的所有反螺旋。通过同样的方法,可以求得所有支路中固定主动副后所有的反螺旋,然后把它们组成为矩阵$\boldsymbol{C}^{pb\prime}$,则有

$$\boldsymbol{C}^{pb\prime}=[\boldsymbol{\zeta}_1^{1\prime} \quad \cdots \quad \boldsymbol{\zeta}_m^{n\prime}] \tag{3-30}$$

其中，$\zeta_m^{n\prime}$表示第 n 个支路中固定主动副后第 m 个反螺旋，是作用在动平台上控制点处。

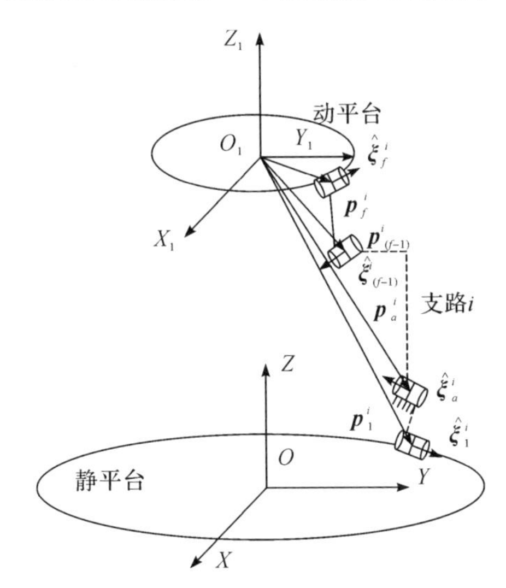

图 3－6　非冗余并联机器人固定主动副后的第 i 个支路

非冗余并联机器人在某一位姿是否存在驱动奇异，可以用以下步骤进行判断：

(1) 在不存在支路奇异的前提下，当 $\mathrm{rank}(\boldsymbol{C}^{pb\prime})=6$ 时，在这一位姿不存在驱动奇异。

(2) 在不存在支路奇异的前提下，当 $\mathrm{rank}(\boldsymbol{C}^{pb\prime})\neq 6$ 时，在这一位姿存在驱动奇异。

为了方便利用编程语言编写搜索程序，定义另外一个函数 ran2 为

$$\mathrm{ran2}=\left|\mathrm{rank}(\boldsymbol{C}^{pb\prime})-6\right| \tag{3-31}$$

上述非冗余并联机器人在某一位姿是否存在驱动奇异的判断步骤可以重新表示为

(1) 在不存在支路奇异的前提下，当 $\mathrm{ran2}=0$ 时，在这一位姿不存在驱动奇异。

(2) 在不存在支路奇异的前提下，当 $\mathrm{ran2}>0$ 时，在这一位姿存在驱动奇异。

3.5　非冗余并联机器人的奇异性检测

由于并联机器人处于奇异位姿时致使末端执行器达不到所要求的自由度或导致内力增大致使机构破坏，从而在工作空间或工作轨迹内不能存在奇异位姿。特别是在某些需要高性能的应用场合，如飞行模拟器，此时在整个可达工作空间内不应存在奇异位姿。实际上，在机器人的设计阶段去确定在给定工作空间或轨迹内是否存在奇异是至关重要的，且快速得到是否存在奇异位姿的检测答案是重要的[3]。本章 3.4 节对非冗余并联机器人的奇异性进行了分析，不仅得到了支路奇异产生的条件，还得到了驱动奇异产生的条件。本节将提出相应的支路奇异检测算法和驱动奇异检测算法。

3.5.1 奇异性检测采用的进化策略

为了能在多维空间里直接搜索得到并联机器人奇异性检测算法中目标函数的极值，需要利用具有全局搜索能力的算法。具有全局搜索能力的进化算法，如遗传算法、进化策略和粒子群算法等，被广泛地应用于寻优中[15]。由于进化策略采用实数编码和精英保留策略，从而具有高效、快速搜索得到全局优化解的能力[15]，所以本章将$(\mu+\lambda)$进化策略用于奇异性检测算法中搜索目标函数的极值。

在给定工作空间内进行奇异性检测时，只需把搜索工作空间变量的值设置为给定的上、下限值，此时为一个无约束的寻优搜索问题。当需在可达工作空间内进行奇异性检测时，由于给定了作动器的最短长度、最长长度限制，从而是一个有约束的寻优搜索问题。由于 Deb 等人提出的模拟二进制交配法(simulated binary crossover operator)[16]与多项式变异操作(polynomial mutation)[17]具有把变量限制于有限值范围内与无穷大范围内的两种表达式，从而能分别适用于无约束和有约束的寻优搜索问题中，所以本章中变异操作采用模拟二进制交配法，交叉操作采用多项式变异操作。由于锦标赛选择方法只需要对少数个体进行比较，从而搜索速度快，所以本章把其作为选择操作的方式。对于有约束的优化问题，一般采用惩罚函数的方法对约束进行处理，但惩罚函数方法中的系数很难确定[18]。由于 Deb 提出的约束处理方法[18]不采用惩罚函数，不需要确定任何参数，执行方便，所以本章采用 Deb 提出的约束处理方法[18]来处理有约束的寻优搜索问题。本章采用模拟二进制交配法、多项式变异操作与锦标赛选择方法的$(\mu+\lambda)$进化策略的运行流程如图 3-7 所示，其各项参数设置见表 3-1。

表 3-1 进化策略参数

最大进化代数	μ	λ	锦标赛选择规模	变异分布指数	交叉分布指数
2 000	50	50	2	20	20

3.5.2 支路奇异检测算法

支路奇异检测算法步骤如下：

(1)编写一个子函数来计算某一位姿处式(3-27)中$-\text{ran1}$的值。

(2)设定寻优的目标函数为最小化$-\text{ran1}$。

(3)运用 Deb 提出的约束处理方法[18]和$(\mu+\lambda)$进化策略搜录$(-\text{ran1})_{\min}$的优化值。其中$(-\text{ran1})_{\min}$是在给定工作空间内$-\text{ran1}$的最小值。

(4)若$(-\text{ran1})_{\min}=0$，说明在给定工作空间内没有支路奇异；若$(-\text{ran1})_{\min}<0$，说明在给定工作空间内存在支路奇异。

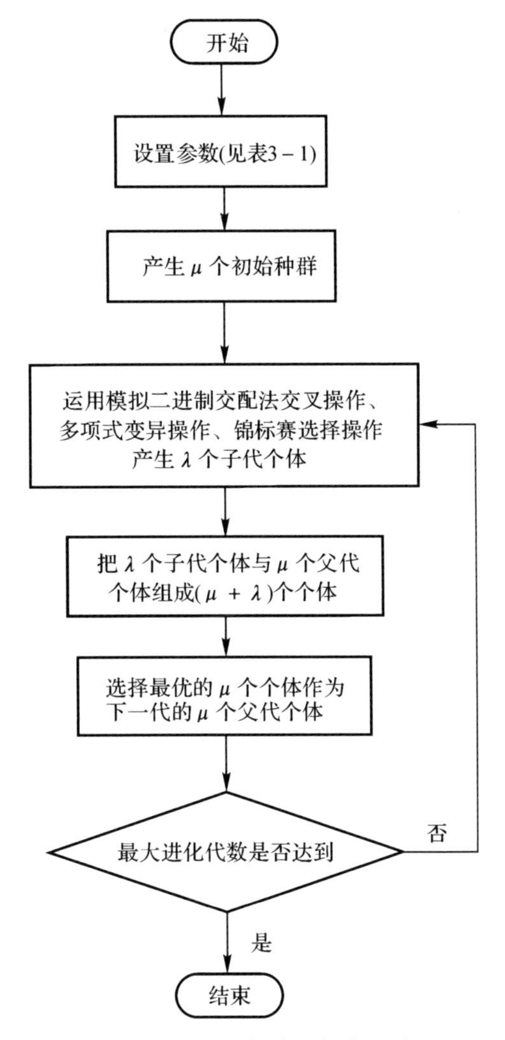

图 3 - 7　进化策略运行流程图

3.5.3　驱动奇异检测算法

在给定工作空间内不存在支路奇异的前提下，驱动奇异检测算法如下：

(1)编写一个子函数来计算某一位姿处式(3 - 31)中 $-ran2$ 的值。

(2)设定寻优的目标函数为最小化 $-ran2$。

(3)运用 Deb 提出的约束处理方法[18]和($\mu+\lambda$)进化策略搜录$(-ran2)_{min}$的优化值。其中$(-ran2)_{min}$是在给定工作空间内 $-ran2$ 的最小值。

(4)若$(-ran2)_{min}=0$，说明在给定工作空间内没有驱动奇异；若$(-ran2)_{min}<0$，说明在给

定工作空间内存在驱动奇异。

3.6 实例分析

为了验证3.5节中所提的奇异性检测算法的有效性，本节对笔者攻读博士学位时所在实验室(哈工大电液伺服所)为某用户制造的一台电动6-UCU型Gough-Stewart平台[19]进行奇异性检测(见图3-8)。该电动6-UCU型Gough-Stewart平台的参数如下[19]：

$$
{}^{W}\boldsymbol{B}^{\mathrm{T}}=\begin{bmatrix} 0.6748 & -0.8687 & 2.2336 \\ 0.4150 & -1.0187 & 2.2336 \\ -1.0897 & -0.1500 & 2.2336 \\ -1.0897 & 0.1500 & 2.2336 \\ 0.4150 & 1.0187 & 2.2336 \\ 0.6748 & 0.8687 & 2.2336 \end{bmatrix}\ (\mathrm{m})
$$

$$
{}^{L}\boldsymbol{P}^{\mathrm{T}}=\begin{bmatrix} 0.8139 & -0.1000 & 0.6677 \\ -0.3203 & -0.7548 & 0.6677 \\ -0.4935 & -0.6548 & 0.6677 \\ -0.4935 & 0.6548 & 0.6677 \\ -0.3203 & 0.7548 & 0.6677 \\ 0.8139 & 0.1000 & 0.6677 \end{bmatrix}\ (\mathrm{m})
$$

$$
l_{\min}=1.4453\ (\mathrm{m}),\quad l_{\max}=2.0690\ (\mathrm{m})
$$

式中，${}^{W}\boldsymbol{B}$ 第 i 列表示下铰点 B_i 在静平台上惯性坐标系$\{W\}$中的坐标；${}^{L}\boldsymbol{P}$ 第 i 列表示上铰点 P_i 在动平台上体坐标系$\{L\}$中的坐标；$l_{\min}$ 表示6个支路中作动器的最短长度(指作动器上、下铰点之间距离)；

$l_{\max}$ 表示6个支路中作动器的最长长度(指作动器上、下铰点之间距离)。

在本章中设置：当在中位时，坐标系$\{L\}$与坐标系$\{W\}$是重合的。

电动6-UCU型Gough-Stewart平台固定于动平台上的虎克铰转动副的轴线方向垂直于相应的短边，并且与上铰平面成45°的夹角。固定于静平台上的虎克铰转动副的轴线方向垂直于相应的短边，并且在下铰平面内。

对于此电动6-UCU型Gough-Stewart平台，运用3.5.2节的算法，在可达工作空间内对它的支路奇异进行检测。当寻优总次数为2 000时，搜索的计算时间总共为1 006.90 s。每一次搜索的结果如图3-9所示。由于$(-\mathrm{ran1})_{\min}$的值都为0，从而在整个可达工作空间内不存在支路奇异。

由于在整个可达工作空间内不存在支路奇异，运用3.5.3节的算法在整个可达工作空间内对它的驱动奇异进行检测。当寻优总次数为2 000时，搜索的计算时间总共为863.74 s。每一次搜索的结果如图3-10所示。由于$(-\mathrm{ran2})_{\min}$的值都为0，从而在整个可达工作空间内不存在驱动奇异。

现在通过马建明[19]的实验结果(见图 3-11)对支路奇异检测所得到的结论加以验证。

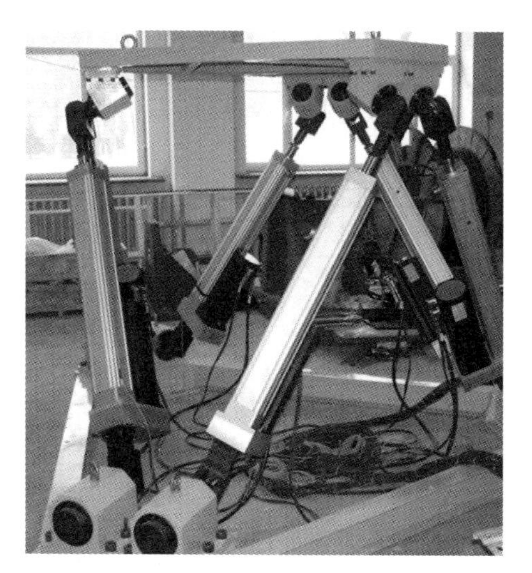

图 3-8　电动六自由度运动模拟平台

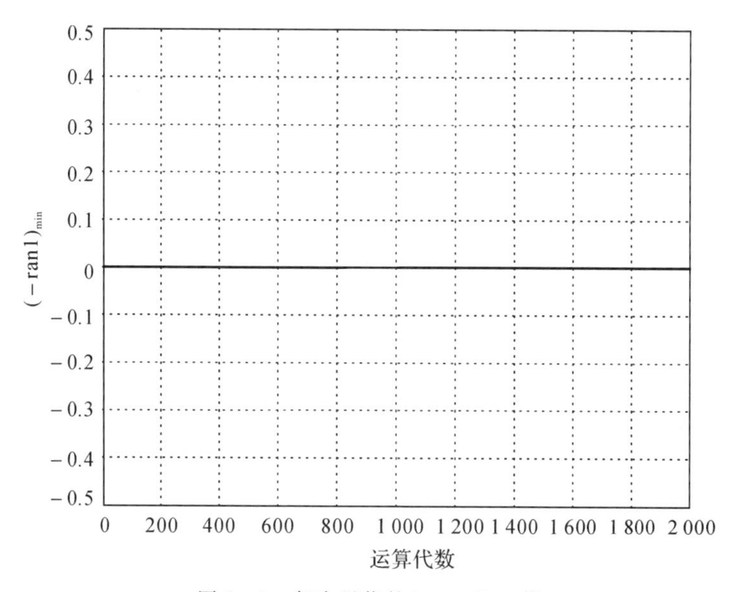

图 3-9　每次寻优的$(-\mathrm{ran1})_{\min}$值

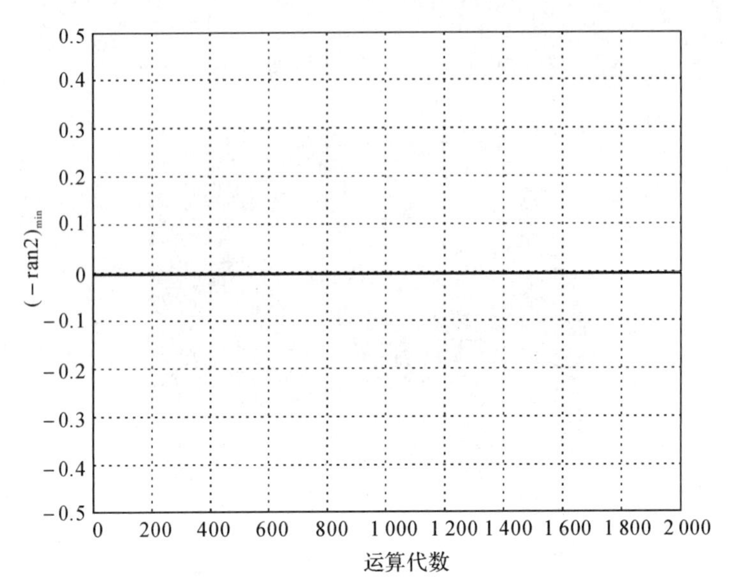

图 3-10 每次寻优的$(-\mathrm{ran2})_{\min}$值

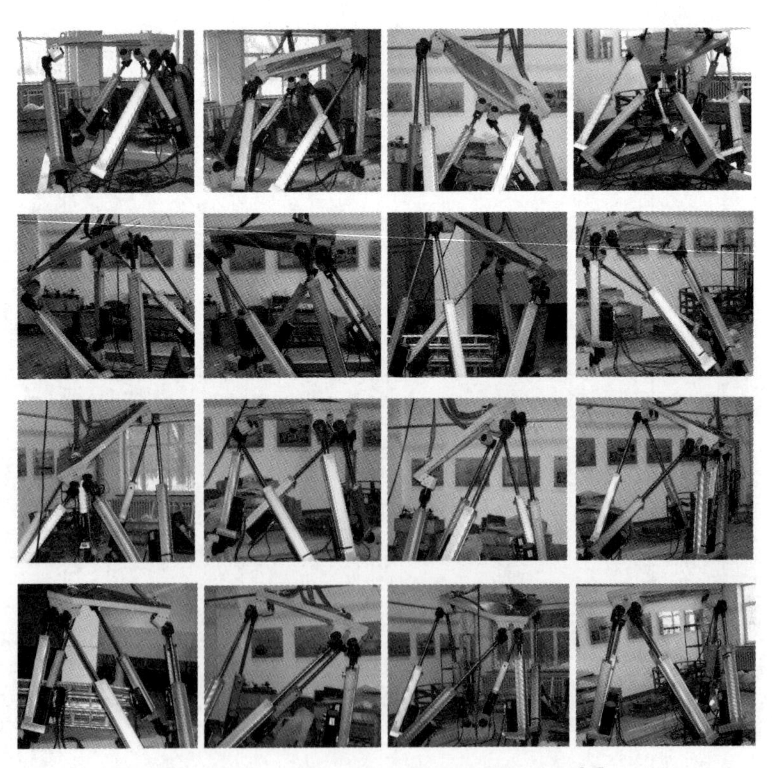

图 3-11 16种典型极限位姿的实验结果[19]

马建明[19]经过实验，将 16 种典型极限位姿下的电动 6 - UCU 型 Gough-Stewart 平台的状态通过相机拍摄下来，如图 3 - 11 所示。由图可知：在这些极限位姿下，该电动 6 - UCU 型 Gough-Stewart 平台都处于正常的位姿，并未发生奇异[19]。考虑到 6 - UCU 型 Gough-Stewart 平台结构的对称性，文献[19]～[21]指出只需这 16 种典型极限位姿就可表示 6 - UCU 型 Gough-Stewart 平台在整个空间中的特性。马建明[19]在实验的过程中，没有发现自由度减少的位姿，间接证明了此电动 6 - UCU 型 Gough-Stewart 平台在整个可达工作空间内不存在支路奇异位姿，从而验证了本节中采用本章所提出的在给定工作空间和可达工作空间内支路奇异检测算法分析所得到结果的正确性，同时也说明了本章所提出的在给定工作空间和可达工作空间内的支路奇异检测算法是可行和有效的。

3.7 补充说明

本章提出的非冗余并联机器人的奇异性分析与检测方法的有效性验证，只是通过一个 6 - UCU 型 Gough-Stewart 平台进行的，并不完全，以后需要用其他实例来进行验证，同时本章是用来判别是否存在奇异的。实际上当接近驱动奇异时，非冗余并联机器人的性能将会发生变化，此时可计算力的大小来进行判别是否接近驱动奇异位姿。关于奇异性详细的分析，请参考文献 *Singularities of Robot Mechanisms: Numerical Computation and Avoidance Path Planning*[22]和 *Singular Configurations of Mechanisms and Manipulators*[23]等。

参考文献

[1] CONCONI M, CARRICATO M. A New Assessment of Singularities of Parallel Kinematic Chains[J]. IEEE Transactions on Robotics, 2009, 25(4):757 - 770.

[2] 赵景山，冯之敬，褚福磊. 机器人机构自由度分析理论[M]. 北京：科学出版社，2009：21 -111，191 - 195.

[3] MERLET J P. Parallel Robots[M]. 2nd ed. Netherlands: Springer, 2006: 179 - 181, 70 - 93, 206 - 208, 166 - 170.

[4] MERLET J P, GOSSELIN C M. Parallel Mechanisms and Robots[C]//Handbook of Robotics. Berlin - Heidelberg: Springer, 2008: 269 - 285.

[5] MARCO CARRICATO. Screw theory and its applications in robotics[R]. Toulouse: IFAC 2017 World Congress, 2017.

[6] ZHAO J, FENG Z, CHU F, et al. Advanced Theory of Constraint and Motion Analysis for Robot Mechanisms[M]. Oxford: Academic Press, 2013.

[7] KONG X W, GOSSELIN C M. Type Synthesis of Parallel Mechanisms[M]. Berlin-Heidelberg, New York: Springer, 2007: 14, 18 - 53.

[8] HUANG Z, LI QINCHUAN, DING H F. Theory of Parallel Mechanisms[M]. Dordrecht: Springer,2012.

[9] BALL R S. The Theory of Screws: a Study in the Dynamics of a Rigid Body[M]. Dublin: Hodges, Foster, and CO. , 1876.

[10] BALL R S. A Treatise of the Theory of Screws[M]. Cambridge: at the University Press,1900.

[11] 黄真,赵永生,赵铁石. 高等空间机构学[M]. 2 版.北京:高等教育出版社,2014.

[12] TSAI LW. Robot Analysis: the Mechanics of Serial and Parallel Manipulators[M]. New York: John Wiley & Sons, 1999:247-248.

[13] ROY F. Robot Dynamics Algorithms[M]. New York: Springer Science+Business Media, LLC, 1987:17-18.

[14] MERLET J P. Jacobian, Manipulability, Condition Number, and Accuracy of Parallel Robots[J]. Journal of Mechanical Design. 2006, 128: 199-206.

[15] YU X J, GEN M. Introduction to Evolutionary Algorithms[M]. Verlag London: Springer, 2010: 193-259.

[16] DEB K, AGRAWAL R B. Simulated Binary Crossover for Continuous Search Space [J]. Complex Systems, 1995, 9: 115-148.

[17] DEB K, GOYAL M. A Combined Genetic Adaptive Search (GeneAS) for Engineering Design[J]. Computer Science and Informatics, 1996, 26(4): 30-45.

[18] DEB K. An Efficient Constraint Handling Method for Genetic Algorithms[J]. Computer Methods in Applied Mechanics and Engineering, 2000, 186: 311-338.

[19] 马建明. 飞行模拟器液压 Stewart 平台奇异位形分析及其解决方法研究[D]. 哈尔滨:哈尔滨工业大学,2010:43-66,86-93.

[20] 何景峰. 液压驱动六自由度并联机器人特性及其控制策略研究[D]. 哈尔滨:哈尔滨工业大学,2007:51-81.

[21] CHEN W S, CHEN H, LIU J K. Extreme Configuration Bifurcation Analysis and Link Safety Length of Stewart Platform[J]. Mechanism and Machine Theory. 2008, 43(5): 617-626.

[22] BOHIGAS O, MANUBENS M, ROS L. Singularities of Robot Mechanisms: Numerical Computation and Avoidance Path Planning[M]. Switzerland: Springer International Publishing, 2017.

[23] MÜLLER A, ZLATANOV D. Singular Configurations of Mechanisms and Manipulators[M]. Switzerland: Springer, 2019.

第4章　刚体动力学分析基础

为了能对并联机器人的动力学进行分析，首先需要了解常用动力学分析的方法。本章简要介绍几种常用刚体动力学分析的方法。

4.1　牛顿三定理

牛顿三定理是经典力学分析的基础。本节先介绍牛顿三定理。

4.1.1　牛顿第一定理

牛顿第一定理：不受力作用的质点，将保持静止或做匀速直线运动[1-3]。

假设质点质量为 m，运动速度为 $\boldsymbol{v}$，则质点的动量 $\boldsymbol{p}$ 为

$$\boldsymbol{p} = m\boldsymbol{v} \tag{4-1}$$

牛顿第一定理可用下式表示为

$$\boldsymbol{p} = m\boldsymbol{v} = \text{恒矢量} \tag{4-2}$$

4.1.2　牛顿第二定理

牛顿第二定理：具有质量为 m 的质点的动量对时间的变化率等于作用于质点上的外力[1,3]。

牛顿第二定理可用式子表示为

$$\frac{\mathrm{d}\boldsymbol{p}}{\mathrm{d}t} = \frac{\mathrm{d}(m\boldsymbol{v})}{\mathrm{d}t} = \boldsymbol{F} \tag{4-3}$$

式中，$\boldsymbol{F}$ 表示质点上作用的外力。

假设质点的质量不变，式(4-3)转换为

$$\frac{\mathrm{d}\boldsymbol{p}}{\mathrm{d}t} = \frac{\mathrm{d}(m\boldsymbol{v})}{\mathrm{d}t} = m\boldsymbol{a} = \boldsymbol{F} \tag{4-4}$$

式中，$\boldsymbol{a}$ 表示质点的加速度。

式(4-4)表明加速度的方向与力的方向相同。

应用牛顿第二定理要先满足以下条件[1-2]：

(1) 式(4-4)只适用于惯性参考系。

(2) 当物体运动的速度接近光速时不适用。对于一般工程中的机械运动问题，一般不存在此情况。在一般的工程问题中，把固定于地面的坐标系或相对于地面做匀速直线平移的坐

标系作为惯性坐标系,可以得到相当精确的结果。

4.1.3　牛顿第三定理

牛顿第三定理:两个物体间的作用力与反作用力总是大小相等,方向相反,沿着同一直线,且同时分别作用在这两个物体上[1-3]。

4.2　牛顿-欧拉方程

4.2.1　牛顿方程

如图 4-1 所示,为了分析的方便,建立惯性坐标系 —— 直角坐标系$\{A\}$(即以O为原点的$O-XYZ$直角坐标系)。在刚体中以质心C为原点建立体坐标系$\{B\}$(即以O_1为原点的$O_1-X_1Y_1Z_1$直角坐标系)。A为惯性坐标系$\{A\}$中的一个固定的点。

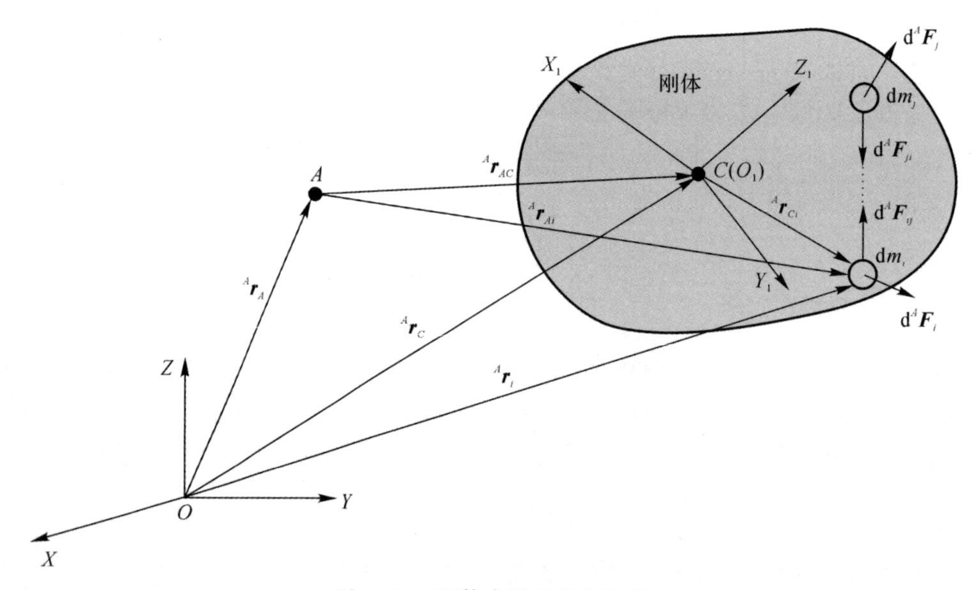

图 4-1　刚体中微元受力分析

假设刚体是匀质物体,则有

$$m^A\boldsymbol{r}_C=\int {}^A\boldsymbol{r}_i\mathrm{d}m \tag{4-5}$$

式中,m表示整个刚体的质量;$^A\boldsymbol{r}_C$表示刚体上质点C在坐标系$\{A\}$中的位置矢量,是在坐标系$\{A\}$中表示的;$^A\boldsymbol{r}_i$表示刚体中微小刚体$\mathrm{d}m_i$在坐标系$\{A\}$中的位置矢量,是在坐标系$\{A\}$中表示的。

式(4-5)对时间求导得

$$m{}^{A}\boldsymbol{v}_{C} = m{}^{A}\dot{\boldsymbol{r}}_{C} = \int {}^{A}\dot{\boldsymbol{r}}_{i}\mathrm{d}m \tag{4-6}$$

式中，${}^{A}\boldsymbol{v}_{C}$ 表示刚体上质点 C 在坐标系$\{A\}$ 中的速度矢量，是在坐标系$\{A\}$ 中表示的。

式(4-6) 对时间求导得

$$m{}^{A}\boldsymbol{a}_{C} = m{}^{A}\dot{\boldsymbol{v}}_{C} = m{}^{A}\ddot{\boldsymbol{r}}_{C} = \int {}^{A}\ddot{\boldsymbol{r}}_{i}\mathrm{d}m \tag{4-7}$$

式中，${}^{A}\boldsymbol{a}_{C}$ 表示刚体上质点 C 在坐标系$\{A\}$ 中的加速度矢量，是在坐标系$\{A\}$ 中表示的。

运用牛顿第二定理，对刚体中微小刚体 $\mathrm{d}m_i$ 进行受力分析，得到

$${}^{A}\ddot{\boldsymbol{r}}_{i}\mathrm{d}m_{i} = \mathrm{d}{}^{A}\boldsymbol{F}_{i} + \int \mathrm{d}{}^{A}\boldsymbol{F}_{ij} \tag{4-8}$$

式中，$\mathrm{d}{}^{A}\boldsymbol{F}_{i}$ 表示刚体中微小刚体 $\mathrm{d}m_i$ 上受到的外力，是在坐标系$\{A\}$ 中表示的；$\mathrm{d}{}^{A}\boldsymbol{F}_{ij}$ 表示刚体中微小刚体 $\mathrm{d}m_j$ 对刚体中微小刚体 $\mathrm{d}m_i$ 作用的内力，是在坐标系$\{A\}$ 中表示的。

对式(4-8) 进行积分得

$$\int {}^{A}\ddot{\boldsymbol{r}}_{i}\mathrm{d}m = \int \mathrm{d}{}^{A}\boldsymbol{F}_{i} + \iint \mathrm{d}{}^{A}\boldsymbol{F}_{ij} \tag{4-9}$$

运用牛顿第三定理，得到刚体中内力之和为零，即有

$$\iint \mathrm{d}{}^{A}\boldsymbol{F}_{ij} = \boldsymbol{0}_{3\times 1} \tag{4-10}$$

把式(4-7) 和式(4-10) 代入式(4-9)，得

$$m{}^{A}\boldsymbol{a}_{C} = {}^{A}\boldsymbol{F} \tag{4-11}$$

式中，${}^{A}\boldsymbol{F} = \int \mathrm{d}{}^{A}\boldsymbol{F}_{i}$ 表示作用于刚体上所有外力之和，是在坐标系$\{A\}$ 中表示的。

式(4-11) 表明作用于刚体上的外力和等于质心的加速度乘以刚体的质量，叫作牛顿的质心运动方程[4]。

4.2.2　质点的动量矩和动量矩定理

如图 4-2 所示，设质点 Q 瞬时的动量为 $m\boldsymbol{v}$，质点 Q 在惯性坐标系 $O-XYZ$ 中的位置矢量为 $\boldsymbol{r}_Q$。则质点 Q 动量对原点 O 的矩，定义为质点 Q 对原点 O 的动量矩 $\boldsymbol{H}_O$[2]，即

$$\boldsymbol{H}_{O} = \boldsymbol{r}_{Q} \times m\boldsymbol{v} \tag{4-12}$$

则质点 Q 对惯性坐标系 $O-XYZ$ 中固定点 A 的动量矩 $\boldsymbol{H}_A$ 为

$$\boldsymbol{H}_{A} = \boldsymbol{r}_{AQ} \times m\boldsymbol{v} = \boldsymbol{r}_{AQ} \times \left(m\frac{\mathrm{d}\boldsymbol{r}_{Q}}{\mathrm{d}t}\right) \tag{4-13}$$

式(4-4) 两边左叉乘 $\boldsymbol{r}_{AQ}$，得

$$\boldsymbol{r}_{AQ} \times \frac{\mathrm{d}(m\boldsymbol{v})}{\mathrm{d}t} = \boldsymbol{r}_{AQ} \times \boldsymbol{F} \tag{4-14}$$

式中，$\boldsymbol{F}$ 表示作用于质点 Q 上的外力和。

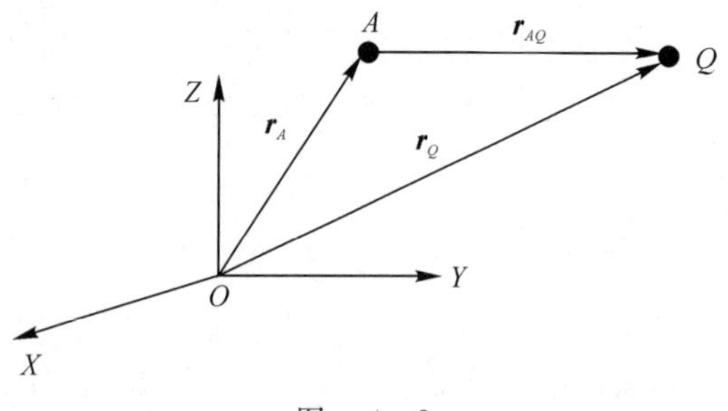

图　4－2

式(4－13)两边对时间求导，得

$$\frac{\mathrm{d}\boldsymbol{H}_A}{\mathrm{d}t}=\frac{\mathrm{d}\boldsymbol{r}_{AQ}}{\mathrm{d}t}\times m\boldsymbol{v}+\boldsymbol{r}_{AQ}\times\frac{\mathrm{d}(m\boldsymbol{v})}{\mathrm{d}t}=\frac{\mathrm{d}(\boldsymbol{r}_Q-\boldsymbol{r}_A)}{\mathrm{d}t}\times m\boldsymbol{v}+\boldsymbol{r}_{AQ}\times\frac{\mathrm{d}(m\boldsymbol{v})}{\mathrm{d}t} \tag{4-15}$$

由于点 A 为坐标系中的固定点，则有

$$\frac{\mathrm{d}\boldsymbol{r}_A}{\mathrm{d}t}=\boldsymbol{0}_{3\times1} \tag{4-16}$$

把式(4－13)和式(4－16)代入式(4－15)，得

$$\frac{\mathrm{d}\boldsymbol{H}_A}{\mathrm{d}t}=\frac{\mathrm{d}\boldsymbol{r}_Q}{\mathrm{d}t}\times m\boldsymbol{v}+\boldsymbol{r}_{AQ}\times\frac{\mathrm{d}(m\boldsymbol{v})}{\mathrm{d}t}=\frac{\mathrm{d}\boldsymbol{r}_Q}{\mathrm{d}t}\times\left(m\frac{\mathrm{d}\boldsymbol{r}_Q}{\mathrm{d}t}\right)+\boldsymbol{r}_{AQ}\times\frac{\mathrm{d}(m\boldsymbol{v})}{\mathrm{d}t}=\boldsymbol{r}_{AQ}\times\frac{\mathrm{d}(m\boldsymbol{v})}{\mathrm{d}t} \tag{4-17}$$

结合式(4－14)和式(4－17)，得

$$\frac{\mathrm{d}\boldsymbol{H}_A}{\mathrm{d}t}=\boldsymbol{r}_{AQ}\times\boldsymbol{F} \tag{4-18}$$

从而得到：质点对某定点的动量矩对时间的一阶导数，等于作用力对同一点的矩，即为质点的动量矩定理[2]。

4.2.3　刚体的动量矩定理

如图4－1所示，在惯性坐标系$\{A\}$中取微小刚体 $\mathrm{d}m_i$ 对定点 A 进行受力矩分析。由式(4－13)和式(4－18)得

$$\frac{\mathrm{d}({}^A\boldsymbol{r}_{Ai}\times{}^A\dot{\boldsymbol{r}}_i\mathrm{d}m_i)}{\mathrm{d}t}={}^A\boldsymbol{r}_{Ai}\times\mathrm{d}^A\boldsymbol{F}_i+{}^A\boldsymbol{r}_{Ai}\times\int\mathrm{d}^A\boldsymbol{F}_{ij} \tag{4-19}$$

对整个刚体进行受力矩分析，即积分得

$$\frac{\mathrm{d}\int({}^A\boldsymbol{r}_{Ai}\times{}^A\dot{\boldsymbol{r}}_i\mathrm{d}m)}{\mathrm{d}t}=\int{}^A\boldsymbol{r}_{Ai}\times\mathrm{d}^A\boldsymbol{F}_i+\iint{}^A\boldsymbol{r}_{Ai}\times\mathrm{d}^A\boldsymbol{F}_{ij} \tag{4-20}$$

根据牛顿第三定理，得

$$\iint{}^A\boldsymbol{r}_{Ai}\times\mathrm{d}^A\boldsymbol{F}_{ij}=\boldsymbol{0}_{3\times1} \tag{4-21}$$

式(4-20)转换为

$$\frac{\mathrm{d}^A\boldsymbol{H}_A}{\mathrm{d}t}={}^A\boldsymbol{M}_A \tag{4-22}$$

式中，${}^A\boldsymbol{H}_A=\int({}^A\boldsymbol{r}_{Ai}\times{}^A\dot{\boldsymbol{r}}_i)\,\mathrm{d}m$ 为刚体对定点 A 的动量矩，是在坐标系$\{A\}$中表示的；${}^A\boldsymbol{M}_A=\int{}^A\boldsymbol{r}_{Ai}\times\mathrm{d}^A\boldsymbol{F}_i$ 为刚体上所受外力对定点 A 的外力矩之和，是在坐标系$\{A\}$中表示的。

式(4-22)为刚体对惯性坐标系中固定点的动量矩定理的表达式。

4.2.4 欧拉方程

把${}^A\boldsymbol{r}_{Ai}={}^A\boldsymbol{r}_i-{}^A\boldsymbol{r}_A$ 代入${}^A\boldsymbol{H}_A$ 的表达式中，得

$${}^A\boldsymbol{H}_A=\int(({}^A\boldsymbol{r}_i-{}^A\boldsymbol{r}_A)\times{}^A\dot{\boldsymbol{r}}_i)\,\mathrm{d}m=\int{}^A\boldsymbol{r}_i\times{}^A\dot{\boldsymbol{r}}_i\mathrm{d}m-\int{}^A\boldsymbol{r}_A\times{}^A\dot{\boldsymbol{r}}_i\mathrm{d}m \tag{4-23}$$

把式(4-6)代入式(4-23)，得

$${}^A\boldsymbol{H}_A=\int{}^A\boldsymbol{r}_i\times{}^A\dot{\boldsymbol{r}}_i\mathrm{d}m-({}^A\boldsymbol{r}_A\times m{}^A\dot{\boldsymbol{r}}_C)={}^A\boldsymbol{H}_O-({}^A\boldsymbol{r}_A\times m{}^A\dot{\boldsymbol{r}}_C) \tag{4-24}$$

式中，${}^A\boldsymbol{H}_O=\int{}^A\boldsymbol{r}_i\times{}^A\dot{\boldsymbol{r}}_i\mathrm{d}m$ 表示刚体对惯性坐标系$\{A\}$中原点O的动量矩，是在坐标系$\{A\}$中表示的。

式(4-24)对时间求导，得

$$\frac{\mathrm{d}^A\boldsymbol{H}_A}{\mathrm{d}t}=\frac{\mathrm{d}^A\boldsymbol{H}_O}{\mathrm{d}t}-({}^A\boldsymbol{r}_A\times m{}^A\ddot{\boldsymbol{r}}_C)=\frac{\mathrm{d}^A\boldsymbol{H}_O}{\mathrm{d}t}-({}^A\boldsymbol{r}_A\times m{}^A\boldsymbol{a}_C) \tag{4-25}$$

由图 4-1，可得

$${}^A\boldsymbol{r}_i={}^A\boldsymbol{r}_C+{}^A\boldsymbol{r}_{Ci} \tag{4-26}$$

式中，${}^A\boldsymbol{r}_{Ci}$ 表示微小刚体 $\mathrm{d}m_i$ 到质心的相对位置矢量，是在坐标系$\{A\}$中表示的。

把式(4-26)代入${}^A\boldsymbol{H}_O$ 的表达式中，得

$$\begin{aligned}{}^A\boldsymbol{H}_O=&\int({}^A\boldsymbol{r}_C+{}^A\boldsymbol{r}_{Ci})\times\frac{\mathrm{d}({}^A\boldsymbol{r}_C+{}^A\boldsymbol{r}_{Ci})}{\mathrm{d}t}\mathrm{d}m=\\&\int{}^A\boldsymbol{r}_C\times{}^A\boldsymbol{v}_C\mathrm{d}m+\int{}^A\boldsymbol{r}_C\times{}^A\dot{\boldsymbol{r}}_{Ci}\mathrm{d}m+\int{}^A\boldsymbol{r}_{Ci}\times{}^A\boldsymbol{v}_C\mathrm{d}m+\int{}^A\boldsymbol{r}_{Ci}\times{}^A\dot{\boldsymbol{r}}_{Ci}\mathrm{d}m\end{aligned} \tag{4-27}$$

式中，${}^A\boldsymbol{v}_C=\dfrac{\mathrm{d}^A\boldsymbol{r}_C}{\mathrm{d}t}$ 为质心 C 在坐标系$\{A\}$的平移速度，是在坐标系$\{A\}$中表示的。

由第 2 章运动学的知识可知

$${}^A\dot{\boldsymbol{r}}_{Ci}={}^A\boldsymbol{\omega}_B\times{}^A\boldsymbol{r}_{Ci} \tag{4-28}$$

式中，${}^A\boldsymbol{\omega}_B$ 表示体坐标系$\{B\}$相对于坐标系$\{A\}$的转动角速度，是在坐标系$\{A\}$中表示的。

由于 $m{}^A\boldsymbol{r}_C=\int{}^A\boldsymbol{r}_i\mathrm{d}m$，可得

$$\int{}^A\boldsymbol{r}_{Ci}\mathrm{d}m=\boldsymbol{0}_{3\times1} \tag{4-29}$$

把式(4－28)和式(4－29)代入式(4－27),得

$$^{A}\boldsymbol{H}_{O}={}^{A}\boldsymbol{r}_{C}\times m^{A}\boldsymbol{v}_{C}+\int {}^{A}\boldsymbol{r}_{C}\times({}^{A}\boldsymbol{\omega}_{B}\times{}^{A}\boldsymbol{r}_{Ci})\,\mathrm{d}m+\int {}^{A}\boldsymbol{r}_{Ci}\times({}^{A}\boldsymbol{\omega}_{B}\times{}^{A}\boldsymbol{r}_{Ci})\,\mathrm{d}m \tag{4-30}$$

根据式(4－29),得

$$^{A}\boldsymbol{H}_{O}={}^{A}\boldsymbol{r}_{C}\times m^{A}\boldsymbol{v}_{C}+\int {}^{A}\boldsymbol{r}_{Ci}\times({}^{A}\boldsymbol{\omega}_{B}\times{}^{A}\boldsymbol{r}_{Ci})\,\mathrm{d}m \tag{4-31}$$

根据矢量运算知识,对于3个列矢量$\boldsymbol{a}_1,\boldsymbol{a}_2,\boldsymbol{a}_3$,有

$$\boldsymbol{a}_1\times(\boldsymbol{a}_2\times\boldsymbol{a}_3)=(\boldsymbol{a}_1\cdot\boldsymbol{a}_3)\boldsymbol{a}_2-(\boldsymbol{a}_1\cdot\boldsymbol{a}_2)\boldsymbol{a}_3 \tag{4-32}$$

从而式(4－30)转换为

$$^{A}\boldsymbol{H}_{O}={}^{A}\boldsymbol{r}_{C}\times m^{A}\boldsymbol{v}_{C}+\int({}^{A}\boldsymbol{r}_{Ci}\cdot{}^{A}\boldsymbol{r}_{Ci}){}^{A}\boldsymbol{\omega}_{B}\mathrm{d}m-\int({}^{A}\boldsymbol{r}_{Ci}\cdot{}^{A}\boldsymbol{\omega}_{B}){}^{A}\boldsymbol{r}_{Ci}\mathrm{d}m \tag{4-33}$$

式(4－33)对时间求导,得

$$\begin{aligned}\frac{\mathrm{d}^{A}\boldsymbol{H}_{O}}{\mathrm{d}t}=&{}^{A}\boldsymbol{v}_{C}\times m^{A}\boldsymbol{v}_{C}+{}^{A}\boldsymbol{r}_{C}\times m^{A}\boldsymbol{a}_{C}+\int 2(({}^{A}\boldsymbol{\omega}_{B}\times{}^{A}\boldsymbol{r}_{Ci})\cdot{}^{A}\boldsymbol{r}_{Ci}){}^{A}\boldsymbol{\omega}_{B}\mathrm{d}m+\\&\int({}^{A}\boldsymbol{r}_{Ci}\cdot{}^{A}\boldsymbol{r}_{Ci}){}^{A}\boldsymbol{\alpha}_{B}\mathrm{d}m-\int(({}^{A}\boldsymbol{\omega}_{B}\times{}^{A}\boldsymbol{r}_{Ci})\cdot{}^{A}\boldsymbol{\omega}_{B}){}^{A}\boldsymbol{r}_{Ci}\mathrm{d}m-\\&\int({}^{A}\boldsymbol{r}_{Ci}\cdot{}^{A}\boldsymbol{\alpha}_{B}){}^{A}\boldsymbol{r}_{Ci}\mathrm{d}m-\int({}^{A}\boldsymbol{r}_{Ci}\cdot{}^{A}\boldsymbol{\omega}_{B})({}^{A}\boldsymbol{\omega}_{B}\times{}^{A}\boldsymbol{r}_{Ci})\,\mathrm{d}m\end{aligned} \tag{4-34}$$

根据矢量运算知识,对于3个矢量$\boldsymbol{a}_1,\boldsymbol{a}_2,\boldsymbol{a}_3$,有

$$\boldsymbol{a}_3\cdot(\boldsymbol{a}_1\times\boldsymbol{a}_2)=\boldsymbol{a}_1\cdot(\boldsymbol{a}_2\times\boldsymbol{a}_3)=\boldsymbol{a}_2\cdot(\boldsymbol{a}_3\times\boldsymbol{a}_1) \tag{4-35}$$

又因为对任意一个矢量$\boldsymbol{a}_3$,它与自己的叉乘为零,即有

$$\boldsymbol{a}_3\times\boldsymbol{a}_3=\boldsymbol{0}_{3\times1} \tag{4-36}$$

从而式(4－34)可转换为

$$\begin{aligned}\frac{\mathrm{d}^{A}\boldsymbol{H}_{O}}{\mathrm{d}t}=&{}^{A}\boldsymbol{r}_{C}\times m^{A}\boldsymbol{a}_{C}+\int({}^{A}\boldsymbol{r}_{Ci}\cdot{}^{A}\boldsymbol{r}_{Ci}){}^{A}\boldsymbol{\alpha}_{B}\mathrm{d}m-\\&\int({}^{A}\boldsymbol{r}_{Ci}\cdot{}^{A}\boldsymbol{\alpha}_{B}){}^{A}\boldsymbol{r}_{Ci}\mathrm{d}m-\int({}^{A}\boldsymbol{r}_{Ci}\cdot{}^{A}\boldsymbol{\omega}_{B})({}^{A}\boldsymbol{\omega}_{B}\times{}^{A}\boldsymbol{r}_{Ci})\,\mathrm{d}m=\\&{}^{A}\boldsymbol{r}_{C}\times m^{A}\boldsymbol{a}_{C}+\int({}^{A}\boldsymbol{r}_{Ci}\cdot{}^{A}\boldsymbol{r}_{Ci})\boldsymbol{E}_{3\times3}{}^{A}\boldsymbol{\alpha}_{B}\mathrm{d}m-\\&\int{}^{A}\boldsymbol{r}_{Ci}{}^{A}\boldsymbol{r}_{Ci}^{\mathrm{T}}{}^{A}\boldsymbol{\alpha}_{B}\mathrm{d}m+{}^{A}\boldsymbol{\omega}_{B}\times\left(\int({}^{A}\boldsymbol{r}_{Ci}\cdot{}^{A}\boldsymbol{r}_{Ci})\boldsymbol{E}_{3\times3}{}^{A}\boldsymbol{\omega}_{B}\mathrm{d}m\right)-\\&{}^{A}\boldsymbol{\omega}_{B}\times\left(\int({}^{A}\boldsymbol{r}_{Ci}\cdot{}^{A}\boldsymbol{r}_{Ci})\boldsymbol{E}_{3\times3}{}^{A}\boldsymbol{\omega}_{B}\mathrm{d}m\right)-{}^{A}\boldsymbol{\omega}_{B}\times\int{}^{A}\boldsymbol{r}_{Ci}{}^{A}\boldsymbol{r}_{Ci}^{\mathrm{T}}{}^{A}\boldsymbol{\omega}_{B}\mathrm{d}m=\\&{}^{A}\boldsymbol{r}_{C}\times m^{A}\boldsymbol{a}_{C}+\int(({}^{A}\boldsymbol{r}_{Ci}\cdot{}^{A}\boldsymbol{r}_{Ci})\boldsymbol{E}_{3\times3}-{}^{A}\boldsymbol{r}_{Ci}{}^{A}\boldsymbol{r}_{Ci}^{\mathrm{T}})\,\mathrm{d}m^{A}\boldsymbol{\alpha}_{B}+\\&{}^{A}\boldsymbol{\omega}_{B}\times\left(\int(({}^{A}\boldsymbol{r}_{Ci}\cdot{}^{A}\boldsymbol{r}_{Ci})\boldsymbol{E}_{3\times3}-{}^{A}\boldsymbol{r}_{Ci}{}^{A}\boldsymbol{r}_{Ci}^{\mathrm{T}})\,\mathrm{d}m^{A}\boldsymbol{\omega}_{B}\right)-\\&{}^{A}\boldsymbol{\omega}_{B}\times\left(\int({}^{A}\boldsymbol{r}_{Ci}\cdot{}^{A}\boldsymbol{r}_{Ci})\boldsymbol{E}_{3\times3}{}^{A}\boldsymbol{\omega}_{B}\mathrm{d}m\right)=\end{aligned}$$

$${}^{A}\boldsymbol{r}_{C}\times m{}^{A}\boldsymbol{a}_{C}+{}^{A}({}^{C}\boldsymbol{I}){}^{A}\boldsymbol{\alpha}_{B}+{}^{A}\boldsymbol{\omega}_{B}\times({}^{A}({}^{C}\boldsymbol{I}){}^{A}\boldsymbol{\omega}_{B})-{}^{A}\boldsymbol{\omega}_{B}\times\left(\int({}^{A}\boldsymbol{r}_{Ci}\cdot{}^{A}\boldsymbol{r}_{Ci}){}^{A}\boldsymbol{\omega}_{B}\mathrm{d}m\right) \tag{4-37}$$

式中，$\boldsymbol{E}_{3\times3}$ 为 3 阶的单位矩阵；

$${}^{A}({}^{C}\boldsymbol{I})=\int(({}^{A}\boldsymbol{r}_{Ci}\cdot{}^{A}\boldsymbol{r}_{Ci})\boldsymbol{E}_{3\times3}-{}^{A}\boldsymbol{r}_{Ci}{}^{A}\boldsymbol{r}_{Ci}^{\mathrm{T}})\mathrm{d}m \tag{4-38}$$

${}^{A}({}^{C}\boldsymbol{I})$ 为刚体相对于质心 C 的惯性矩阵[5]（inertia matrix，也叫作惯量矩阵[6]），是在坐标系$\{A\}$ 中表示的。

由于${}^{A}\boldsymbol{\omega}_{B}\times\left(\int({}^{A}\boldsymbol{r}_{Ci}\cdot{}^{A}\boldsymbol{r}_{Ci}){}^{A}\boldsymbol{\omega}_{B}\mathrm{d}m\right)=\boldsymbol{0}_{3\times1}$，式(4－37) 变为

$$\frac{\mathrm{d}{}^{A}\boldsymbol{H}_{O}}{\mathrm{d}t}={}^{A}\boldsymbol{r}_{C}\times m{}^{A}\boldsymbol{a}_{C}+{}^{A}({}^{C}\boldsymbol{I}){}^{A}\boldsymbol{\alpha}_{B}+{}^{A}\boldsymbol{\omega}_{B}\times({}^{A}({}^{C}\boldsymbol{I}){}^{A}\boldsymbol{\omega}_{B}) \tag{4-39}$$

根据式(4－22)，可得

$$\frac{\mathrm{d}{}^{A}\boldsymbol{H}_{O}}{\mathrm{d}t}={}^{A}\boldsymbol{M}_{O} \tag{4-40}$$

式中，${}^{A}\boldsymbol{M}_{O}=\int{}^{A}\boldsymbol{r}_{i}\times\mathrm{d}{}^{A}\boldsymbol{F}_{i}$ 为刚体上所受外力对坐标原点 O 的力矩之和，是在坐标系$\{A\}$ 中表示的。

由式(4－39) 和式(4－40) 可得

$${}^{A}\boldsymbol{M}_{O}={}^{A}\boldsymbol{r}_{C}\times m{}^{A}\boldsymbol{a}_{C}+{}^{A}({}^{C}\boldsymbol{I}){}^{A}\boldsymbol{\alpha}_{B}+{}^{A}\boldsymbol{\omega}_{B}\times({}^{A}({}^{C}\boldsymbol{I}){}^{A}\boldsymbol{\omega}_{B}) \tag{4-41}$$

式(4－41) 为欧拉方程对惯性坐标系中固定点的表达式。

将式(4－41) 代入式(4－25)，并结合式(4－22)，得

$$\begin{aligned}{}^{A}\boldsymbol{M}_{A}&={}^{A}\boldsymbol{r}_{C}\times m{}^{A}\boldsymbol{a}_{C}+{}^{A}({}^{C}\boldsymbol{I}){}^{A}\boldsymbol{\alpha}_{B}+{}^{A}\boldsymbol{\omega}_{B}\times({}^{A}({}^{C}\boldsymbol{I}){}^{A}\boldsymbol{\omega}_{B})-({}^{A}\boldsymbol{r}_{A}\times m{}^{A}\boldsymbol{a}_{C})=\\&{}^{A}\boldsymbol{r}_{AC}\times m{}^{A}\boldsymbol{a}_{C}+{}^{A}({}^{C}\boldsymbol{I}){}^{A}\boldsymbol{\alpha}_{B}+{}^{A}\boldsymbol{\omega}_{B}\times({}^{A}({}^{C}\boldsymbol{I}){}^{A}\boldsymbol{\omega}_{B})\end{aligned} \tag{4-42}$$

由式(4－41) 和式(4－42) 得到：对惯性坐标系中固定点应用欧拉方程时，式中右边第一项为固定点到质心的相对位置矢量，式中各项都是在惯性坐标系中表示的。

当固定点选择与质心相重合的瞬时点时，式(4－42) 就变为

$${}^{A}\boldsymbol{M}_{C}={}^{A}({}^{C}\boldsymbol{I}){}^{A}\boldsymbol{\alpha}_{B}+{}^{A}\boldsymbol{\omega}_{B}\times({}^{A}({}^{C}\boldsymbol{I}){}^{A}\boldsymbol{\omega}_{B}) \tag{4-43}$$

式(4－43) 为在惯性坐标系$\{A\}$ 中以质心 C 求解的欧拉方程[4]。

4.2.5　惯性矩阵的变换和平行轴定理

如图 4－1 所示，在刚体上以质心 C 为原点建立体坐标系$\{B\}$，则相对于质心 C 的惯性矩阵${}^{B}({}^{C}\boldsymbol{I})$ 和从质心 C 到微小刚体 $\mathrm{d}m_i$ 的位置矢量${}^{B}\boldsymbol{r}_{Ci}$ 都是不变的值。根据第 2 章运动学的知识，得

$${}^{A}\boldsymbol{r}_{Ci}={}^{A}\boldsymbol{R}_{B}{}^{B}\boldsymbol{r}_{Ci} \tag{4-44}$$

把式(4－44) 代入式(4－38)，得

$$^{A}({}^{C}\boldsymbol{I})=\int(({}^{A}\boldsymbol{r}_{Ci}\cdot{}^{A}\boldsymbol{r}_{Ci})\boldsymbol{E}_{3\times3}-{}^{A}\boldsymbol{r}_{Ci}{}^{A}\boldsymbol{r}_{Ci}^{\mathrm{T}})\mathrm{d}m=$$

$$\int((({}^{A}\boldsymbol{R}_{B}{}^{B}\boldsymbol{r}_{Ci})^{\mathrm{T}}({}^{A}\boldsymbol{R}_{B}{}^{B}\boldsymbol{r}_{Ci}))\boldsymbol{E}_{3\times3}-({}^{A}\boldsymbol{R}_{B}{}^{B}\boldsymbol{r}_{Ci})({}^{A}\boldsymbol{R}_{B}{}^{B}\boldsymbol{r}_{Ci})^{\mathrm{T}})\mathrm{d}m=$$

$$\int(({}^{B}\boldsymbol{r}_{Ci}^{\mathrm{T}}{}^{B}\boldsymbol{r}_{Ci})\boldsymbol{E}_{3\times3}-{}^{A}\boldsymbol{R}_{B}{}^{B}\boldsymbol{r}_{Ci}{}^{B}\boldsymbol{r}_{Ci}^{\mathrm{T}}{}^{A}\boldsymbol{R}_{B}^{\mathrm{T}})\mathrm{d}m \tag{4-45}$$

由于$({}^{B}\boldsymbol{r}_{Ci}^{\mathrm{T}}{}^{B}\boldsymbol{r}_{Ci})$为一个数，${}^{A}\boldsymbol{R}_{B}{}^{A}\boldsymbol{R}_{B}^{\mathrm{T}}=\boldsymbol{E}_{3\times3}$，从而有

$$({}^{B}\boldsymbol{r}_{Ci}^{\mathrm{T}}{}^{B}\boldsymbol{r}_{Ci})\boldsymbol{E}_{3\times3}={}^{A}\boldsymbol{R}_{B}({}^{B}\boldsymbol{r}_{Ci}^{\mathrm{T}}{}^{B}\boldsymbol{r}_{Ci})\boldsymbol{E}_{3\times3}{}^{A}\boldsymbol{R}_{B}^{\mathrm{T}} \tag{4-46}$$

把式(4-46)代入式(4-45)，得

$$^{A}({}^{C}\boldsymbol{I})=\int(({}^{B}\boldsymbol{r}_{Ci}^{\mathrm{T}}{}^{B}\boldsymbol{r}_{Ci})\boldsymbol{E}_{3\times3}-{}^{A}\boldsymbol{R}_{B}{}^{B}\boldsymbol{r}_{Ci}{}^{B}\boldsymbol{r}_{Ci}^{\mathrm{T}}{}^{A}\boldsymbol{R}_{B}^{\mathrm{T}})\mathrm{d}m=$$

$$\int({}^{A}\boldsymbol{R}_{B}({}^{B}\boldsymbol{r}_{Ci}^{\mathrm{T}}{}^{B}\boldsymbol{r}_{Ci})\boldsymbol{E}_{3\times3}{}^{A}\boldsymbol{R}_{B}^{\mathrm{T}}-{}^{A}\boldsymbol{R}_{B}{}^{B}\boldsymbol{r}_{Ci}{}^{B}\boldsymbol{r}_{Ci}^{\mathrm{T}}{}^{A}\boldsymbol{R}_{B}^{\mathrm{T}})\mathrm{d}m=$$

$${}^{A}\boldsymbol{R}_{B}\left(\int(({}^{B}\boldsymbol{r}_{Ci}^{\mathrm{T}}{}^{B}\boldsymbol{r}_{Ci})\boldsymbol{E}_{3\times3}-{}^{B}\boldsymbol{r}_{Ci}{}^{B}\boldsymbol{r}_{Ci}^{\mathrm{T}})\mathrm{d}m\right){}^{A}\boldsymbol{R}_{B}^{\mathrm{T}} \tag{4-47}$$

根据式(4-38)，得到刚体相对于质心C的惯性矩阵，在坐标系$\{B\}$中表示，即$^{B}({}^{C}\boldsymbol{I})$为

$$^{B}({}^{C}\boldsymbol{I})=\int(({}^{B}\boldsymbol{r}_{Ci}\cdot{}^{B}\boldsymbol{r}_{Ci})\boldsymbol{E}_{3\times3}-{}^{B}\boldsymbol{r}_{Ci}{}^{B}\boldsymbol{r}_{Ci}^{\mathrm{T}})\mathrm{d}m \tag{4-48}$$

则式(4-47)转换为

$$^{A}({}^{C}\boldsymbol{I})={}^{A}\boldsymbol{R}_{B}{}^{B}({}^{C}\boldsymbol{I}){}^{A}\boldsymbol{R}_{B}^{\mathrm{T}} \tag{4-49}$$

式(4-49)为刚体相对于质心C的惯性矩阵，在不同坐标系中的变换关系。

根据式(4-38)，得到刚体相对于原点O的惯性矩阵，在坐标系$\{A\}$中表示，即$^{A}({}^{O}\boldsymbol{I})$为

$$^{A}({}^{O}\boldsymbol{I})=\int(({}^{A}\boldsymbol{r}_{i}\cdot{}^{A}\boldsymbol{r}_{i})\boldsymbol{E}_{3\times3}-{}^{A}\boldsymbol{r}_{i}{}^{A}\boldsymbol{r}_{i}^{\mathrm{T}})\mathrm{d}m \tag{4-50}$$

由图4-1可得

$${}^{A}\boldsymbol{r}_{i}={}^{A}\boldsymbol{r}_{C}+{}^{A}\boldsymbol{r}_{Ci} \tag{4-51}$$

把式(4-51)代入式(4-50)，得

$$^{A}({}^{O}\boldsymbol{I})=\int((({}^{A}\boldsymbol{r}_{C}+{}^{A}\boldsymbol{r}_{Ci})^{\mathrm{T}}({}^{A}\boldsymbol{r}_{C}+{}^{A}\boldsymbol{r}_{Ci}))\boldsymbol{E}_{3\times3}-({}^{A}\boldsymbol{r}_{C}+{}^{A}\boldsymbol{r}_{Ci})({}^{A}\boldsymbol{r}_{C}+{}^{A}\boldsymbol{r}_{Ci})^{\mathrm{T}})\mathrm{d}m \tag{4-52}$$

$$(({}^{A}\boldsymbol{r}_{C}+{}^{A}\boldsymbol{r}_{Ci})^{\mathrm{T}}({}^{A}\boldsymbol{r}_{C}+{}^{A}\boldsymbol{r}_{Ci}))\boldsymbol{E}_{3\times3}-({}^{A}\boldsymbol{r}_{C}+{}^{A}\boldsymbol{r}_{Ci})({}^{A}\boldsymbol{r}_{C}+{}^{A}\boldsymbol{r}_{Ci})^{\mathrm{T}}=$$

$$({}^{A}\boldsymbol{r}_{C}^{\mathrm{T}}{}^{A}\boldsymbol{r}_{C}+2{}^{A}\boldsymbol{r}_{C}^{\mathrm{T}}{}^{A}\boldsymbol{r}_{Ci}+{}^{A}\boldsymbol{r}_{Ci}^{\mathrm{T}}{}^{A}\boldsymbol{r}_{Ci})\boldsymbol{E}_{3\times3}-({}^{A}\boldsymbol{r}_{C}{}^{A}\boldsymbol{r}_{C}^{\mathrm{T}}+{}^{A}\boldsymbol{r}_{C}{}^{A}\boldsymbol{r}_{Ci}^{\mathrm{T}}+{}^{A}\boldsymbol{r}_{Ci}{}^{A}\boldsymbol{r}_{C}^{\mathrm{T}}+{}^{A}\boldsymbol{r}_{Ci}{}^{A}\boldsymbol{r}_{Ci}^{\mathrm{T}})=$$

$$({}^{A}\boldsymbol{r}_{C}^{\mathrm{T}}{}^{A}\boldsymbol{r}_{C}\boldsymbol{E}_{3\times3}-{}^{A}\boldsymbol{r}_{C}{}^{A}\boldsymbol{r}_{C}^{\mathrm{T}})+({}^{A}\boldsymbol{r}_{Ci}^{\mathrm{T}}{}^{A}\boldsymbol{r}_{Ci}\boldsymbol{E}_{3\times3}-{}^{A}\boldsymbol{r}_{Ci}{}^{A}\boldsymbol{r}_{Ci}^{\mathrm{T}})+$$

$$(2{}^{A}\boldsymbol{r}_{C}^{\mathrm{T}}{}^{A}\boldsymbol{r}_{Ci}\boldsymbol{E}_{3\times3}-{}^{A}\boldsymbol{r}_{C}{}^{A}\boldsymbol{r}_{Ci}^{\mathrm{T}}-{}^{A}\boldsymbol{r}_{Ci}{}^{A}\boldsymbol{r}_{C}^{\mathrm{T}}) \tag{4-53}$$

结合式(4-29)和式(4-53)，式(4-52)就变化为

$$^{A}({}^{O}\boldsymbol{I})={}^{A}({}^{C}\boldsymbol{I})+m({}^{A}\boldsymbol{r}_{C}^{\mathrm{T}}{}^{A}\boldsymbol{r}_{C}\boldsymbol{E}_{3\times3}-{}^{A}\boldsymbol{r}_{C}{}^{A}\boldsymbol{r}_{C}^{\mathrm{T}}) \tag{4-54}$$

式(4-54)就是在同一惯性坐标系下的惯性矩阵的平行轴定理。

应用平行轴定理时有下面几点需注意：

(1)式(4-54)表示的是同一坐标系$\{A\}$中的固定点与质心之间惯性矩阵的关系；

(2) 若表示两个坐标系，则是在质心 C 建立一个瞬时坐标系，此坐标系以点 C 为原点，各坐标轴与坐标系 $\{A\}$ 中三个坐标轴对应平行。

4.2.6　牛顿-欧拉方程

把式(4－11)和式(4－43)结合起来，就是刚体动力学分析方法中常用的牛顿-欧拉方程，即为

$$\left.\begin{array}{l} m{}^A\boldsymbol{a}_C = {}^A\boldsymbol{F} \\ {}^A\boldsymbol{M}_C = {}^A({}^C\boldsymbol{I})\,{}^A\boldsymbol{\alpha}_B + {}^A\boldsymbol{\omega}_B \times ({}^A({}^C\boldsymbol{I})\,{}^A\boldsymbol{\omega}_B) \end{array}\right\} \tag{4-55}$$

4.2.7　刚体的动量矩

由式(4－33)和式(4－38)得

$$\begin{aligned} {}^A\boldsymbol{H}_O &= {}^A\boldsymbol{r}_C \times m{}^A\boldsymbol{v}_C + \int ({}^A\boldsymbol{r}_{Ci} \cdot {}^A\boldsymbol{r}_{Ci})\,{}^A\boldsymbol{\omega}_B \mathrm{d}m - \int ({}^A\boldsymbol{r}_{Ci} \cdot {}^A\boldsymbol{\omega}_B)\,{}^A\boldsymbol{r}_{Ci} \mathrm{d}m = \\ &\quad {}^A\boldsymbol{r}_C \times m{}^A\boldsymbol{v}_C + \int (({}^A\boldsymbol{r}_{Ci} \cdot {}^A\boldsymbol{r}_{Ci})\boldsymbol{E}_{3\times3} - {}^A\boldsymbol{r}_{Ci}{}^A\boldsymbol{r}_{Ci}^{\mathrm{T}})\,\mathrm{d}m{}^A\boldsymbol{\omega}_B = \\ &\quad {}^A\boldsymbol{r}_C \times m{}^A\boldsymbol{v}_C + {}^A({}^C\boldsymbol{I})\,{}^A\boldsymbol{\omega}_B \end{aligned} \tag{4-56}$$

式(4－56)为刚体对惯性坐标系中固定原点的动量矩表达式。

把式(4－56)代入式(4－24)，得

$$\begin{aligned} {}^A\boldsymbol{H}_A &= {}^A\boldsymbol{H}_O - {}^A\boldsymbol{r}_A \times m{}^A\dot{\boldsymbol{r}}_C = {}^A\boldsymbol{r}_C \times m{}^A\boldsymbol{v}_C + {}^A({}^C\boldsymbol{I})\,{}^A\boldsymbol{\omega}_B - {}^A\boldsymbol{r}_A \times m{}^A\boldsymbol{v}_C = \\ &\quad {}^A\boldsymbol{r}_{AC} \times m{}^A\boldsymbol{v}_C + {}^A({}^C\boldsymbol{I})\,{}^A\boldsymbol{\omega}_B \end{aligned} \tag{4-57}$$

式(4－57)为刚体对惯性坐标系中另外固定点的动量矩表达式。

当固定点选择与质心相重合的瞬时点时，式(4－57)就变为

$${}^A\boldsymbol{H}_C = {}^A({}^C\boldsymbol{I})\,{}^A\boldsymbol{\omega}_B \tag{4-58}$$

式(4－58)为在惯性坐标系 $\{A\}$ 中以质心 C 相重合的瞬时固定点的动量矩表达式。

4.3　动力学的达朗贝尔原理

由牛顿第二定理，即式(4－4)可得

$$\boldsymbol{F} + (-m\boldsymbol{a}) = \boldsymbol{F} + \boldsymbol{F}^* = \boldsymbol{0}_{3\times1} \tag{4-59}$$

式中，$\boldsymbol{F}^* = -m\boldsymbol{a}$ 表示惯性力。

式(4－59)表示质点上所有外力和惯性力之和为零，这是质点动力学的达朗贝尔原理。此时将动力学的问题转换为静力学的问题进行求解，可以通过静力学中利用力求和求平衡的方法来求解动力学问题[7]。这种观点的转变给动力学的求解带来方便[8]。

由式(4－55)可得

$$\left.\begin{array}{l} {}^A\boldsymbol{F} + (-m{}^A\boldsymbol{a}_C) = {}^A\boldsymbol{F} + {}^A\boldsymbol{F}_C^* = \boldsymbol{0}_{3\times1} \\ {}^A\boldsymbol{M}_C + (-{}^A({}^C\boldsymbol{I})\,{}^A\boldsymbol{\alpha}_B - {}^A\boldsymbol{\omega}_B \times ({}^A({}^C\boldsymbol{I})\,{}^A\boldsymbol{\omega}_B)) = {}^A\boldsymbol{M}_C + {}^A\boldsymbol{M}_C^* = \boldsymbol{0}_{3\times1} \end{array}\right\} \tag{4-60}$$

式中，${}^{A}\boldsymbol{F}_{C}^{*}=-m^{A}\boldsymbol{a}_{C}$ 表示作用于质心的惯性力；${}^{A}\boldsymbol{M}_{C}^{*}=-{}^{A}({}^{C}\boldsymbol{I})\,{}^{A}\boldsymbol{\alpha}_{B}-{}^{A}\boldsymbol{\omega}_{B}\times({}^{A}({}^{C}\boldsymbol{I})\,{}^{A}\boldsymbol{\omega}_{B})$ 表示作用于质心的惯性力矩。

式(4-60)表示：当把惯性力和惯性力矩作用在质心处时，对刚体进行动力学分析可以利用静力学中利用力和力矩求和求平衡的方法来求解动力学问题。

4.4 变分法简介

泛函是以整个函数为自变量的函数，即函数的函数[9]。对于函数 $y=f(x)$ 中，y 为因变量，而 x 为自变量。对于泛函 $F(y)=F(y(x))$ 中，x 为自变量，y 为一变量函数，F 为函数 y 的函数(泛函)。如图 4-3 所示，对于 xOy 平面中从一点 $P_0(x_0,y_0)$ 到另一点 $P_1(x_1,y_1)$ 的一簇光滑曲线 $y=y(x)$，其长度 L 为[9]

$$L=\int_{C}\mathrm{d}s=\int_{x_0}^{x_1}\sqrt{1+\dot{y}^2}\,\mathrm{d}x \tag{4-61}$$

显然，$y(x)$ 不同，L 也不同，即 L 的数值依赖于 $y(x)$ 整个函数改变。L 和函数 $y(x)$ 之间的这种依赖关系，称为泛函关系[9]。

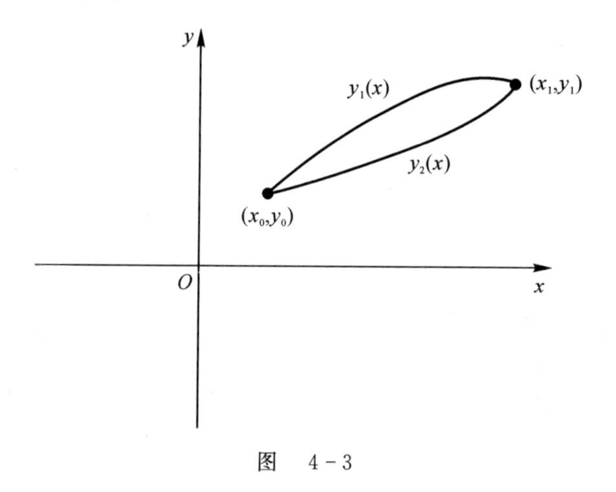

图 4-3

泛函的宗量 $y(x)$ 的增量在它很小时，称为变分，用 δy 表示[10]。即 δy 为 $y(x)$ 附近附近相差很小的 $y_1(x)$ 之差，为 $\delta y=y_1(x)-y(x)$[10](见图 4-4)。

首先考虑一个变量函数的泛函，假设泛函 $J[y(x)]$ 为

$$J[y(x)]=\int_{x_0}^{x_1}F(x,y(x),\dot{y}(x))\,\mathrm{d}x \tag{4-62}$$

并且假设 $y(x_0)=y_0$，$y(x_1)=y_1$。

对于 $y(x)$ 附近相差很小的 $(y(x)+\delta y)$ 的泛函，在 $y(x)$ 处按泰勒公式展开，得[9]

$$J[y(x)+\delta y]=J[y(x)]+\delta J[y(x)]+\frac{1}{2!}\delta^2 J[y(x)]+\cdots \tag{4-63}$$

其中一级变分 $\delta J[y(x)]$ 为

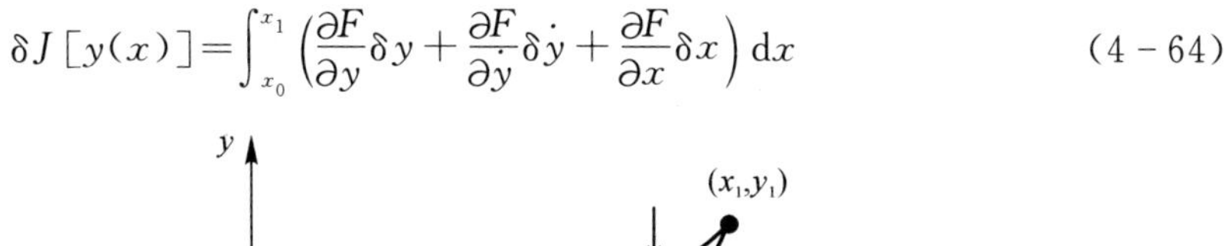

$$\delta J[y(x)]=\int_{x_0}^{x_1}\left(\frac{\partial F}{\partial y}\delta y+\frac{\partial F}{\partial \dot{y}}\delta \dot{y}+\frac{\partial F}{\partial x}\delta x\right)\mathrm{d}x \tag{4-64}$$

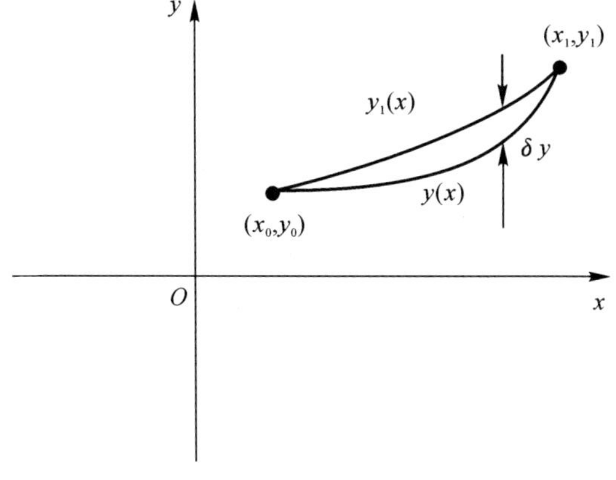

图　4-4

由于变分为函数变量的增量，所以 $\delta x=0$，从而有

$$\delta J[y(x)]=\int_{x_0}^{x_1}\left(\frac{\partial F}{\partial y}\delta y+\frac{\partial F}{\partial \dot{y}}\delta \dot{y}\right)\mathrm{d}x \tag{4-65}$$

同微分相类似，泛函 $J[y(x)]$ 取极值（极大值和极小值）的必要条件是它的一级变分为 0，即

$$\delta J[y(x)]=\int_{x_0}^{x_1}\left(\frac{\partial F}{\partial y}\delta y+\frac{\partial F}{\partial \dot{y}}\delta \dot{y}\right)\mathrm{d}x=0 \tag{4-66}$$

根据分部积分法 $\int u\dot{v}\,\mathrm{d}x=uv-\int \dot{u}v\,\mathrm{d}x$，变分运算与微分运算可互相交换，变分运算与积分运算可互相交换，从而有

$$\int_{x_0}^{x_1}\frac{\partial F}{\partial \dot{y}}\delta \dot{y}\mathrm{d}x=\int_{x_0}^{x_1}\frac{\partial F}{\partial \dot{y}}\mathrm{d}(\delta y)=\left[\frac{\partial F}{\partial \dot{y}}\delta y\right]_{x_0}^{x_1}-\int_{x_0}^{x_1}\delta y\frac{\mathrm{d}}{\mathrm{d}x}\left(\frac{\partial F}{\partial \dot{y}}\right)\mathrm{d}x \tag{4-67}$$

由于 $y(x_0)=y_0$，$y(x_1)=y_1$，从而有 $[\delta y(x)]_{x=x_0}=[\delta y(x)]_{x=x_1}=0$，结合式(4-66)与式(4-67)，得

$$\delta J[y(x)]=\int_{x_0}^{x_1}\left(\frac{\partial F}{\partial y}-\frac{\mathrm{d}}{\mathrm{d}x}\left(\frac{\partial F}{\partial \dot{y}}\right)\right)\delta y\mathrm{d}x=0 \tag{4-68}$$

由于 δy 为任意的，从而得到泛函 $J[y(x)]$ 取极值的必要条件为

$$\frac{\mathrm{d}}{\mathrm{d}x}\left(\frac{\partial F}{\partial \dot{y}}\right)-\frac{\partial F}{\partial y}=0 \tag{4-69}$$

式(4-69)为著名的欧拉-拉格朗日方程。

对于泛函 $J[y_1,\cdots,y_n]=\int_{x_0}^{x_1}F(x,y_1,\cdots,y_n,\dot{y}_1,\cdots,\dot{y}_n)\mathrm{d}x$，当始端和末端数值给定时，即

$$[\delta y_i(x)]_{x=x_0}=[\delta y_i(x)]_{x=x_1}=0\quad (i=1,\cdots,n) \tag{4-70}$$

泛函 $J[y_1,\cdots,y_n]$ 取得极值的必要条件是它的一级变分为0,即

$$\delta J[y_1,\cdots,y_n]=\sum_{i=1}^{n}\int_{x_0}^{x_1}\left(\frac{\partial F}{\partial y_i}\delta y_i+\frac{\partial F}{\partial \dot{y}_i}\delta \dot{y}_i\right)\mathrm{d}x=0 \tag{4-71}$$

根据式(4-66) ~ 式(4-68),以及式(4-70)、式(4-71),得到

$$\delta J[y_1,\cdots,y_n]=\sum_{i=1}^{n}\int_{x_0}^{x_1}\left(\frac{\partial F}{\partial y_i}-\frac{\mathrm{d}}{\mathrm{d}x}\left(\frac{\partial F}{\partial \dot{y}_i}\right)\right)\delta y_i\mathrm{d}x=0 \tag{4-72}$$

对于互相独立的变量 $y_i(i=1,\cdots,n)$,由于 δy_i 为任意的,所以使式(4-72)成立的条件为[11]

$$\frac{\mathrm{d}}{\mathrm{d}x}\left(\frac{\partial F}{\partial \dot{y}_i}\right)-\frac{\partial F}{\partial y_i}=0\quad(i=1,\cdots,n) \tag{4-73}$$

上述讨论的泛函极值问题中各个变量 $y_i(i=1,\cdots,n)$ 是互相独立的,且没有其他限制条件,为无条件极值问题。

当各个变量 $y_i(i=1,\cdots,n)$ 不是互相独立的时,它们之间相互关联的关系用一些等式表示,此时为条件极值问题。假设有 m 个关联的等式约束条件,如下:

$$\left.\begin{array}{c}f_1(x,y_1,\cdots,y_n,\dot{y}_1,\cdots,\dot{y}_n)=0\\ \vdots \\ f_m(x,y_1,\cdots,y_n,\dot{y}_1,\cdots,\dot{y}_n)=0\end{array}\right\} \tag{4-74}$$

此时采用拉格朗日算子来解决此问题[12]。构造新的泛函如下:[12]

$$\begin{aligned}J_1[y_1,\cdots,y_n]=&\int_{x_0}^{x_1}F(x,y_1,\cdots,y_n,\dot{y}_1,\cdots,\dot{y}_n)\,\mathrm{d}x+\\ &\sum_{i=1}^{m}\int_{x_0}^{x_1}\lambda_i f_i(x,y_1,\cdots,y_n,\dot{y}_1,\cdots,\dot{y}_n)\,\mathrm{d}x=\\ &\int_{x_0}^{x_1}F_1(x,y_1,\cdots,y_n,\dot{y}_1,\cdots,\dot{y}_n)\,\mathrm{d}x\end{aligned} \tag{4-75}$$

式中,$\lambda_i(i=1,\cdots,m)$ 为参数,另外

$$F_1(x,y_1,\cdots,y_n,\dot{y}_1,\cdots,\dot{y}_n)=F(x,y_1,\cdots,y_n,\dot{y}_1,\cdots,\dot{y}_n)+\sum_{i=1}^{m}\lambda_i f_i(x,y_1,\cdots,y_n,\dot{y}_1,\cdots,\dot{y}_n) \tag{4-76}$$

泛函 $J_1[y_1,\cdots,y_n]$ 取得极值的必要条件是它的一级变分为0,即

$$\delta J_1[y_1,\cdots,y_n]=\sum_{i=1}^{n}\int_{x_0}^{x_1}\left(\frac{\partial F_1}{\partial y_i}\delta y_i+\frac{\partial F_1}{\partial \dot{y}_i}\delta \dot{y}_i\right)\mathrm{d}x=0 \tag{4-77}$$

与前面推导过程相似,可得到 $\delta J_1[y_1,\cdots,y_n]$ 为

$$\delta J_1[y_1,\cdots,y_n]=\sum_{i=1}^{n}\int_{x_0}^{x_1}\left(\frac{\partial F_1}{\partial y_i}-\frac{\mathrm{d}}{\mathrm{d}x}\left(\frac{\partial F_1}{\partial \dot{y}_i}\right)\right)\delta y_i\mathrm{d}x=0 \tag{4-78}$$

δy_i 为任意的,从而使式(4-78)为0的条件为[11]

$$\frac{\mathrm{d}}{\mathrm{d}x}\left(\frac{\partial F_1}{\partial \dot{y}_i}\right)-\frac{\partial F_1}{\partial y_i}=0\quad(i=1,\cdots,n) \tag{4-79}$$

4.5 动力学中的虚功原理

4.5.1 虚位移

系统运动的形式和为研究运动所选取的方法都依赖于约束的性质，因此必须研究和区分约束的类型[13]。本节先简单介绍一下约束的分类，具体的请参阅专著《高等分析力学》[13] 和 *Classical Dynamics*[14]。

几何约束：假设系统的姿态可以用 n 个广义坐标 $q_1, q_2, \cdots, q_n$ 表示，若系统的约束可以用下面的 k 个互相独立的方程表示[14]，即

$$\phi_j(q_1, q_2, \cdots, q_n, t) = 0 \quad (j = 1, \cdots, k) \tag{4-80}$$

即可用坐标和时间如式(4－80)表示的约束，叫作几何约束[13]。

微分约束：假设系统的姿态可以用 n 个广义坐标 $q_1, q_2, \cdots, q_n$ 和广义速度 $\dot{q}_1, \dot{q}_2, \cdots, \dot{q}_n$ 表示，若系统的约束可以用下面的 k 个互相独立的方程表示：[14]

$$\phi_j(q_1, q_2, \cdots, q_n, \dot{q}_1, \dot{q}_2, \cdots, \dot{q}_n, t) = 0 \quad (j = 1, \cdots, k) \tag{4-81}$$

即可用式(4－81)表示的约束，叫作微分约束[13]。

几何约束和可积分的微分约束称为完整约束[13]。

不可积分的微分约束称为非完整约束[13]。

带有非完整约束的力学系统称为非完整系统[13]。

如果时间 t 不明显地出现于约束方程中，则称为定常约束，否则称为非定常约束[13]。

在完整系统和非完整系统分析力学中，都广泛地应用虚位移的概念[13]。

虚位移：在给定的固定时刻为加在一个系统中的约束所允许的假想的无限小位移，称为系统的虚位移[14]。q_n 的虚位移用 δq_n 表示。

对于完整约束式(4－80)求全微分，得到

$$\mathrm{d}\phi_j = \sum_{i=1}^{n} \frac{\partial \phi_j}{\partial q_i} \mathrm{d}q_i + \frac{\partial \phi_j}{\partial t} \mathrm{d}t = 0 \quad (j = 1, \cdots, k) \tag{4-82}$$

由于虚位移为固定时刻假想的无限小位移，所以式(4－82)用虚位移表示时要去掉含有时间的项[14]，得到

$$\delta \phi_j = \sum_{i=1}^{n} \frac{\partial \phi_j}{\partial q_i} \delta q_i = 0 \quad (j = 1, \cdots, k) \tag{4-83}$$

假设非完整约束系统的 k 个约束可以表示为下面的式子[14]：

$$\sum_{i=1}^{n} a_{ji} \mathrm{d}q_i + a_{jt} \mathrm{d}t = 0 \quad (j = 1, \cdots, k) \tag{4-84}$$

则此非完整约束系统的虚位移要满足下面 k 个等式关系[14]：

$$\sum_{i=1}^{n} a_{ji} \delta q_i = 0 \quad (j = 1, \cdots, k) \tag{4-85}$$

由式(4-82)与式(4-83)得:当$\frac{\partial \phi_j}{\partial t}=0,(j=1,\cdots,k)$时,完整约束系统的实位移与虚位移才相等[14]。

由式(4-84)与式(4-85)得:当$a_{jt}=0,(j=1,\cdots,k)$时,非完整约束系统的实位移与虚位移才相等[14]。

由于实际中一般不满足这些条件,所以虚位移一般不是实位移[14]。

4.5.2 动力学中的虚功原理

在满足约束条件下,在系统任何虚位移上的虚功之和恒等于零的双面约束为理想约束[13](无功约束,workless constraint)[14]。刚性连接、在一光滑平面上移动、无滚动摩阻情况下刚体沿支承面作纯滚动,这些情况下的约束都为理想约束[14]。虚功原理也叫虚位移原理,是静力学的普遍原理[13]。把达朗贝尔原理和虚功原理结合,就得到了动力学虚功原理。

对于 N 个质点的系统,所有力在任意虚位移下所做的虚功之和为零,即有[14]

$$\delta W=\sum_{i=1}^{n}(\boldsymbol{F}_i+\boldsymbol{R}_i+(-m_i\boldsymbol{a}_i))\cdot\delta\boldsymbol{r}_i=0 \tag{4-86}$$

式中,$\boldsymbol{F}_i$ 表示作用于质点i上的主动作用力;$\boldsymbol{R}_i$ 表示作用于质点i上的约束力;$(-m_i\boldsymbol{a}_i)$ 表示作用于质点 i 上的惯性力。

假设 $\boldsymbol{R}_i$ 为理想约束力,且选择 $\delta\boldsymbol{r}_i$ 是与约束一致的可逆虚位移,则有 $\sum_{i=1}^{n}\boldsymbol{R}_i\cdot\delta\boldsymbol{r}_i=0$,从而有[14]

$$\delta W=\sum_{i=1}^{n}(\boldsymbol{F}_i+(-m_i\boldsymbol{a}_i))\cdot\delta\boldsymbol{r}_i=0 \tag{4-87}$$

式(4-87)为质点系的动力学虚功原理。

对于刚体,当把惯性力和惯性力矩作用在质心处时,对刚体进行动力学分析可以利用静力学中利用力和力矩求和求平衡的方法来求解动力学问题。此时多刚体系统的动力学虚功原理表达式如下:

$$\delta W=\sum_{i=1}^{K}({}^A\boldsymbol{F}_{Ci}^{*}\cdot\delta{}^A\boldsymbol{r}_{Ci}+{}^A\boldsymbol{M}_{Ci}^{*}\cdot\delta{}^A\boldsymbol{\theta}_{Ci})+\sum_{j}{}^A\boldsymbol{F}_j\cdot\delta{}^A\boldsymbol{r}_j+\sum_{n}{}^A\boldsymbol{M}_n\cdot\delta{}^A\boldsymbol{\theta}_n=0 \tag{4-88}$$

式中,K 表示多刚体系统有 K 个刚体;${}^A\boldsymbol{F}_{Ci}^{*}$ 表示作用于第i个刚体质心处的惯性力;${}^A\boldsymbol{M}_{Ci}^{*}$ 表示作用于第i个刚体质心处的惯性力矩;$\delta{}^A\boldsymbol{r}_{Ci}$ 表示第i个刚体质心处的虚位移;$\delta{}^A\boldsymbol{\theta}_{Ci}$ 表示第i个刚体质心处的虚角位移;${}^A\boldsymbol{F}_j$ 表示第 j 个主动力;$\delta{}^A\boldsymbol{r}_j$ 表示第 j 个主动力作用点处的虚位移;${}^A\boldsymbol{M}_n$ 表示第n个主动力矩;$\delta{}^A\boldsymbol{\theta}_n$ 表示第n个主动力矩作用处的虚角位移。式(4-88)中各项左上标 A 表示都是在惯性坐标系$\{A\}$中表示的。

由于选择合适的虚拟运动可能会出现问题,并且惯性力耦合系统的出现为符号错误提供了大量机会等，所以动力学虚功原理未得到广泛采用[15]。

4.6　拉格朗日方程

4.6.1　动能

对于质点，它的动能 T 为

$$T=\frac{1}{2}m\boldsymbol{v}^2 \tag{4-89}$$

对于单刚体，它的动能为

$$T=\int\frac{1}{2}\,{}^A\boldsymbol{v}_{Ai}^2\,\mathrm{d}m \tag{4-90}$$

根据图 4-1，由式(2-59) 可知

$${}^A\boldsymbol{v}_{Ai}={}^A\boldsymbol{v}_C+{}^A\boldsymbol{\omega}_B\times{}^A\boldsymbol{r}_{Ci} \tag{4-91}$$

把式(4-91) 代入式(4-90) 得

$$\begin{aligned}T=&\int\frac{1}{2}({}^A\boldsymbol{v}_C+{}^A\boldsymbol{\omega}_B\times{}^A\boldsymbol{r}_{Ci})\cdot({}^A\boldsymbol{v}_C+{}^A\boldsymbol{\omega}_B\times{}^A\boldsymbol{r}_{Ci})\,\mathrm{d}m=\\&\frac{1}{2}m{}^A\boldsymbol{v}_C\cdot{}^A\boldsymbol{v}_C+\int{}^A\boldsymbol{v}_C\cdot({}^A\boldsymbol{\omega}_B\times{}^A\boldsymbol{r}_{Ci})\,\mathrm{d}m+\int\frac{1}{2}({}^A\boldsymbol{\omega}_B\times{}^A\boldsymbol{r}_{Ci})\cdot({}^A\boldsymbol{\omega}_B\times{}^A\boldsymbol{r}_{Ci})\,\mathrm{d}m\end{aligned} \tag{4-92}$$

$$\int{}^A\boldsymbol{v}_C\cdot({}^A\boldsymbol{\omega}_B\times{}^A\boldsymbol{r}_{Ci})\,\mathrm{d}m={}^A\boldsymbol{v}_C\cdot\left({}^A\boldsymbol{\omega}_B\times\int{}^A\boldsymbol{r}_{Ci}\,\mathrm{d}m\right)=\boldsymbol{0}_{3\times1} \tag{4-93}$$

$$\begin{aligned}\int({}^A\boldsymbol{\omega}_B\times{}^A\boldsymbol{r}_{Ci})\cdot({}^A\boldsymbol{\omega}_B\times{}^A\boldsymbol{r}_{Ci})\,\mathrm{d}m=&{}^A\boldsymbol{\omega}_B\cdot({}^A\boldsymbol{r}_{Ci}\times({}^A\boldsymbol{\omega}_B\times{}^A\boldsymbol{r}_{Ci}))=\\&{}^A\boldsymbol{\omega}_B\cdot(({}^A\boldsymbol{r}_{Ci}\cdot{}^A\boldsymbol{r}_{Ci}){}^A\boldsymbol{\omega}_B-({}^A\boldsymbol{\omega}_B\cdot{}^A\boldsymbol{r}_{Ci}){}^A\boldsymbol{r}_{Ci})=\\&{}^A\boldsymbol{\omega}_B\cdot({}^A\boldsymbol{I}_C{}^A\boldsymbol{\omega}_B)\end{aligned} \tag{4-94}$$

把式(4-94) 和式(4-93) 代入式(4-92) 可得

$$T=\frac{1}{2}m{}^A\boldsymbol{v}_C\cdot{}^A\boldsymbol{v}_C+\frac{1}{2}\,{}^A\boldsymbol{\omega}_B\cdot({}^A\boldsymbol{I}_C{}^A\boldsymbol{\omega}_B) \tag{4-95}$$

对于 n 个刚体组成的多刚体系统，系统的动能为各个刚体动能之和，即为

$$T=\sum_{i=1}^{n}\left(\frac{1}{2}m{}^A\boldsymbol{v}_{Ci}\cdot{}^A\boldsymbol{v}_{Ci}+\frac{1}{2}\,{}^A\boldsymbol{\omega}_{Bi}\cdot({}^A\boldsymbol{I}_{Ci}{}^A\boldsymbol{\omega}_{Bi})\right) \tag{4-96}$$

式中，${}^A\boldsymbol{v}_{Ci}$ 表示第 i 个刚体质心的速度矢量，是在坐标系$\{A\}$表示的；${}^A\boldsymbol{\omega}_{Bi}$ 表示第 i 个刚体的转动速度矢量，是在坐标系$\{A\}$表示的；${}^A\boldsymbol{I}_{Ci}$ 表示第 i 个刚体相对自身质心的惯性矩阵，是在坐标系$\{A\}$表示的。

若另任取一坐标系$\{D\}$，则由式(4-49) 和第 2 章的内容可知

$$\left.\begin{aligned}{}^{D}\boldsymbol{v}_{Ci}&={}^{D}\boldsymbol{R}_{A}{}^{A}\boldsymbol{v}_{Ci}\\{}^{D}\boldsymbol{\omega}_{Bi}&={}^{D}\boldsymbol{R}_{A}{}^{A}\boldsymbol{\omega}_{Bi}\\{}^{D}\boldsymbol{I}_{Ci}&={}^{D}\boldsymbol{R}_{A}{}^{A}\boldsymbol{I}_{Ci}{}^{D}\boldsymbol{R}_{A}^{\mathrm{T}}\end{aligned}\right\}\tag{4-97}$$

式中，${}^{D}\boldsymbol{R}_{A}$ 表示从坐标系$\{A\}$到坐标系$\{D\}$的旋转矩阵，即

$$\left.\begin{aligned}{}^{A}\boldsymbol{v}_{Ci}&={}^{D}\boldsymbol{R}_{A}^{T}{}^{D}\boldsymbol{v}_{Ci}\\{}^{A}\boldsymbol{\omega}_{Bi}&={}^{D}\boldsymbol{R}_{A}^{T}{}^{D}\boldsymbol{\omega}_{Bi}\\{}^{A}\boldsymbol{I}_{Ci}&={}^{D}\boldsymbol{R}_{A}^{T}{}^{D}\boldsymbol{I}_{Ci}{}^{D}\boldsymbol{R}_{A}\end{aligned}\right\}\tag{4-98}$$

将式(4-98)代入式(4-96)得

$$T=\sum_{i=1}^{n}\left(\frac{1}{2}m^{D}\boldsymbol{v}_{Ci}\cdot{}^{D}\boldsymbol{v}_{Ci}+\frac{1}{2}{}^{D}\boldsymbol{\omega}_{Bi}\cdot({}^{D}\boldsymbol{I}_{Ci}{}^{D}\boldsymbol{\omega}_{Bi})\right)\tag{4-99}$$

由上面分析可知：多刚体系统的动能求解与坐标系的选取无关，只要各矢量都是在同一个坐标系中表示即可。

4.6.2 拉格朗日方程

拉格朗日于 1788 年发表了 *Mécanique Analytique*（1811 年版本由 Boissonnade 和 Vagkuebte 翻译成英文[16]）。

拉格朗日方程与牛顿方程相比有两个主要的优点[17]：

(1)拉格朗日方程在任何坐标系中的形式都是一样的；

(2)对于有约束的系统，拉格朗日方程消除了约束力，从而不需要求取约束力。拉格朗日函数 L 定义如下：

$$L=T-U\tag{4-100}$$

式中，T 为系统的动能；U 为系统的势能。

力学系统的作用函数 S 定义为

$$S=\int_{t_1}^{t_2}L\mathrm{d}t\tag{4-101}$$

哈密顿原理：对于一个受理想、完整约束的力学系统，在保守力的作用下从一个位形移动到另一个位形，对于在相同时间内发生的一切可能运动中，只有沿 t_1 到 t_2 的轨道运动的作用函数 S 具有极值。即对真实运动来说，作用函数的变分 δS 为零[13,17-18]。

假设力学系统的拉格朗日函数 L 为相互独立的广义坐标 $q_1,\cdots,q_n$ 的表达式，从而有

$$\delta S=\delta\int_{t_1}^{t_2}L(q_1,\cdots,q_n,\dot{q}_1,\cdots,\dot{q}_n,t)\,\mathrm{d}t=0\tag{4-102}$$

根据式(4-73)得到 δS 为 0 的条件为

$$\frac{\mathrm{d}}{\mathrm{d}t}\left(\frac{\partial L}{\partial\dot{q}_i}\right)-\frac{\partial L}{\partial q_i}=0\quad(i=1,\cdots,n)\tag{4-103}$$

式(4-103)即为受理想、完整约束的力学系统在保守力作用下的拉格朗日方程。

对于在保守力的作用下受理想、完整约束的力学系统，若 n 个广义坐标 $q_1,q_2,\cdots,q_n$ 不是

互相独立的，它们之间的约束可用几何约束式(4－80)表示时，则可采用拉格朗日算子来解决此问题[12]。构造新的泛函如下[12]：

$$S_1=\int_{t_1}^{t_2}L(q_1,\cdots,q_n,\dot{q}_1,\cdots,\dot{q}_n,t)\,\mathrm{d}t+\sum_{j=1}^{k}\int_{t_1}^{t_2}\lambda_j\phi_j(q_1,q_2,\cdots,q_n,t)\,\mathrm{d}t=$$
$$\int_{t_1}^{t_2}L_1(q_1,\cdots,q_n,\dot{q}_1,\cdots,\dot{q}_n,t)\,\mathrm{d}t \tag{4-104}$$

根据式(4－79)得到 δS_1 为 0 的条件为

$$\frac{\mathrm{d}}{\mathrm{d}t}\left(\frac{\partial L_1}{\partial\dot{q}_i}\right)-\frac{\partial L_1}{\partial q_i}=0\quad(i=1,\cdots,n) \tag{4-105}$$

把式(4－104)代入式(4－105)得到

$$\frac{\mathrm{d}}{\mathrm{d}t}\left(\frac{\partial L}{\partial\dot{q}_i}\right)-\frac{\partial L}{\partial q_i}=\sum_{j=1}^{k}\lambda_j\frac{\partial\phi_j(q_1,q_2,\cdots,q_n,t)}{\partial q_i}\quad(i=1,\cdots,n) \tag{4-106}$$

对于在保守力的作用下受理想、完整约束的力学系统，若 n 个广义坐标 $q_1,q_2,\cdots,q_n$ 不是互相独立的，当它们之间的约束可用微分约束式(4－81)表示时，采用拉格朗日算子来解决此问题[12]。构造新的泛函如下[12]：

$$S_1=\int_{t_1}^{t_2}L(q_1,\cdots,q_n,\dot{q}_1,\cdots,\dot{q}_n,t)\,\mathrm{d}t+\sum_{j=1}^{k}\int_{t_1}^{t_2}\lambda_j\phi_j(q_1,\cdots,q_n,\dot{q}_1,\cdots,\dot{q}_n,t)\,\mathrm{d}t=$$
$$\int_{t_1}^{t_2}L_1(q_1,\cdots,q_n,\dot{q}_1,\cdots,\dot{q}_n,t)\,\mathrm{d}t \tag{4-107}$$

根据式(4－79)得到 δS_1 为 0 的条件为

$$\frac{\mathrm{d}}{\mathrm{d}t}\left(\frac{\partial L_1}{\partial\dot{q}_i}\right)-\frac{\partial L_1}{\partial q_i}=0\quad(i=1,\cdots,n) \tag{4-108}$$

将式(4－107)代入式(4－108)得到

$$\frac{\mathrm{d}}{\mathrm{d}t}\left(\frac{\partial L}{\partial\dot{q}_i}\right)-\frac{\partial L}{\partial q_i}+\sum_{j=1}^{k}\lambda_j\frac{\mathrm{d}}{\mathrm{d}t}\left(\frac{\partial\phi_j(q_1,\cdots,q_n,\dot{q}_1,\cdots,\dot{q}_n,t)}{\partial\dot{q}_i}\right)=$$
$$\sum_{j=1}^{k}\lambda_j\frac{\partial\phi_j(q_1,\cdots,q_n,\dot{q}_1,\cdots,\dot{q}_n,t)}{\partial q_i}\quad(i=1,\cdots,n) \tag{4-109}$$

哈密顿原理是最小作用原理应用于力学系统中的一个例子，关于最小作用原理更广泛的论述，请参阅文献[19]～[21]。

上面拉格朗日方程是通过变分法得到的，当然也可以通过其他方法得到。下面将进行推导。

在单个刚体中(见图 4－1)，微小质量块 $\mathrm{d}m_i$ 的位置矢量 ${}^A\boldsymbol{r}_i$ 为 n 个互相独立的广义坐标 $q_1,\cdots,q_n$ 的表达式，有

$${}^A\boldsymbol{r}_i(t)={}^A\boldsymbol{r}_i(q_1(t),q_2(t),\cdots,q_n(t),t) \tag{4-110}$$

式(4－110)对时间求导，得

$${}^A\boldsymbol{v}_i(t)={}^A\dot{\boldsymbol{r}}_i(t)=\sum_{j=1}^{n}\frac{\partial{}^A\boldsymbol{r}_i}{\partial q_j}\dot{q}_j+\frac{\partial{}^A\boldsymbol{r}_i}{\partial t} \tag{4-111}$$

由于式中第二项与 $\dot{q}_j$ 无关，从而有

$$\frac{\partial^A \boldsymbol{v}_i}{\partial \dot{q}_j} = \frac{\partial^A \boldsymbol{r}_i}{\partial q_j} \tag{4-112}$$

微小质量块 $\mathrm{d}m_i$ 的动能 $\mathrm{d}T_i$ 为

$$\mathrm{d}T_i = \frac{1}{2}\,{}^A\boldsymbol{v}_i \cdot {}^A\boldsymbol{v}_i \mathrm{d}m_i \tag{4-113}$$

整个刚体的动能 T 为

$$T = \int \frac{1}{2}\,{}^A\boldsymbol{v}_i \cdot {}^A\boldsymbol{v}_i \mathrm{d}m \tag{4-114}$$

一般情况下，T 与 q_j 和 $\dot{q}_j$ 都有关，从而有

$$\frac{\partial T}{\partial q_j} = \frac{\partial \int \frac{1}{2}\,{}^A\boldsymbol{v}_i \cdot {}^A\boldsymbol{v}_i \mathrm{d}m}{\partial q_j} = \int {}^A\boldsymbol{v}_i \cdot \frac{\partial^A \boldsymbol{v}_i}{\partial q_j} \mathrm{d}m \tag{4-115}$$

$$\frac{\partial T}{\partial \dot{q}_j} = \frac{\partial \int \frac{1}{2}\,{}^A\boldsymbol{v}_i \cdot {}^A\boldsymbol{v}_i \mathrm{d}m}{\partial \dot{q}_j} = \int {}^A\boldsymbol{v}_i \cdot \frac{\partial^A \boldsymbol{v}_i}{\partial \dot{q}_j} \mathrm{d}m \tag{4-116}$$

把式(4－112)代入式(4－116)，得

$$\frac{\partial T}{\partial \dot{q}_j} = \int {}^A\boldsymbol{v}_i \cdot \frac{\partial^A \boldsymbol{r}_i}{\partial q_j} \mathrm{d}m \tag{4-117}$$

式(4－117)对时间 t 求导得

$$\frac{\mathrm{d}}{\mathrm{d}t}\left(\frac{\partial T}{\partial \dot{q}_j}\right) = \int {}^A\dot{\boldsymbol{v}}_i \cdot \frac{\partial^A \boldsymbol{r}_i}{\partial q_j} \mathrm{d}m + \int {}^A\boldsymbol{v}_i \cdot \frac{\partial^A \dot{\boldsymbol{r}}_i}{\partial q_j} \mathrm{d}m \tag{4-118}$$

把式(4－115)代入式(4－118)，得

$$\frac{\mathrm{d}}{\mathrm{d}t}\left(\frac{\partial T}{\partial \dot{q}_j}\right) = \int {}^A\dot{\boldsymbol{v}}_i \cdot \frac{\partial^A \boldsymbol{r}_i}{\partial q_j} \mathrm{d}m + \frac{\partial T}{\partial q_j} \tag{4-119}$$

由式(4－119)得

$$\frac{\mathrm{d}}{\mathrm{d}t}\left(\frac{\partial T}{\partial \dot{q}_j}\right) - \frac{\partial T}{\partial q_j} = \int {}^A\dot{\boldsymbol{v}}_i \cdot \frac{\partial^A \boldsymbol{r}_i}{\partial q_j} \mathrm{d}m \tag{4-120}$$

把式(4－8)代入式(4－120)，得

$$\frac{\mathrm{d}}{\mathrm{d}t}\left(\frac{\partial T}{\partial \dot{q}_j}\right) - \frac{\partial T}{\partial q_j} = \sum_i \left({}^A\boldsymbol{F}_i \cdot \frac{\partial^A \boldsymbol{r}_i}{\partial q_j}\right) + \iint \mathrm{d}^A\boldsymbol{F}_{ij} \cdot \frac{\partial^A \boldsymbol{r}_i}{\partial q_j} \tag{4-121}$$

根据刚体中内力之和为零，即把式(4－10)代入式(4－121)，得

$$\frac{\mathrm{d}}{\mathrm{d}t}\left(\frac{\partial T}{\partial \dot{q}_j}\right) - \frac{\partial T}{\partial q_j} = \boldsymbol{Q}_j \tag{4-122}$$

式中，$\boldsymbol{Q}_j$ 为广义力，即

$$\boldsymbol{Q}_j = \sum_i \left({}^A\boldsymbol{F}_i \cdot \frac{\partial^A \boldsymbol{r}_i}{\partial q_j}\right) \tag{4-123}$$

式中，${}^A\boldsymbol{r}_i$ 表示外力 ${}^A\boldsymbol{F}_i$ 作用点的位置矢量(都是在坐标系 A 中表示的)。

把式(4－112)代入式(4－123)中得

$$Q_j = \sum_i \left({}^A\boldsymbol{F}_i \cdot \frac{\partial {}^A\boldsymbol{v}_i}{\partial \dot{q}_j} \right) \tag{4-124}$$

式中，${}^A\boldsymbol{v}_i$ 表示外力${}^A\boldsymbol{F}_i$ 作用点的速度矢量(都是在坐标系 A 中表示的)。

对于多刚体系统，由于刚体与刚体之间的作用力与反作用力并不对整个系统做功，是系统的内力。依据上面的推导过程，可得

$$\frac{\mathrm{d}}{\mathrm{d}t}\left(\frac{\partial T}{\partial \dot{q}_j}\right) - \frac{\partial T}{\partial q_j} = \boldsymbol{Q}_j \tag{4-125}$$

式中，T 为整个多刚体系统的动能之和；$\boldsymbol{Q}_j = \sum_i \left({}^A\boldsymbol{F}_i \cdot \frac{\partial {}^A\boldsymbol{v}_i}{\partial \dot{q}_j} \right)$ 为整个多刚体系统所有主动力产生的广义力。

若作用于多刚体系统上的主动力${}^A\boldsymbol{F}_i$ 为保守力(如重力)，可通过势能函数 U_i 求得保守力的广义力，此时有[22-23]

$${}^A\boldsymbol{F}_i \cdot \frac{\partial {}^A\boldsymbol{v}_i}{\partial \dot{q}_j} = -\frac{\partial U_i}{\partial \dot{q}_j} \tag{4-126}$$

从而有

$$\boldsymbol{Q}_j = -\frac{\partial U}{\partial \dot{q}_j} \tag{4-127}$$

式中，U 表示整个系统的势能函数之和，有

$$U = \sum_j U_j \tag{4-128}$$

把式(4－127)代入式(4－125)，得

$$\frac{\mathrm{d}}{\mathrm{d}t}\left(\frac{\partial (T-U)}{\partial \dot{q}_j}\right) - \frac{\partial (T-U)}{\partial q_j} = 0 \tag{4-129}$$

由拉格朗日函数 L 的定义(式(4－100))，得

$$\frac{\mathrm{d}}{\mathrm{d}t}\left(\frac{\partial L}{\partial \dot{q}_j}\right) - \frac{\partial L}{\partial q_j} = 0 \tag{4-130}$$

式(4－130)为所有主动力为保守力多刚体系统的拉格朗日方程。

对于含有非保守力的多刚体系统，拉格朗日方程为[22]

$$\frac{\mathrm{d}}{\mathrm{d}t}\left(\frac{\partial L}{\partial \dot{q}_j}\right) - \frac{\partial L}{\partial q_j} = \boldsymbol{Q}'_j \tag{4-131}$$

式中，$\boldsymbol{Q}'_j$ 表示为非保守力的所有主动力产生的广义力。

当 n 个广义坐标 $q_1, q_2, \cdots, q_n$ 不是互相独立的，且它们之间的约束可用几何约束式(4－80)表示时，结合式(4－106)得到此多刚体系统的拉格朗日方程为

$$\frac{\mathrm{d}}{\mathrm{d}t}\left(\frac{\partial L}{\partial \dot{q}_i}\right) - \frac{\partial L}{\partial q_i} = \boldsymbol{Q}'_i + \sum_{j=1}^{k} \lambda_j \frac{\partial \phi_j(q_1, q_2, \cdots, q_n, t)}{\partial q_i} \quad (i = 1, \cdots, n) \tag{4-132}$$

若 n 个广义坐标 $q_1, q_2, \cdots, q_n$ 不是互相独立的，且它们之间的约束可用微分约束式(4－81)

表示时，结合式(4－109)得到此多刚体系统的拉格朗日方程为

$$\frac{\mathrm{d}}{\mathrm{d}t}\left(\frac{\partial L}{\partial \dot{q}_i}\right)-\frac{\partial L}{\partial q_i}+\sum_{j=1}^{k}\lambda_j\frac{\mathrm{d}}{\mathrm{d}t}\left(\frac{\partial \phi_j(q_1,\cdots,q_n,\dot{q}_1,\cdots,\dot{q}_n,t)}{\partial \dot{q}_i}\right)=$$

$$Q'_i+\sum_{j=1}^{k}\lambda_j\frac{\partial \phi_j(q_1,\cdots,q_n,\dot{q}_1,\cdots,\dot{q}_n,t)}{\partial q_i}\quad(i=1,\cdots,n)\qquad(4-133)$$

4.7 凯恩方法

凯恩方法是斯坦福大学(Stanford University)教授 Kane 提出的一种建立系统动力学方程的方法。其特点是以伪速度作为独立变量来描述系统的运动，既适用于完整系统，也适用于非完整系统。在建立动力学方程中不出现理想约束反力，也不必计算动能等动力学函数及其导数，推导计算规格化，便于使用计算机[24-26]。与拉格朗日方程相比，对于非完整系统，凯恩方法不需要引入拉格朗日算子[26]。当用凯恩方法来建立动力学方程式时，由于虚功原理的不确定性，Kane 教授避免采用虚功原理，特别是对三维转动系统的分析时[26]。Kane 教授在[27]中也指出："对于那些认为虚功原理是一个定义不明确、朦胧的，是一个有异议概念的人来说，这种差异是显著的，它使凯恩的方法优于 Gibbs 方法。"

Kane 教授在提出凯恩方程的过程中，并没有应用虚功原理，而是把主动力和惯性力向偏速度方向投影得到动力学方程的，详细的过程请查看文献[28]～[31]。

首先介绍几个重要的概念[28]。

在惯性坐标系$\{A\}$中，对于完整约束的单刚体 B 的位姿可以 n 个互相独立的广义坐标 $q_1,\cdots,q_n$ 表示。刚体 B 在坐标系$\{A\}$中的角速度矢量${}^A\boldsymbol{\omega}_B$ 和刚体上 P 点的平移速度矢量${}^A\boldsymbol{v}_P$ 可以用广义速度$\dot{q}_1,\cdots,\dot{q}_n$ 表示，也可以用伪速度(Kane 叫作广义速度，generalized speeds[28]，国内一般叫作伪速度) $u_1,\cdots,u_n$ 表示。

伪速度 $u_r(r=1,\cdots,n)$ 的定义如下[28]：

$$u_r=\sum_{s=1}^{n}Y_{rs}\dot{q}_s+Z_r\quad(r=1,\cdots,n)\qquad(4-134)$$

式中，Y_{rs} 和 Z_r 是广义坐标 $q_1,\cdots,q_n$ 和时间 t 的函数。它们的选取必须满足通过式(4－134)可得到广义速度 $\dot{q}_1,\cdots,\dot{q}_n$ 的唯一解[28]。

式(4－134)中的伪速度 $u_r(r=1,\cdots,n)$ 可以选取为多个广义速度的组合，也可以选取 $u_r=\dot{q}_r(r=1,\cdots,n)$。本节只讨论 $u_r=\dot{q}_r(r=1,\cdots,n)$ 受完整约束的多刚体力学系统的情况，其他情况请查阅文献[28]和[29]。

对于受完整约束的单刚体动力学系统，${}^A\boldsymbol{\omega}_B$ 和${}^A\boldsymbol{v}_P$ 可以分别表示为[28,32]

$${}^A\boldsymbol{v}_P=\sum_{r=1}^{n}{}^A\boldsymbol{v}_{Pr}\dot{q}_r+{}^A\boldsymbol{v}_{Pt}\qquad(4-135)$$

$${}^A\boldsymbol{\omega}_B=\sum_{r=1}^{n}{}^A\boldsymbol{\omega}_{Br}\dot{q}_r+{}^A\boldsymbol{\omega}_{Bt}\qquad(4-136)$$

式中[32]

$$ {}^{A}\boldsymbol{v}_{Pr}=\frac{\partial^{A}\boldsymbol{v}_{P}}{\partial\dot{q}_{r}} \tag{4-137} $$

$$ {}^{A}\boldsymbol{\omega}_{Br}=\frac{\partial^{A}\boldsymbol{\omega}_{B}}{\partial\dot{q}_{r}} \tag{4-138} $$

${}^{A}\boldsymbol{v}_{Pr}$ 叫作在惯性坐标系$\{A\}$中 P 点的第 r 个完整偏速度矢量；${}^{A}\boldsymbol{\omega}_{Br}$ 叫作在惯性坐标系$\{A\}$中刚体 B 的第 r 个完整偏角速度矢量[28]。${}^{A}\boldsymbol{v}_{Pr}$，${}^{A}\boldsymbol{\omega}_{Br}$，${}^{A}\boldsymbol{v}_{Pt}$ 和${}^{A}\boldsymbol{\omega}_{Bt}$ 是广义坐标 $q_1,\cdots,q_n$ 和时间 t 的函数[28]。

式(4－8)两边向偏速度${}^{A}\boldsymbol{v}_{ir}$ $(r=1,\cdots,n)$ 的方向投影，得

$$ \mathrm{d}^{A}\boldsymbol{F}_{i}\cdot{}^{A}\boldsymbol{v}_{ir}+\int\mathrm{d}^{A}\boldsymbol{F}_{ij}\cdot{}^{A}\boldsymbol{v}_{ir}-{}^{A}\ddot{\boldsymbol{r}}_{i}\mathrm{d}m_{i}\cdot{}^{A}\boldsymbol{v}_{ir}=0 \tag{4-139} $$

式中，偏速度${}^{A}\boldsymbol{v}_{ir}$ 为

$$ {}^{A}\boldsymbol{v}_{ir}=\frac{\partial^{A}\boldsymbol{v}_{i}}{\partial\dot{q}_{r}} \tag{4-140} $$

将式(4－140)代入式(4－139)中得

$$ \mathrm{d}^{A}\boldsymbol{F}_{i}\cdot\frac{\partial^{A}\boldsymbol{v}_{i}}{\partial\dot{q}_{r}}+\int\mathrm{d}^{A}\boldsymbol{F}_{ij}\cdot\frac{\partial^{A}\boldsymbol{v}_{i}}{\partial\dot{q}_{r}}-{}^{A}\ddot{\boldsymbol{r}}_{i}\mathrm{d}m_{i}\cdot\frac{\partial^{A}\boldsymbol{v}_{i}}{\partial\dot{q}_{r}}=0 \tag{4-141} $$

式(4－141)对整个刚体进行积分，得

$$ \sum_{i}{}^{A}\boldsymbol{F}_{i}\cdot\frac{\partial^{A}\boldsymbol{v}_{i}}{\partial\dot{q}_{r}}+\iint\mathrm{d}^{A}\boldsymbol{F}_{ij}\cdot\frac{\partial^{A}\boldsymbol{v}_{i}}{\partial\dot{q}_{r}}-\int{}^{A}\ddot{\boldsymbol{r}}_{i}\cdot\frac{\partial^{A}\boldsymbol{v}_{i}}{\partial\dot{q}_{r}}\mathrm{d}m=0 \tag{4-142} $$

由于${}^{A}\boldsymbol{F}_{ij}$ 是内力，有

$$ \iint\mathrm{d}^{A}\boldsymbol{F}_{ij}\cdot\frac{\partial^{A}\boldsymbol{v}_{i}}{\partial\dot{q}_{r}}=0 \tag{4-143} $$

式(4－142)变为

$$ \sum_{i}{}^{A}\boldsymbol{F}_{i}\cdot\frac{\partial^{A}\boldsymbol{v}_{i}}{\partial\dot{q}_{r}}-\int{}^{A}\ddot{\boldsymbol{r}}_{i}\cdot\frac{\partial^{A}\boldsymbol{v}_{i}}{\partial\dot{q}_{r}}\mathrm{d}m=0 \tag{4-144} $$

式(4－26)对时间求导，得

$$ {}^{A}\boldsymbol{v}_{i}={}^{A}\dot{\boldsymbol{r}}_{i}={}^{A}\boldsymbol{v}_{C}+{}^{A}\boldsymbol{\omega}_{B}\times{}^{A}\boldsymbol{r}_{Ci} \tag{4-145} $$

把式(4－145)代入式(4－144)得

$$ \sum_{i}{}^{A}\boldsymbol{F}_{i}\cdot\frac{\partial({}^{A}\boldsymbol{v}_{C}+{}^{A}\boldsymbol{\omega}_{B}\times{}^{A}\boldsymbol{r}_{Ci})}{\partial\dot{q}_{r}}-\int{}^{A}\ddot{\boldsymbol{r}}_{i}\cdot\frac{\partial({}^{A}\boldsymbol{v}_{C}+{}^{A}\boldsymbol{\omega}_{B}\times{}^{A}\boldsymbol{r}_{Ci})}{\partial\dot{q}_{r}}\mathrm{d}m=0 \tag{4-146} $$

式(4－146)展开得

$$ \begin{aligned} &\sum_{i}{}^{A}\boldsymbol{F}_{i}\cdot\frac{\partial^{A}\boldsymbol{v}_{C}}{\partial\dot{q}_{r}}+\sum_{i}{}^{A}\boldsymbol{F}_{i}\cdot\frac{\partial^{A}\boldsymbol{\omega}_{B}}{\partial\dot{q}_{r}}\times{}^{A}\boldsymbol{r}_{Ci}+\sum_{i}{}^{A}\boldsymbol{F}_{i}\cdot{}^{A}\boldsymbol{\omega}_{B}\times\frac{\partial^{A}\boldsymbol{r}_{Ci}}{\partial\dot{q}_{r}}-\\ &\int{}^{A}\ddot{\boldsymbol{r}}_{i}\cdot\frac{\partial^{A}\boldsymbol{v}_{C}}{\partial\dot{q}_{r}}\mathrm{d}m-\int{}^{A}\ddot{\boldsymbol{r}}_{i}\cdot\frac{\partial^{A}\boldsymbol{\omega}_{B}}{\partial\dot{q}_{r}}\times{}^{A}\boldsymbol{r}_{Ci}\mathrm{d}m-\int{}^{A}\ddot{\boldsymbol{r}}_{i}\cdot{}^{A}\boldsymbol{\omega}_{B}\times\frac{\partial^{A}\boldsymbol{r}_{Ci}}{\partial\dot{q}_{r}}\mathrm{d}m=0 \end{aligned} \tag{4-147} $$

因为${}^{A}\boldsymbol{r}_{Ci}$ 是位置矢量，与 $\dot{q}_r$ 无关，从而得到

$$\frac{\partial^A \boldsymbol{r}_{Ci}}{\partial \dot{q}_r}=0 \tag{4-148}$$

$$\int {}^A\ddot{\boldsymbol{r}}_i \cdot \frac{\partial^A \boldsymbol{\omega}_B}{\partial \dot{q}_r} \times {}^A\boldsymbol{r}_{Ci}\,\mathrm{d}m=\left(\int {}^A\boldsymbol{r}_{Ci} \times {}^A\ddot{\boldsymbol{r}}_i\,\mathrm{d}m\right) \cdot \frac{\partial^A \boldsymbol{\omega}_B}{\partial \dot{q}_r} \tag{4-149}$$

由式(4－20)、式(4－22)和式(4－43)得

$$\int {}^A\boldsymbol{r}_{Ci} \times {}^A\ddot{\boldsymbol{r}}_i\,\mathrm{d}m=\frac{\mathrm{d}^A\boldsymbol{H}_C}{\mathrm{d}t}={}^A({}^C\boldsymbol{I})\,{}^A\boldsymbol{\alpha}_B+{}^A\boldsymbol{\omega}_B \times ({}^A({}^C\boldsymbol{I})\,{}^A\boldsymbol{\omega}_B) \tag{4-150}$$

由式(2－93)得

$$\int {}^A\ddot{\boldsymbol{r}}_i \cdot \frac{\partial^A \boldsymbol{v}_C}{\partial \dot{q}_r}\mathrm{d}m=\int {}^A\ddot{\boldsymbol{r}}_i\,\mathrm{d}m \cdot \frac{\partial^A \boldsymbol{v}_C}{\partial \dot{q}_r}=m^A\boldsymbol{a}_C \cdot \frac{\partial^A \boldsymbol{v}_C}{\partial \dot{q}_r} \tag{4-151}$$

将式(4－148)、式(4－149)至式(4－151)代入式(4－147)得

$$\begin{aligned}
&\sum_i {}^A\boldsymbol{F}_i \cdot \frac{\partial^A \boldsymbol{v}_C}{\partial \dot{q}_r}+\left(\sum_i {}^A\boldsymbol{r}_{Ci} \times {}^A\boldsymbol{F}_i\right) \cdot \frac{\partial^A \boldsymbol{\omega}_B}{\partial \dot{q}_r}-m^A\boldsymbol{a}_C \cdot \frac{\partial^A \boldsymbol{v}_C}{\partial \dot{q}_r}-\\
&\qquad ({}^A({}^C\boldsymbol{I})\,{}^A\boldsymbol{\alpha}_B+{}^A\boldsymbol{\omega}_B \times ({}^A({}^C\boldsymbol{I})\,{}^A\boldsymbol{\omega}_B)) \cdot \frac{\partial^A \boldsymbol{\omega}_B}{\partial \dot{q}_r}=\\
&\qquad {}^A\boldsymbol{F}_{\mathrm{sum}} \cdot \frac{\partial^A \boldsymbol{v}_C}{\partial \dot{q}_r}+{}^A\boldsymbol{M}_{\mathrm{sum}} \cdot \frac{\partial^A \boldsymbol{\omega}_B}{\partial \dot{q}_r}-m^A\boldsymbol{a}_C \cdot \frac{\partial^A \boldsymbol{v}_C}{\partial \dot{q}_r}-\\
&\qquad ({}^A({}^C\boldsymbol{I})\,{}^A\boldsymbol{\alpha}_B+{}^A\boldsymbol{\omega}_B \times ({}^A({}^C\boldsymbol{I})\,{}^A\boldsymbol{\omega}_B)) \cdot \frac{\partial^A \boldsymbol{\omega}_B}{\partial \dot{q}_r}=0
\end{aligned} \tag{4-152}$$

式中，${}^A\boldsymbol{F}_{\mathrm{sum}}$ 表示作用于刚体上主动力的外力和；${}^A\boldsymbol{M}_{\mathrm{sum}}$ 表示作用于刚体上主动力对刚体质心的力矩和。它们分别为

$${}^A\boldsymbol{F}_{\mathrm{sum}}=\sum_i {}^A\boldsymbol{F}_i \tag{4-153}$$

$${}^A\boldsymbol{M}_{\mathrm{sum}}=\sum_i {}^A\boldsymbol{r}_{Ci} \times {}^A\boldsymbol{F}_i \tag{4-154}$$

上述推导中假设刚体只受外力${}^A\boldsymbol{F}_i$ 的作用，没有受外力矩的作用。一般情况下，刚体不只受外力的作用，还受外力矩的作用。由于纯力矩(即力偶)可以用一对大小相等、方向相反，有一定间距的两个力等效，通过式(4－152)及前面推导过程可得到：刚体上作用外力矩${}^A\boldsymbol{M}_i$ 时，式(4－152)加上${}^A\boldsymbol{M}_i \cdot \dfrac{\partial^A \boldsymbol{\omega}_B}{\partial \dot{q}_r}$ 即可。

式(4－144)中第一项不展开，同时考虑受外力矩${}^A\boldsymbol{M}_i$ 的作用，得到单刚体一般受力情况下的凯恩方程为

$$\begin{aligned}
&\sum_i {}^A\boldsymbol{F}_i \cdot \frac{\partial^A \boldsymbol{v}_i}{\partial \dot{q}_r}+\sum_i {}^A\boldsymbol{M}_i \cdot \frac{\partial^A \boldsymbol{\omega}_B}{\partial \dot{q}_r}-m^A\boldsymbol{a}_C \cdot \frac{\partial^A \boldsymbol{v}_C}{\partial \dot{q}_r}-\\
&\qquad ({}^A({}^C\boldsymbol{I})\,{}^A\boldsymbol{\alpha}_B+{}^A\boldsymbol{\omega}_B \times ({}^A({}^C\boldsymbol{I})\,{}^A\boldsymbol{\omega}_B)) \cdot \frac{\partial^A \boldsymbol{\omega}_B}{\partial \dot{q}_r}=0
\end{aligned} \tag{4-155}$$

式中，${}^A\boldsymbol{v}_i$ 表示主动外力${}^A\boldsymbol{F}_i$ 作用点在惯性坐标系$\{A\}$中的速度矢量。

Kane 教授把凯恩方程写成如下形式：

$$^{A}F_{r}+{}^{A}F_{r}^{*}=0 \quad (r=1,\cdots,n) \tag{4-156}$$

式中，$^{A}F_{r}$ 为广义主动力；$^{A}F_{r}^{*}$ 为广义惯性力，它们分别为

$$^{A}F_{r}=\sum_{i}{}^{A}\boldsymbol{F}_{i}\cdot\frac{\partial^{A}\boldsymbol{v}_{i}}{\partial\dot{q}_{r}}+\sum_{i}{}^{A}\boldsymbol{M}_{i}\cdot\frac{\partial^{A}\boldsymbol{\omega}_{B}}{\partial\dot{q}_{r}} \quad (r=1,\cdots,n) \tag{4-157}$$

$$^{A}F_{r}^{*}=-m^{A}\boldsymbol{a}_{C}\cdot\frac{\partial^{A}\boldsymbol{v}_{C}}{\partial\dot{q}_{r}}-({}^{A}({}^{C}\boldsymbol{I})\,{}^{A}\boldsymbol{\alpha}_{B}+{}^{A}\boldsymbol{\omega}_{B}\times({}^{A}({}^{C}\boldsymbol{I})\,{}^{A}\boldsymbol{\omega}_{B}))\cdot\frac{\partial^{A}\boldsymbol{\omega}_{B}}{\partial\dot{q}_{r}}=$$

$$^{A}\boldsymbol{F}_{C}^{*}\cdot\frac{\partial^{A}\boldsymbol{v}_{C}}{\partial\dot{q}_{r}}+{}^{A}\boldsymbol{M}_{C}^{*}\cdot\frac{\partial^{A}\boldsymbol{\omega}_{B}}{\partial\dot{q}_{r}} \quad (r=1,\cdots,n) \tag{4-158}$$

对于由 s 个刚体组成的 n 个自由度受完整约束的多刚体系统，根据与单刚体相类似的推导过程，可以得到凯恩方程的表达式为

$$^{A}F_{r}+{}^{A}F_{r}^{*}=0 \quad (r=1,\cdots,n) \tag{4-159}$$

式中，$^{A}F_{r}$ 为广义主动力；$^{A}F_{r}^{*}$ 为广义惯性力，它们分别为

$$^{A}F_{r}=\sum_{i}{}^{A}\boldsymbol{F}_{i}\cdot\frac{\partial^{A}\boldsymbol{v}_{i}}{\partial\dot{q}_{r}}+\sum_{i}{}^{A}\boldsymbol{M}_{i}\cdot\frac{\partial^{A}\boldsymbol{\omega}_{i}}{\partial\dot{q}_{r}} \quad (r=1,\cdots,n) \tag{4-160}$$

式中，$^{A}\boldsymbol{\omega}_{i}$ 表示外力矩 $^{A}\boldsymbol{M}_{i}$ 作用的刚体在惯性坐标系{A}中的角速度矢量。

$$^{A}F_{r}^{*}=\sum_{i=1}^{s}\left({}^{A}\boldsymbol{F}_{Ci}^{*}\cdot\frac{\partial^{A}\boldsymbol{v}_{Ci}}{\partial\dot{q}_{r}}+{}^{A}\boldsymbol{M}_{Ci}^{*}\cdot\frac{\partial^{A}\boldsymbol{\omega}_{i}}{\partial\dot{q}_{r}}\right) \quad (r=1,\cdots,n) \tag{4-161}$$

式中，$^{A}\boldsymbol{F}_{Ci}^{*}$ 表示第 i 个刚体作用于其质心处的惯性力；$^{A}\boldsymbol{M}_{Ci}^{*}$ 表示第 i 个刚体作用于其质心处的惯性力矩；$^{A}\boldsymbol{v}_{Ci}$ 表示第 i 个刚体质心在惯性坐标系{A}中的平移速度矢量。

前面推导凯恩方程时假设：单刚体系统和多刚体系统广义坐标之间是互相独立的，广义坐标的数量与系统自由度数相等，且它们的约束是完整约束。

对于有约束的系统，若伪速度 $u_r(r=1,\cdots,n)$ 之间不是相互独立的，而是有关联的，则此系统为非完整约束系统[28]。对于具有 p 个自由度的非完整系统，若系统的约束可用下式表示：

$$u_{r}=\sum_{s=1}^{p}A_{rs}u_{s}+B_{r} \quad (r=p+1,\cdots,n) \tag{4-162}$$

式中，A_{rs} 和 B_r 都是广义坐标 $q_1,\cdots,q_n$ 和时间 t 的函数。

这个非完整系统叫作简单非完整系统[28]。

此时构造凯恩方程时，可选取 p 个伪速度 $u_r(r=1,\cdots,p)$，然后利用式(4-162)得到其他伪速度用前面 p 个伪速度 $u_r(r=1,\cdots,p)$ 的表达式。

对于受简单非完整约束的单刚体动力学系统，$^{A}\boldsymbol{\omega}_{B}$ 和 $^{A}\boldsymbol{v}_{P}$ 可以分别表示为[28,32]

$$^{A}\boldsymbol{v}_{P}=\sum_{r=1}^{p}{}^{A}\tilde{\boldsymbol{v}}_{Pr}u_{r}+{}^{A}\tilde{\boldsymbol{v}}_{Pt} \tag{4-163}$$

$$^{A}\boldsymbol{\omega}_{B}=\sum_{r=1}^{p}{}^{A}\tilde{\boldsymbol{\omega}}_{Br}u_{r}+{}^{A}\tilde{\boldsymbol{\omega}}_{Bt} \tag{4-164}$$

式中，$^{A}\tilde{\boldsymbol{v}}_{Pr}$ 为在惯性坐标系{A}中 P 点的第 r 个非完整偏速度矢量；$^{A}\tilde{\boldsymbol{\omega}}_{Br}$ 叫作在惯性坐标系{A}中刚体 B 的第 r 个非完整偏角速度矢量[28]；$^{A}\tilde{\boldsymbol{v}}_{Pr}$，$^{A}\tilde{\boldsymbol{\omega}}_{Br}$，$^{A}\tilde{\boldsymbol{v}}_{Pt}$ 和 $^{A}\tilde{\boldsymbol{\omega}}_{Bt}$ 是广义坐标 $q_1,\cdots,q_n$ 和

时间 t 的函数[28]。

对于由 s 个刚体组成的 p 个自由度受简单非完整约束的多刚体系统，向非完整偏速度矢量和非完整偏角速度矢量方向投影，依据前面完整约束相类似的推导过程，可以得到凯恩方程的表达式为[28]

$$ {}^{A}\widetilde{F}_{r} + {}^{A}\widetilde{F}_{r}^{*} = 0 \quad (r=1,\cdots,p) \tag{4-165}$$

式中，${}^{A}\widetilde{F}_{r}$ 为受简单非完整约束多刚体系统的广义主动力；${}^{A}\widetilde{F}_{r}^{*}$ 为受简单非完整约束多刚体系统的广义惯性力，它们分别为

$$ {}^{A}\widetilde{F}_{r} = \sum_{i} {}^{A}\boldsymbol{F}_{i} \cdot {}^{A}\tilde{\boldsymbol{v}}_{ir} + \sum_{i} {}^{A}\boldsymbol{M}_{i} \cdot {}^{A}\widetilde{\boldsymbol{\omega}}_{ir} \quad (r=1,\cdots,p) \tag{4-166}$$

式中，${}^{A}\tilde{\boldsymbol{v}}_{ir}$ 表示外力 ${}^{A}\boldsymbol{F}_{i}$ 作用点在惯性坐标系 $\{A\}$ 中的非完整偏速度矢量；${}^{A}\widetilde{\boldsymbol{\omega}}_{ri}$ 表示外力矩 ${}^{A}\boldsymbol{M}_{i}$ 作用的刚体在惯性坐标系 $\{A\}$ 中的非完整偏角速度矢量。

$$ {}^{A}\widetilde{F}_{r}^{*} = \sum_{i=1}^{s} ({}^{A}\boldsymbol{F}_{Ci}^{*} \cdot {}^{A}\tilde{\boldsymbol{v}}_{Cir} + {}^{A}\boldsymbol{M}_{Ci}^{*} \cdot {}^{A}\widetilde{\boldsymbol{\omega}}_{ir}) \quad (r=1,\cdots,p) \tag{4-167}$$

式中，${}^{A}\tilde{\boldsymbol{v}}_{Cir}$ 表示第 i 个刚体作用于其质心处在惯性坐标系 $\{A\}$ 中的非完整偏速度矢量；${}^{A}\widetilde{\boldsymbol{\omega}}_{Cri}$ 表示第 i 个刚体在惯性坐标系 $\{A\}$ 中的非完整偏速度矢量。

对有约束的力学系统建立凯恩方程时，也可以引入拉格朗日算子，具体的方法请参阅文献[33]、[34]和[29]。

参考文献

[1] GROSS D, HAUGER W, et al. Engineering Mechanics 3: Dynamics[M]. Verlag Berlin Heidelberg:Springer,2011:36-38.

[2] 哈尔滨工业大学理论力学教研室. 理论力学：I[M]. 8 版. 北京：高等教育出版社，2016:248-249,276-277.

[3] STRAUCH D. Classical Mechanics: An Introduction[M]. Verlag Berlin Heidelberg: Springer,2009:4-7.

[4] TSAI LW. Robot Analysis: the Mechanics of Serial and Parallel Manipulators[M]. New York: John Wiley & Sons, 1999:384-385.

[5] 费学博. 高等动力学[M]. 杭州：浙江大学出版社，1991:132-136.

[6] 贾书惠. 刚体动力学[M]. 北京：高等教育出版社，1987:57-59.

[7] GREENWOOD D T. Principles of Dynamics[M]. Englewood Cliffs: Prentice-Hall, 1965:25.

[8] 汪家訸. 分析力学[M]. 北京：高等教育出版社，1982:37-38.

[9] 吴崇试. 数学物理方法[M]. 北京：北京大学出版社，1999:551-560.

[10] 钱伟长. 变分法及有限元：上册[M]. 北京：科学出版社，1980:9-14.

[11] LANCZOS C. The Variational Principles of Mechanics[M]. Toronto: University of Toronto Press,1949:60 - 68.

[12] CASSEL K W. Variational Methods with Applications in Science and Engineering [M]. New York: Cambridge University Press,2013:66 - 80.

[13] 梅凤翔,刘端,罗勇. 高等分析力学[M]. 北京:北京理工大学出版社, 1991:3,24 - 29, 68 - 75.

[14] GREENWOOD D T. Classical Dynamics[M]. New York: Dover Publications,INC., 1997:8 - 28.

[15] GREENWOOD D T. Engineering Dynamics[M]. New York: Cambridge University Press,2008:396.

[16] LAGRANGE J L. Analytical Mechanics[M]. Boissonnade A, Vagkuebte V. N., Translated. Dordreeht: Kluwer Academic Publishers,1997.

[17] TAYLOR J R. Classical Mechanics[M]. Sausalito: University Science Books,2005: 237 - 281.

[18] GOLDSTEIN H, POOLE C, SAFKO J. Classical Mechanics[M]. 3rd ed. New York: Addison - Wesley,2001:34 - 63.

[19] VANIER J, TOMESCU C. Universe Dynamics: The Least Action Principle and Lagrange's Equations[M]. New York: CRC Press,2019.

[20] COOPERSMITH J. The Lazy Universe: An Introduction to the Principle of Least Action [M]. Oxford: Oxford University Press,2017.

[21] ROJO A, BLOCH A. The Principle of Least Action: History and Physics[M]. Cambridge: Cambridge University Press,2018.

[22] 陈乐生,王以伦. 多刚体动力学基础[M]. 哈尔滨:哈尔滨工程大学出版社, 1995:16 - 25.

[23] MOON F C. Applied Dynamics: With Applications to Multibody and Mechatronic Systems[M]. New York: John Wiley & Sons, Inc.,1998:122 - 126.

[24] 袁士杰,吕哲勤. 多刚体系统动力学[M]. 北京:北京理工大学出版社, 1992:270 - 323.

[25] HUSTON R L. Multibody Dynamics Formulations via Kane's Equations[C]// Mechanics and Control of Large Flexible Structures. Washington, DC: American Institute of Aeronautics and Astronautics, Inc., 1990: 71 - 86.

[26] BUFFINTON K W. Kane's Method in Robotics[C]//Robotics and Automation Handbook. New York: CRC Press, 2005: 6 - 1,31.

[27] KANE T R. Rebuttal to "A comparison of Kane's equations of motion and the Gibbs-Appell equations of motion" [Am. J. Phys. 54, 470 (1986)][J]. American Journal of Physics, 1986, 54(5):472.

[28] KANE T R, LEVINSON D A. Dynamics: Theory and Applications[M]. New York:

McGraw - Hill Book Company,1985.

[29] ROITHMAYR C M, HODGES H D. Dynamics: Theory and Application of Kane's Method[M]. New York: Cambridge University Press,2016.

[30] KANE T R. Dynamics of Nonholonomic Systems[J]. Journal of Applied Mechanics, 1961, December:574 - 578.

[31] KANE T R. Formulation fo Dynamical Equations of Motion[J]. American Journal of Physics, 1983, 51(11):974 - 977.

[32] JOSEPHS H, HUSTON R L. Dynamics of Mechanical Systems[M]. New York: CRC Press,2002:359 - 363.

[33] WANG J T, HUSTON R L . Kane's Equations With Undetermined Multipliers—Application to Constrained Multibody Systems[J]. Journal of Applied Mechanics, 1987, 54: 424 - 429.

[34] BANERJEE A K. Flexible Multibody Dynamics : Efficient Formulations and Applications[M]. West Sussex: John Wiley & Sons, Inc, 2016: 21 - 24.

第5章 利用凯恩方法对6－UPS型Gough-Stewart平台进行动力学建模

当对Gough-Stewart平台进行基于模型的控制策略研究时，或对Gough-Stewart平台的驱动力进行估算时，只需要得到作动器力的大小，而不需要得到各个部件的受力情况。本章针对用户有时要求控制点可变、缸筒端与活塞端质心不一定在铰点连线上的情况，建立适用于控制点在任意点、缸筒端与活塞端质心在任意位置的6－UPS型Gough-Stewart平台运动学反解模型，然后运用凯恩方法建立它的动力学反解模型。

5.1 运动学反解分析

5.1.1 平台描述

如图5－1(a)所示，6－UPS型Gough-Stewart平台是把6条支路通过球铰、虎克铰分别连接于动平台与静平台上。其中S表示spherical joint，球铰；U表示universal joint，虎克铰或万向铰；P表示prismatic joint，移动副。P带下划线，表示移动副是主动副，其他没有下划线的运动副表示为被动副。在图5－1中，除了示意图之外，还有一个布局图(layout graph)(见图5－1(b))，有时布局图有助于理解并联机器人细微的结构[1]。

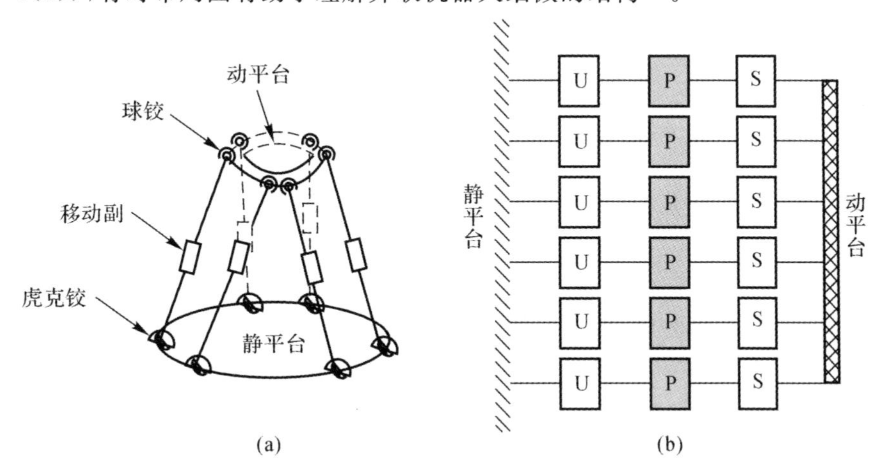

图5－1 6－UPS型Gough-Stewart平台

(a) 6－UPS型Gough-Stewart平台示意图； (b)布局图(layout graph)

为了分析方便，在动平台与负载联合体上任意点处建立动坐标系{B}(即直角坐标系$O_1-X_1Y_1Z_1$)，在静平台上任意点处建立静坐标系{W}(即惯性直角坐标系$O-XYZ$)，如图5-2所示。为了表示方便，矢量没有左上标时，是在静坐标系{W}中表示的，在其他坐标系中表示时矢量左上角有坐标系名。原点O_1在坐标系{W}中的位置矢量用$\boldsymbol{t}$表示；连杆i的下铰点用B_i表示，到原点O的位置矢量在坐标系{W}中用$\boldsymbol{b}_i$表示；上铰点用P_i表示，到原点O_1的位置矢量在静坐标系{W}中表示为${}^B\boldsymbol{p}_i$；下、上铰点连线矢量在坐标系{W}中表示为$l_i\boldsymbol{n}_i$，其中l_i表示杆i下、上铰点之间的长度，$\boldsymbol{n}_i$表示其单位矢量方向；动平台与负载的综合质心C到原点O_1的位置矢量在坐标系{W}中表示为$\boldsymbol{c}$；且点C到O的位置矢量在坐标系{W}中表示为$\boldsymbol{r}_c$。连杆i的示意图如图5-3所示。在连杆i下铰点B_i处建立体坐标系{B_i}(即直角坐标系$B_i-X_iY_iZ_i$)，其到静坐标系{W}中的旋转矩阵为${}^W\boldsymbol{R}_{Bi}$，并规定：Z_i沿连杆i的下、上铰点连线方向；Y_i为Z_i轴与坐标系{W}中Z轴的矢量叉乘方向；X_i根据右手定则确定，原点与下铰点B_i重合。在连杆i的上铰点P_i处建立体坐标系{P_i}(即直角坐标系$P_i-X_iY_iZ_i$)，其坐标轴的方向与坐标系{B_i}一样，只是原点建立在上铰点P_i处。当采用液压阀控液压缸驱动时，缸筒与液压阀装在一起，其质心不在连杆i的下、上铰点连线上。设连杆i上缸筒端质心在坐标系{B_i}中的位置矢量和活塞杆端质心在体坐标系{P_i}中的位置矢量在静坐标系中分别表示为$\boldsymbol{c}_{1i}$，$\boldsymbol{c}_{2i}$；缸筒端质心、活塞杆端质心在静坐标系中的位置矢量分别为$\boldsymbol{r}_{1i}$，$\boldsymbol{r}_{2i}$；缸筒端的质量为m_1，活塞杆端的质量为m_2。

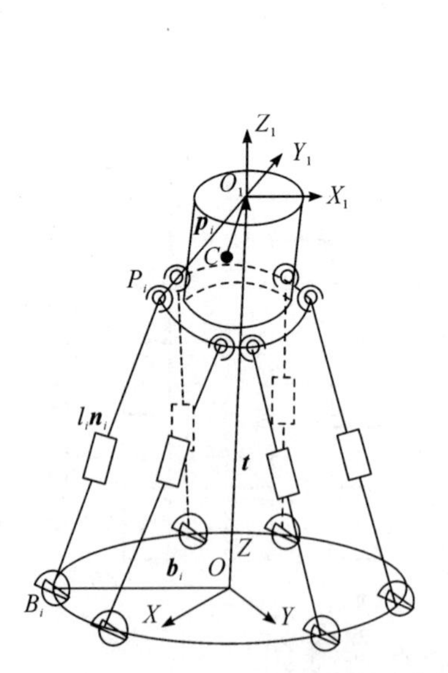

图5-2　Gough-Stewart平台坐标示意图

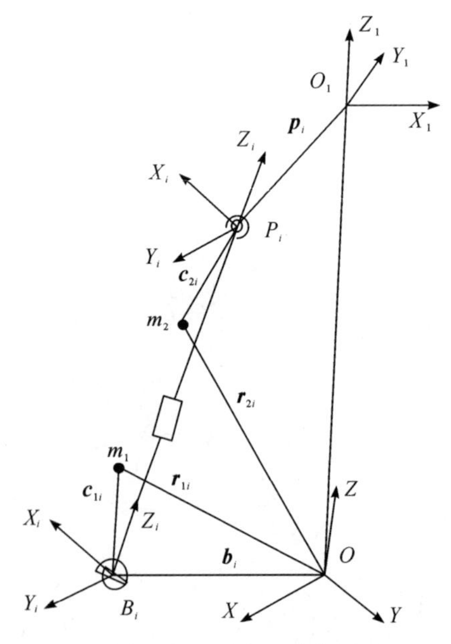

图5-3　连杆i示意图

5.1.2　运动学反解分析

为了进行动力学分析，首先需对其进行运动学反解分析。

1. 位置反解分析

如图 5 - 3 所示，根据矢量关系可得到上铰点 P_i 的位置矢量为

$$\boldsymbol{b}_i + l_i\boldsymbol{n}_i = \boldsymbol{t} + \boldsymbol{p}_i \tag{5-1}$$

式中

$$\boldsymbol{p}_i = {}^{W}\boldsymbol{R}_B {}^{B}\boldsymbol{p}_i \tag{5-2}$$

$$\boldsymbol{n}_i = \frac{\boldsymbol{t} + \boldsymbol{p}_i - \boldsymbol{b}_i}{l_i} \tag{5-3}$$

$$l_i = \| \boldsymbol{t} + \boldsymbol{p}_i - \boldsymbol{b}_i \| \tag{5-4}$$

根据第 2 章的内容，可得到旋转矩阵

$${}^{W}\boldsymbol{R}_{Bi} = [\hat{\boldsymbol{x}}_i \quad \hat{\boldsymbol{y}}_i \quad \hat{\boldsymbol{z}}_i] \tag{5-5}$$

式中，$\hat{\boldsymbol{x}}_i$，$\hat{\boldsymbol{y}}_i$，$\hat{\boldsymbol{z}}_i$ 分别为 X_i，Y_i，Z_i 轴的单位矢量方向。

根据前面的定义，有

$$\hat{\boldsymbol{z}}_i = \boldsymbol{n}_i, \quad \hat{\boldsymbol{y}}_i = \frac{\boldsymbol{n}_i \times \hat{\boldsymbol{z}}}{\| \boldsymbol{n}_i \times \hat{\boldsymbol{z}} \|}, \quad \hat{\boldsymbol{x}}_i = \hat{\boldsymbol{y}}_i \times \hat{\boldsymbol{z}}_i \tag{5-6}$$

式中，$\hat{\boldsymbol{z}}$ 为静坐标系中 Z 轴的单位矢量方向。

由图 5 - 2 可得到缸筒端质心、活塞杆端质心的位置为

$$\boldsymbol{r}_{1i} = \boldsymbol{b}_i + \boldsymbol{c}_{1i} \tag{5-7}$$

$$\boldsymbol{r}_{2i} = \boldsymbol{t} + \boldsymbol{p}_i + \boldsymbol{c}_{2i} = \boldsymbol{b}_i + l_i\boldsymbol{n}_i + \boldsymbol{c}_{2i} \tag{5-8}$$

根据矢量关系可得到 C 的位置矢量为

$$\boldsymbol{r}_c = \boldsymbol{t} + \boldsymbol{c} \tag{5-9}$$

2. 速度反解分析

式(5 - 1) 右边对时间求导，得到上铰点 P_i 的速度为

$$\boldsymbol{v}_{Pi} = \dot{\boldsymbol{t}} + \boldsymbol{\omega}_{\mathrm{p}} \times \boldsymbol{p}_i = \boldsymbol{v}_{\mathrm{p}} + \boldsymbol{\omega}_{\mathrm{p}} \times \boldsymbol{p}_i \tag{5-10}$$

式中，$\boldsymbol{v}_{Pi}$ 表示上铰点 P_i 的速度；$\boldsymbol{v}_{\mathrm{p}}$ 表示动平台上 O_1 点在坐标系$\{W\}$中的平移速度；$\dot{\boldsymbol{t}}$ 表示 $\boldsymbol{t}$ 对时间求导；$\boldsymbol{\omega}_{\mathrm{p}}$ 表示动平台在坐标系$\{W\}$中的转动角速度。

式(5 - 1) 左边对时间求导，也得到点 P_i 的速度。

$$\boldsymbol{v}_{Pi} = l_i\boldsymbol{\omega}_i \times \boldsymbol{n}_i + \dot{l}_i\boldsymbol{n}_i \tag{5-11}$$

式中，$\boldsymbol{\omega}_i$ 表示第 i 个连杆的角速度；$\dot{l}_i$ 为连杆 i 的伸缩速度。

由式(5 - 4) 可得到连杆 i 的伸缩速度为

$$\dot{l}_i = \frac{1}{l_i}\left[(\boldsymbol{t} + \boldsymbol{p}_i - \boldsymbol{b}_i)^{\mathrm{T}} \quad (\boldsymbol{p}_i \times (\boldsymbol{t} - \boldsymbol{b}_i))^{\mathrm{T}}\right]\begin{bmatrix}\boldsymbol{v}_{\mathrm{p}} \\ \boldsymbol{\omega}_{\mathrm{p}}\end{bmatrix} \tag{5-12}$$

假设 6 - UPS 型 Gough-Stewart 平台的连杆 i 不能绕自身轴线方向转动，即

$$\boldsymbol{\omega}_i \cdot \boldsymbol{n}_i = \boldsymbol{0} \tag{5-13}$$

式(5-11)两边左叉乘 $\boldsymbol{n}_i$，可得到连杆 i 的转动角速度为

$$\boldsymbol{\omega}_i = \frac{\boldsymbol{n}_i \times \boldsymbol{v}_{Pi}}{l_i} \tag{5-14}$$

式(5-7)、式(5-8)分别对时间求导，得到连杆 i 上缸筒端质心与活塞杆端质心的平动速度 $\boldsymbol{v}_{1i}$，$\boldsymbol{v}_{2i}$ 分别为

$$\boldsymbol{v}_{1i} = \dot{\boldsymbol{r}}_{1i} = \boldsymbol{\omega}_i \times \boldsymbol{c}_{1i} \tag{5-15}$$

$$\boldsymbol{v}_{2i} = \dot{\boldsymbol{r}}_{2i} = l_i\boldsymbol{\omega}_i \times \boldsymbol{n}_i + \dot{l}_i\boldsymbol{n}_i + \boldsymbol{\omega}_i \times \boldsymbol{c}_{2i} \tag{5-16}$$

式中，$\boldsymbol{\omega}_i$ 表示连杆 i 在坐标系$\{W\}$中的转动角速度。

定义平台坐标系的广义速度与连杆伸缩速度的雅克比矩阵 $\boldsymbol{J}$ 为

$$\dot{\boldsymbol{l}} = [\dot{l}_1 \quad \dot{l}_2 \quad \dot{l}_3 \quad \dot{l}_4 \quad \dot{l}_5 \quad \dot{l}_6]^{\mathrm{T}} = \boldsymbol{J}\begin{bmatrix}\boldsymbol{v}_{\mathrm{p}} \\ \boldsymbol{\omega}_{\mathrm{p}}\end{bmatrix} = \boldsymbol{J}\dot{\boldsymbol{x}}_{\mathrm{p}} \tag{5-17}$$

式中，$\dot{\boldsymbol{x}}_{\mathrm{p}} = [\boldsymbol{v}_{\mathrm{p}} \quad \boldsymbol{\omega}_{\mathrm{p}}]^{\mathrm{T}}$ 为平台坐标系的广义速度。

由式(5-12)可知，雅克比矩阵 $\boldsymbol{J}$ 的第 i 行 $\boldsymbol{J}(i,:)$ 为

$$\boldsymbol{J}(i,:) = \frac{1}{l_i}\left[(\boldsymbol{t} + \boldsymbol{p}_i - \boldsymbol{b}_i)^{\mathrm{T}} \quad (\boldsymbol{p}_i \times (\boldsymbol{t} - \boldsymbol{b}_i))^{\mathrm{T}}\right] \tag{5-18}$$

式(5-9)对时间求导，求得综合质心 C 的平动速度 $\boldsymbol{v}_C$ 为

$$\boldsymbol{v}_C = \dot{\boldsymbol{r}}_c = \dot{\boldsymbol{t}} + \boldsymbol{\omega}_{\mathrm{p}} \times \boldsymbol{c} = \boldsymbol{v}_{\mathrm{p}} + \boldsymbol{\omega}_{\mathrm{p}} \times \boldsymbol{c} = \boldsymbol{J}_{C1}\dot{\boldsymbol{x}}_{\mathrm{p}} \tag{5-19}$$

式中

$$\boldsymbol{J}_{C1} = [\boldsymbol{E}_{3\times3} \quad [-\boldsymbol{c}_{\times}]] \tag{5-20}$$

$\dot{\boldsymbol{r}}_c$ 表示 $\boldsymbol{r}_c$ 对时间求导。

为了得到紧凑的解，要建立速度之间的雅克比矩阵。

把式(5-10)写成矩阵形式为

$$\boldsymbol{v}_{Pi} = \boldsymbol{J}_{Pi}\dot{\boldsymbol{x}}_{\mathrm{p}} \tag{5-21}$$

式中

$$\boldsymbol{J}_{Pi} = [\boldsymbol{E}_{3\times3} \quad [-\boldsymbol{p}_{i\times}]] \tag{5-22}$$

同理，连杆 i 的角速度、连杆 i 上缸筒端质心、活塞杆端质心的平动速度也可分别表示为

$$\boldsymbol{\omega}_i = \frac{\boldsymbol{n}_i \times \boldsymbol{v}_{Pi}}{l_i} = \frac{1}{l_i}([\boldsymbol{n}_{i\times}]\boldsymbol{J}_{Pi}\dot{\boldsymbol{x}}_{\mathrm{p}}) = \frac{1}{l_i}([\boldsymbol{n}_{i\times}]\boldsymbol{J}_{Pi})\dot{\boldsymbol{x}}_{\mathrm{p}} \tag{5-23}$$

$$\boldsymbol{v}_{1i} = \boldsymbol{\omega}_i \times \boldsymbol{c}_{1i} = -\boldsymbol{c}_{1i} \times \boldsymbol{\omega}_i = \left[-\frac{1}{l_i}([\boldsymbol{c}_{\times}][\boldsymbol{n}_{i\times}]\boldsymbol{J}_{Pi})\right]\dot{\boldsymbol{x}}_{\mathrm{p}} \tag{5-24}$$

$$\begin{aligned}\boldsymbol{v}_{2i} &= -(l_i\boldsymbol{n}_i + \boldsymbol{c}_{2i}) \times \boldsymbol{\omega}_i + \dot{l}_i\boldsymbol{n}_i = \\ &\boldsymbol{e}_{2i} \times \boldsymbol{\omega}_i + \dot{l}_i\boldsymbol{n}_i = \left[\frac{1}{l_i}([\boldsymbol{e}_{2i\times}][\boldsymbol{n}_{i\times}]\boldsymbol{J}_{Pi}) + \boldsymbol{n}_i\boldsymbol{J}(i,:)\right]\dot{\boldsymbol{x}}_{\mathrm{p}}\end{aligned} \tag{5-25}$$

其中设定

$$\boldsymbol{e}_{2i} = -(l_i\boldsymbol{n}_i + \boldsymbol{c}_{2i}) \tag{5-26}$$

将式(5-23)至式(5-25)结合起来，得

$$\dot{\boldsymbol{x}}_{1i}=\begin{bmatrix}\boldsymbol{v}_{1i}\\ \boldsymbol{\omega}_i\end{bmatrix}=\begin{bmatrix}-\dfrac{1}{l_i}([\boldsymbol{c}_\times][\boldsymbol{n}_{i\times}]\boldsymbol{J}_{Pi})\\ \dfrac{1}{l_i}([\boldsymbol{n}_{i\times}]\boldsymbol{J}_{Pi})\end{bmatrix}\dot{\boldsymbol{x}}_{\mathrm{p}}=\boldsymbol{J}_{1i}\dot{\boldsymbol{x}}_{\mathrm{p}} \tag{5-27}$$

$$\dot{\boldsymbol{x}}_{2i}=\begin{bmatrix}\boldsymbol{v}_{2i}\\ \boldsymbol{\omega}_i\end{bmatrix}=\begin{bmatrix}\dfrac{1}{l_i}([\boldsymbol{e}_{2i\times}][\boldsymbol{n}_{i\times}]\boldsymbol{J}_{Pi})+\boldsymbol{n}_i\boldsymbol{J}(i,:)\\ \dfrac{1}{l_i}([\boldsymbol{n}_{i\times}]\boldsymbol{J}_{Pi})\end{bmatrix}\dot{\boldsymbol{x}}_{\mathrm{p}}=\boldsymbol{J}_{2i}\dot{\boldsymbol{x}}_{\mathrm{p}} \tag{5-28}$$

式中，$\dot{\boldsymbol{x}}_{1i}$，$\dot{\boldsymbol{x}}_{2i}$ 分别表示连杆 i 上缸筒端质心处、活塞杆质心处的广义速度；$\boldsymbol{J}_{1i}$，$\boldsymbol{J}_{2i}$ 分别表示 $\dot{\boldsymbol{x}}_{1i}$、$\dot{\boldsymbol{x}}_{2i}$ 到广义速度 $\dot{\boldsymbol{x}}_{\mathrm{p}}$ 的雅可比矩阵。

由式(5－19)、式(5－20) 可得到综合质心处广义速度 $\dot{\boldsymbol{x}}_C$ 与广义速度 $\dot{\boldsymbol{x}}_{\mathrm{p}}$ 之间的关系为

$$\dot{\boldsymbol{x}}_C=\begin{bmatrix}\boldsymbol{v}_C\\ \boldsymbol{\omega}_C\end{bmatrix}=\begin{bmatrix}\boldsymbol{v}_C\\ \boldsymbol{\omega}_{\mathrm{p}}\end{bmatrix}=\begin{bmatrix}\boldsymbol{E}_{3\times3} & [-\boldsymbol{c}_\times]\\ \boldsymbol{0}_{3\times3} & \boldsymbol{E}_{3\times3}\end{bmatrix}\dot{\boldsymbol{x}}_{\mathrm{p}}=\boldsymbol{J}_C\dot{\boldsymbol{x}}_{\mathrm{p}} \tag{5-29}$$

式中，$\boldsymbol{J}_C$ 表示 $\dot{\boldsymbol{x}}_C$ 到 $\dot{\boldsymbol{x}}_{\mathrm{p}}$ 的雅可比矩阵；$\boldsymbol{0}_{3\times3}$ 表示 3 阶零方阵。

3. 加速度反解分析

式(5－17) 对时间求导，得到连杆的伸缩加速度 $\ddot{\boldsymbol{l}}$ 为

$$\ddot{\boldsymbol{l}}=\dot{\boldsymbol{J}}\begin{bmatrix}\boldsymbol{v}_{\mathrm{p}}\\ \boldsymbol{\omega}_{\mathrm{p}}\end{bmatrix}+\boldsymbol{J}\begin{bmatrix}\boldsymbol{a}_{\mathrm{p}}\\ \boldsymbol{\alpha}_{\mathrm{p}}\end{bmatrix} \tag{5-30}$$

式中，$\boldsymbol{a}_{\mathrm{p}}$ 为平台坐标系原点的平动加速度；$\boldsymbol{\alpha}_{\mathrm{p}}$ 为动平台的角加速度；$\dot{\boldsymbol{J}}$ 表示 $\boldsymbol{J}$ 对时间一次求导。

式 (5－18) 对时间求导，得

$$\dot{\boldsymbol{J}}(i,:)=\frac{\begin{bmatrix}\boldsymbol{\omega}_{\mathrm{p}}\times\boldsymbol{p}_i+\boldsymbol{v}_{\mathrm{p}}\\ \boldsymbol{p}_i\times\boldsymbol{v}_{\mathrm{p}}+(\boldsymbol{\omega}_{\mathrm{p}}\times\boldsymbol{p}_i)\times(\boldsymbol{t}-\boldsymbol{b}_i)\end{bmatrix}^{\mathrm{T}}-\boldsymbol{J}(i,:)\dot{l}_i}{l_i} \tag{5-31}$$

式(5－15)、式(5－16) 对时间求导，分别得到连杆 i 上缸筒端、活塞杆端质心处的平动加速度 $\boldsymbol{a}_{1i}$，$\boldsymbol{a}_{2i}$：

$$\boldsymbol{a}_{1i}=\dot{\boldsymbol{v}}_{1i}=\boldsymbol{\alpha}_i\times\boldsymbol{c}_{1i}+\boldsymbol{\omega}_i\times(\boldsymbol{\omega}_i\times\boldsymbol{c}_{1i}) \tag{5-32}$$

$$\boldsymbol{a}_{2i}=\dot{\boldsymbol{v}}_{2i}=\boldsymbol{\alpha}_i\times(l_i\boldsymbol{n}_i+\boldsymbol{c}_{2i})+2\dot{l}_i\boldsymbol{\omega}_i\times\boldsymbol{n}_i+l_i\boldsymbol{\omega}_i\times(\boldsymbol{\omega}_i\times\boldsymbol{n}_i)+\boldsymbol{\omega}_i\times(\boldsymbol{\omega}_i\times\boldsymbol{c}_{2i})+\ddot{l}_i\boldsymbol{n}_i \tag{5-33}$$

式(5－14) 对时间求导，得到杆 i 的转动角加速度为

$$\boldsymbol{\alpha}_i=\frac{1}{l_i^2}[((\boldsymbol{\omega}_i\times\boldsymbol{n}_i)\times\boldsymbol{v}_{Pi}+\boldsymbol{n}_i\times\dot{\boldsymbol{v}}_{Pi})l_i-(\boldsymbol{n}_i\times\boldsymbol{v}_{Pi})\dot{l}_i] \tag{5-34}$$

式(5－10) 对时间求导，得到上铰点 B_i 的加速度为

$$\dot{\boldsymbol{v}}_{Pi}=\boldsymbol{a}_{\mathrm{p}}+\boldsymbol{\alpha}_{\mathrm{p}}\times\boldsymbol{p}_i+\boldsymbol{\omega}_{\mathrm{p}}\times(\boldsymbol{\omega}_{\mathrm{p}}\times\boldsymbol{p}_i) \tag{5-35}$$

式(5－19) 对时间求导，得到综合质心 C 处的加速度 $\boldsymbol{a}_C$ 为

$$\boldsymbol{a}_C=\dot{\boldsymbol{v}}_C=\boldsymbol{a}_{\mathrm{p}}+\boldsymbol{\alpha}_{\mathrm{p}}\times\boldsymbol{c}+\boldsymbol{\omega}_{\mathrm{p}}\times(\boldsymbol{\omega}_{\mathrm{p}}\times\boldsymbol{c}) \tag{5-36}$$

5.2 利用凯恩方法建立动力学反解模型

取广义坐标为 $\boldsymbol{x}_{\mathrm{p}}$，则根据式(4-159)可得

$$\begin{bmatrix} F_1 \\ \vdots \\ F_6 \end{bmatrix} + \begin{bmatrix} F_1^* \\ \vdots \\ F_6^* \end{bmatrix} = \mathbf{0}_{6\times 1} \tag{5-37}$$

式中，$F_r(r=1,\cdots,6)$ 为广义主动力；$F_r^*(r=1,\cdots,6)$ 为广义惯性力；$\mathbf{0}_{6\times 1}$ 为元素为 0 的 6 维列向量。

$$F_r = \boldsymbol{\tau}\cdot\frac{\partial \dot{\boldsymbol{l}}}{\partial \dot{x}_{pr}} + \sum_{i=1}^{6} m_1 \boldsymbol{g}\frac{\partial \dot{\boldsymbol{x}}_{1i}}{\partial \dot{x}_{pr}} + \sum_{i=1}^{6} m_2 \boldsymbol{g}\frac{\partial \dot{\boldsymbol{x}}_{2i}}{\partial \dot{x}_{pr}} + (\boldsymbol{f}_{\mathrm{e}} + m_C\boldsymbol{g})\frac{\partial \dot{\boldsymbol{x}}_C}{\partial \dot{x}_{pr}} + \boldsymbol{n}_{\mathrm{e}}\frac{\partial \boldsymbol{\omega}_{\mathrm{p}}}{\partial \dot{x}_{pr}} \quad (r=1,\cdots,6) \tag{5-38}$$

式中，$\boldsymbol{g}$ 为重力加速度矢量；$\boldsymbol{f}_{\mathrm{e}}$，$\boldsymbol{n}_{\mathrm{e}}$ 分别为加到综合质心处的外力与外力矩；m_C 为动平台与负载联合质量。

$$F_r^* = \sum_{i=1}^{6}(-m_1\boldsymbol{a}_{1i})\cdot\frac{\partial \dot{\boldsymbol{x}}_{1i}}{\partial \dot{x}_{pr}} + \sum_{i=1}^{6}(-m_2\boldsymbol{a}_{2i})\cdot\frac{\partial \dot{\boldsymbol{x}}_{2i}}{\partial \dot{x}_{pr}} + ((-\boldsymbol{I}_{1i}\boldsymbol{\alpha}_i - \boldsymbol{\omega}_i\times(\boldsymbol{I}_{1i}\boldsymbol{\omega}_i)) + (-\boldsymbol{I}_{2i}\boldsymbol{\alpha}_i - \boldsymbol{\omega}_i\times(\boldsymbol{I}_{2i}\boldsymbol{\omega}_i)))\cdot\frac{\partial \boldsymbol{\omega}_i}{\partial \dot{x}_{pr}} + (-\boldsymbol{I}_C\boldsymbol{\alpha}_{\mathrm{p}} - \boldsymbol{\omega}_{\mathrm{p}}\times(\boldsymbol{I}_C\boldsymbol{\omega}_{\mathrm{p}}))\cdot\frac{\partial \boldsymbol{\omega}_{\mathrm{p}}}{\partial \dot{x}_{pr}} \quad (r=1,\cdots,6) \tag{5-39}$$

式中，$\boldsymbol{I}_C = {}^W\boldsymbol{R}_B\,{}^B\boldsymbol{I}_C\,{}^W\boldsymbol{R}_B^{\mathrm{T}}$，其中${}^B\boldsymbol{I}_C$ 表示动平台与负载联合体相对于综合质心处的惯量矩阵，且是在动平台上体坐标系$\{B\}$ 中表示的。$\boldsymbol{I}_{1i} = {}^W\boldsymbol{R}_{Bi}\,{}^{Bi}\boldsymbol{I}_1\,{}^W\boldsymbol{R}_{Bi}^{\mathrm{T}}$、$\boldsymbol{I}_{2i} = {}^W\boldsymbol{R}_{Pi}\,{}^{Pi}\boldsymbol{I}_2\,{}^W\boldsymbol{R}_{Pi}^{\mathrm{T}}$，其中${}^{Bi}\boldsymbol{I}_1$、${}^{Pi}\boldsymbol{I}_2$ 分别为缸筒端、活塞杆端相对于各自质心处的惯量矩阵，且分别是在杆 i 上的体坐标系$\{B_i\}$ 和体坐标系$\{P_i\}$ 中表示的。

把 6 个支路的广义主动力和广义惯性力分别合成一个列矢量，根据 5.1.2 节中内容和式(5-38)与式(5-39)，得

$$\begin{bmatrix} F_1 \\ \vdots \\ F_6 \end{bmatrix} = \boldsymbol{J}^{\mathrm{T}}\boldsymbol{\tau} + \sum_{i=1}^{6}\left(\boldsymbol{J}_{1i}^{\mathrm{T}}\begin{bmatrix} m_1\boldsymbol{g} \\ \mathbf{0}_{3\times 1}\end{bmatrix} + \boldsymbol{J}_{2i}^{\mathrm{T}}\begin{bmatrix} m_2\boldsymbol{g} \\ \mathbf{0}_{3\times 1}\end{bmatrix}\right) + \boldsymbol{J}_C^{\mathrm{T}}\begin{bmatrix} (\boldsymbol{f}_{\mathrm{e}} + m_C\boldsymbol{g}) \\ \boldsymbol{n}_{\mathrm{e}}\end{bmatrix} \tag{5-40}$$

$$\begin{bmatrix} F_1^* \\ \vdots \\ F_6^* \end{bmatrix} = \sum_{i=1}^{6}\left(\boldsymbol{J}_{1i}^{\mathrm{T}}\begin{bmatrix} -m_1\boldsymbol{a}_{1i} \\ -\boldsymbol{I}_{1i}\boldsymbol{\alpha}_i - \boldsymbol{\omega}_i\times(\boldsymbol{I}_{1i}\boldsymbol{\omega}_i)\end{bmatrix} + \boldsymbol{J}_{2i}^{\mathrm{T}}\begin{bmatrix} -m_2\boldsymbol{a}_{2i} \\ -\boldsymbol{I}_{2i}\boldsymbol{\alpha}_i - \boldsymbol{\omega}_i\times(\boldsymbol{I}_{2i}\boldsymbol{\omega}_i)\end{bmatrix}\right) + \boldsymbol{J}_C^{\mathrm{T}}\begin{bmatrix} -m_C\boldsymbol{a}_C \\ -\boldsymbol{I}_C\boldsymbol{\alpha}_{\mathrm{p}} - \boldsymbol{\omega}_{\mathrm{p}}\times(\boldsymbol{I}_C\boldsymbol{\omega}_{\mathrm{p}})\end{bmatrix} \tag{5-41}$$

把式(5-40)和式(5-41)代入式(5-37)，整理后得

$$\sum_{i=1}^{6}\left\{\boldsymbol{J}_{1i}^{\mathrm{T}}\begin{bmatrix}m_1\boldsymbol{g}-m_1\boldsymbol{a}_{1i}\\-\boldsymbol{I}_{1i}\boldsymbol{\alpha}_i-\boldsymbol{\omega}_i\times(\boldsymbol{I}_{1i}\boldsymbol{\omega}_i)\end{bmatrix}+\boldsymbol{J}_{2i}^{\mathrm{T}}\begin{bmatrix}m_2\boldsymbol{g}-m_2\boldsymbol{a}_{2i}\\-\boldsymbol{I}_{2i}\boldsymbol{\alpha}_i-\boldsymbol{\omega}_i\times(\boldsymbol{I}_{2i}\boldsymbol{\omega}_i)\end{bmatrix}\right\}+$$
$$\boldsymbol{J}_C^{\mathrm{T}}\begin{bmatrix}\boldsymbol{f}_{\mathrm{e}}+m_C\boldsymbol{g}-m_C\boldsymbol{a}_C\\\boldsymbol{n}_{\mathrm{e}}-\boldsymbol{I}_C\boldsymbol{\alpha}_{\mathrm{p}}-\boldsymbol{\omega}_{\mathrm{p}}\times(\boldsymbol{I}_C\boldsymbol{\omega}_{\mathrm{p}})\end{bmatrix}+\boldsymbol{J}^{\mathrm{T}}\boldsymbol{\tau}=\boldsymbol{0}_{6\times1} \tag{5-42}$$

当雅可比矩阵 $\boldsymbol{J}$ 不奇异时，可求得连杆的驱动力为

$$\boldsymbol{\tau}=-\boldsymbol{J}^{-\mathrm{T}}\left[\boldsymbol{J}_C^{\mathrm{T}}\boldsymbol{F}_C+\sum_{i=1}^{6}(\boldsymbol{J}_{1i}^{\mathrm{T}}\boldsymbol{F}_{1i}+\boldsymbol{J}_{2i}^{\mathrm{T}}\boldsymbol{F}_{2i})\right] \tag{5-43}$$

式中

$$\boldsymbol{F}_C=\begin{bmatrix}\boldsymbol{f}_{\mathrm{e}}+m_C\boldsymbol{g}-m_C\boldsymbol{a}_C\\\boldsymbol{n}_{\mathrm{e}}-\boldsymbol{I}_C\boldsymbol{\alpha}_{\mathrm{p}}-\boldsymbol{\omega}_{\mathrm{p}}\times(\boldsymbol{I}_C\boldsymbol{\omega}_{\mathrm{p}})\end{bmatrix} \tag{5-44}$$

$$\boldsymbol{F}_{1i}=\begin{bmatrix}m_1\boldsymbol{g}-m_1\boldsymbol{a}_{1i}\\-\boldsymbol{I}_{1i}\boldsymbol{\alpha}_i-\boldsymbol{\omega}_i\times(\boldsymbol{I}_{1i}\boldsymbol{\omega}_i)\end{bmatrix} \tag{5-45}$$

$$\boldsymbol{F}_{2i}=\begin{bmatrix}m_2\boldsymbol{g}-m_2\boldsymbol{a}_{2i}\\-\boldsymbol{I}_{2i}\boldsymbol{\alpha}_i-\boldsymbol{\omega}_i\times(\boldsymbol{I}_{2i}\boldsymbol{\omega}_i)\end{bmatrix} \tag{5-46}$$

通过式(5－43)与文献[2]中的动力学反解模型比较得到：通过虚功原理和通过凯恩方程得到的 6－UPS 型 Gough-Stewart 平台动力学反解模型是一样的。

5.3　补充说明

本章建模时，基于假设“支路中角速度没有沿其轴线方向的转动分量，且支路中角速度与支路轴线方向垂直”，但真实的 6－UPS 型 Gough-Stewart 平台有沿其轴线方向转动角速度分量，其支路中角速度不一定与支路轴线方向垂直[3]。为了建立 6－UPS 型 Gough-Stewart 平台的完整模型，也需要考虑虎克铰转轴布置方向的影响[4]，如 Martínez 与 Duffy[5] 运用螺旋理论建立了 6－UPS 型 Gough-Stewart 平台完整的运动学关系式；Gallardo 等人[6] 运用螺旋理论与影响系数法建立了 6－UPS 型 Gough-Stewart 平台完整的运动学模型，然后运用虚功原理建立了其动力学模型；Harib 等人[7] 运用牛顿-欧拉法，考虑摩擦力的影响，建立了 6－UPS 型 Gough-Stewart 平台的完整运动学和完整动力学模型。Pedrammehr 等人[8] 考虑虎克铰的影响建立了 6－UPS 并联机器人的完整运动学模型，然后利用牛顿-欧拉法建立了其完整动力学模型。

本书不对 6－UPS 型 Gough-Stewart 平台的完整运动学和完整动力学反解进行分析（考虑支路中有轴线方向转动角速度分量的影响），因为用于实际工程中的电动和液压驱动的 Gough-Stewart 平台一般采用 6－UCU 型 Gough-Stewart 平台[9]。本书将在第 6 章中对 6－UCU 型 Gough-Stewart 平台的完整运动学和动力学进行建模。同时，6－UPS 型 Gough-Stewart 平台的完整运动学与完整动力学建模方法将与 6－UCU 型 Gough-Stewart 平台的完整运动学和动力学反解模型分析相类似。若需要建立 6－UPS 型 Gough-Stewart 平台的完整

运动学和完整动力学反解模型，也可参考文献[7]和[8]。

参 考 文 献

[1] MERLET J, PIERROT F. Modeling of Parallel Robots[C]// Modeling, Performance Analysis and Control of Robot Manipulators. USA: ISTE, 2007:81 - 139.

[2] 刘国军，郑淑涛，韩俊伟. Gough-Stewart 平台通用动力学反解分析[J]. 华南理工大学学报(自然科学版)，2011，39(4):70 - 75..

[3] VAKIL M, PENDAR H, ZOHOOR H. Comments to the:"Closed - form Dynamic Equations of the General Stewart Platform Through the Newton - Euler Approach" and "A Newton - Euler Formulation for the Inverse Dynamics of the Stewart Platform Manipulator"[J]. Mechanism and Machine Theory, 2008, 43(10): 1349 - 1351.

[4] AFROUN M, DEQUIDT A, VERMEIREN L. Revisiting the Inverse Dynamics of the Gough - Stewart Platform Manipulator with Special Emphasis on Universal - Prismatic - Spherical Leg and Internal Singularity[J]. Proceedings of the Institution of Mechanical Engineers, Part C: Journal of Mechanical Engineering Science, 2012, 226 (10): 2422 - 2439.

[5] MARTÍNEZ J M R, DUFFY J. Forward and Inverse Acceleration Analyses of in - Parallel Manipulators[J]. Journal of Mechanical Design, 2000, 122: 299 - 303.

[6] GALLARDO J, RICO J M, FRISOLI A, et al. Dynamics of Parallel Manipulators by Means of Screw Theory[J]. Mechanism and Machine Theory, 2003, 38(11): 1113 - 1131.

[7] HARIB K, SRINIVASAN K. Kinematic and Dynamic Analysis of Stewart Platform - Based Machine Tool Structures[J]. Robotica, 2003,21:541 - 554.

[8] PEDRAMMEHR S, MAHBOUBKHAH M, KHANI N. Improved Dynamic Equations for the Generally Configured Stewart Platform Manipulator[J]. Journal of Mechanical Science and Technology, 2012, 26 (3): 711 - 721.

[9] 刘国军. Gough-Stewart 平台的分析与优化设计[M]. 西安:西北工业大学出版社，2019:1 - 13.

第6章　利用牛顿-欧拉方程对6-UCU型Gough-Stewart平台进行动力学建模

6.1　引　　言

并联机器人的运动学与动力学反解分析是进行并联机器人设计的基础。由前面绪论中得知:Gough-Stewart平台用作六自由度运动模拟器时一般采用虎克铰把液压缸或电动缸连接于动平台和静平台上。由于液压缸和电动缸中的活塞杆不仅沿支路轴线方向作直线主动运动,还绕轴线方向被动地转动,即为圆柱副,而不是移动副,所以整个六自由度运动模拟器是6-UCU(U代表虎克铰,C代表圆柱副)并联机器人,而不是6-UPS并联机器人。不仅Gough-Stewart平台作为六自由度运动模拟器时采用6-UCU结构,作为其他应用时也有采用,详细内容请参阅文献[1]。

很多学者首先把6-UCU型Gough-Stewart平台固定于动平台上的虎克铰和作动器绕其轴线方向的被动转动等效为一个球铰,然后按照下铰为虎克铰、中间为移动副的6-UPS型Gough-Stewart平台进行了运动学和动力学分析。如Koekerakker[2]、何景峰[3]和代小林等人[4]忽略作动器绕其轴线方向的转动对运动学和动力学的影响,利用Kane法进行了建模;郭洪波[5]综合运用Newton-Euler法和Lagrange方法进行了建模。上述文献把6-UCU型Gough-Stewart平台固定于动平台上的虎克铰和作动器等效为一个球铰与一个主动移动副的组合。但只有当作动器的轴线方向与动平台上的虎克铰两个转轴方向同时垂直时,固定于动平台上的虎克铰和作动器绕轴线方向的转动组合才与球铰是一致的。实际上作动器的轴线方向一般与动平台上的虎克铰两个转轴方向不同时垂直。

本章将基于上下铰都采用虎克铰、中间采用圆柱副的实际结构形式,对6-UCU型Gough-Stewart平台进行建模,得到其完整运动学反解模型和完整动力学反解模型。本章内容是以笔者攻读博士学位期间发表的论文[6]为基础进行介绍的。

6.2　系统描述

6-UCU型Gough-Stewart平台由一个动平台、一个静平台与6个支路组成,如图6-1所示。每个支路都由一个缸筒与一个活塞杆及活塞通过圆柱副连接而成。第i个支路中活塞杆

端通过上虎克铰 P_i（P_i 表示第 i 个上虎克铰铰点中心）连接于动平台上，同时缸筒端通过下虎克铰 B_i（B_i 表示第 i 个下虎克铰铰点中心）连接于静平台上，其中 $i=1,\cdots,6$。为了能适用于各种场合（如坦克运动模拟平台有时规定控制点在炮的顶端），把控制点 O_L 设置为动平台上的任意一点。为了分析需要，建立体坐标系$\{L\}$与惯性坐标系$\{W\}$。直角坐标系 $O_L-X_LY_LZ_L$ 为体坐标系$\{L\}$，其坐标系原点为控制点 O_L。直角坐标系 $O_W-X_WY_WZ_W$ 为惯性坐标系$\{W\}$，其坐标系原点为 O_W。当在中位时，坐标系$\{L\}$与$\{W\}$重合。并作下述规定：当矢量没有左上标时，表明是在惯性坐标系$\{W\}$中表示的；当在其他体坐标系中表示时，则在其左上角标示其坐标系的名称。

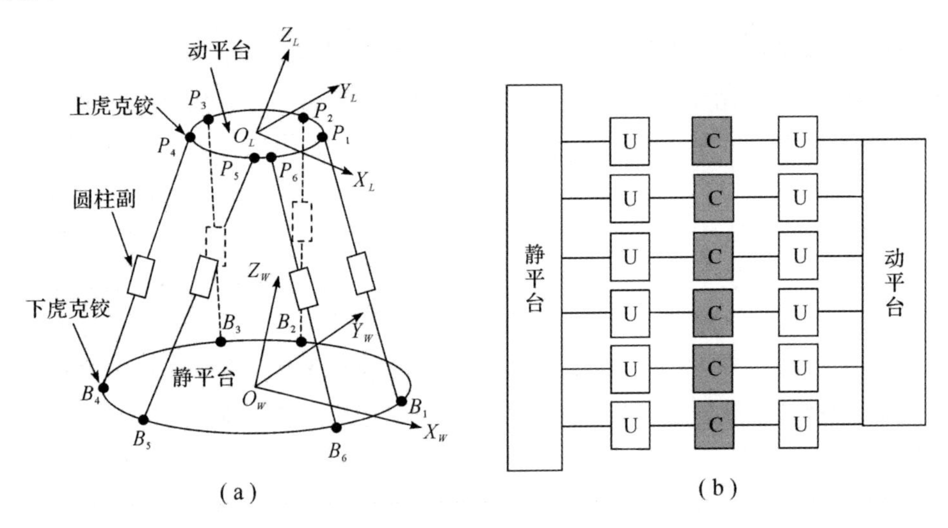

图 6-1　6-UCU 型 Gough-Stewart 平台

为了考虑上、下虎克铰的轴线布置形式对 6-UCU 型 Gough-Stewart 平台各个组成部分的运动状况和受力状况分析的需要，在第 i 个支路中，给出下面的规定（见图 6-2）：虎克铰 B_i 中固定于定平台上的转轴轴线单位矢量方向定义为 $\boldsymbol{s}_{0i}$，固定于缸筒上的转轴轴线单位矢量方向定义为 $\boldsymbol{s}_{1i}$；$\boldsymbol{n}_{1i}$ 与 $\boldsymbol{n}_{2i}$ 分别为缸筒和活塞杆的轴线单位矢量方向，且有 $\boldsymbol{n}_{1i}=\boldsymbol{n}_{2i}$；虎克铰 P_i 中固定于活塞杆上的转轴轴线单位矢量方向定义为 $\boldsymbol{s}_{2i}$，固定于动平台上转轴的轴线单位矢量方向定义为 $\boldsymbol{s}_{3i}$；以上铰点 P_i 为原点，在活塞杆上建立体坐标系$\{P_i\}$（即直角坐标系 $P_i-X_{1i}Y_{1i}Z_{1i}$）；定义体坐标系$\{P_i\}$中的 X_{1i} 轴线单位矢量方向为 $\hat{\boldsymbol{x}}_{1i}$，且有 $\hat{\boldsymbol{x}}_{1i}=\boldsymbol{s}_{2i}$，$Z_{1i}$ 轴线单位矢量方向为 $\hat{\boldsymbol{z}}_{1i}$，且有 $\hat{\boldsymbol{z}}_{1i}=\boldsymbol{n}_{2i}$，$Y_{1i}$ 轴线单位矢量方向为 $\hat{\boldsymbol{y}}_{1i}$（由右手定则得到）；以下铰点 B_i 为原点，在缸筒上建立体坐标系$\{B_i\}$（即直角坐标系 $B_i-X_iY_iZ_i$）；定义体坐标系$\{B_i\}$中的 X_i 轴线单位矢量方向为 $\hat{\boldsymbol{x}}_i$，且有 $\hat{\boldsymbol{x}}_i=\boldsymbol{s}_{1i}$，$Z_i$ 轴线单位矢量方向为 $\hat{\boldsymbol{z}}_i$，且有 $\hat{\boldsymbol{z}}_i=\boldsymbol{n}_{1i}$，$Y_i$ 轴线单位矢量方向为 $\hat{\boldsymbol{y}}_i$（由右手定则得到）。

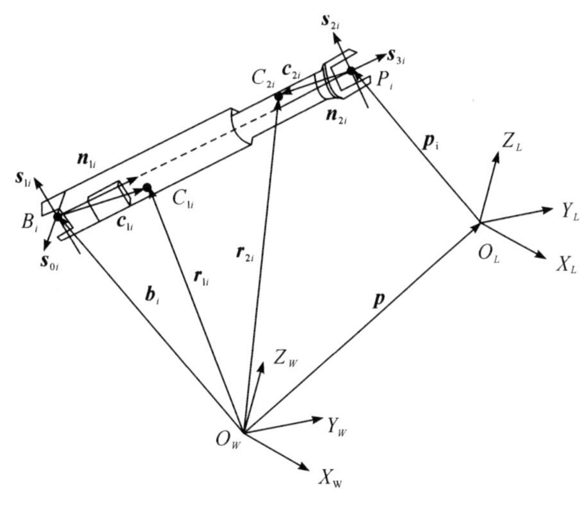

图6-2 第i个支路示意图

6.3 完整运动学反解分析

在给出6-UCU型Gough-Stewart平台运行工况的前提下，求解各个支路中作动器的伸缩长度、伸缩速度和伸缩加速度，称为运动学反解分析[7]。

6.3.1 位置反解分析

根据位置矢量关系(见图6-2)，可得到支路i中的上铰点P_i在惯性坐标系$\{W\}$中的位置矢量为

$$\boldsymbol{p}+\boldsymbol{p}_i=\boldsymbol{b}_i+l_{1i}\boldsymbol{n}_{1i}+l_{2i}\boldsymbol{n}_{2i} \tag{6-1}$$

式中 $\boldsymbol{p}_i$ 为上铰点 P_i 在体坐标系$\{L\}$中的位置矢量${}^L\boldsymbol{p}_i$在惯性坐标系$\{W\}$中的表示，有$\boldsymbol{p}_i={}^W\boldsymbol{R}_L{}^L\boldsymbol{p}_i$；$\boldsymbol{p}$为动平台上控制点$O_L$在坐标系$\{W\}$中的位置矢量；$\boldsymbol{b}_i$为下铰点$B_i$在惯性坐标系$\{W\}$中的位置矢量；$l_{1i}$为支路$i$中作动器从点$B_i$到活塞下端面的轴向距离，是一个变化量；$l_{2i}$为支路$i$中作动器从点$P_i$到活塞下端面的轴向距离，是一个固定值。

在支路i中，作动器从点B_i到P_i的轴向距离为

$$l_i=l_{1i}+l_{2i} \tag{6-2}$$

式中，l_i为支路i中作动器从点B_i到P_i的轴向距离。

由式(6-1)与式(6-2)，得到l_i的值为

$$l_i=\sqrt{(\boldsymbol{p}+\boldsymbol{p}_i-\boldsymbol{b}_i)^{\mathrm{T}}(\boldsymbol{p}+\boldsymbol{p}_i-\boldsymbol{b}_i)} \tag{6-3}$$

然后得到支路i中作动器的轴线方向单位矢量为

$$\boldsymbol{n}_i=\boldsymbol{n}_{1i}=\boldsymbol{n}_{2i}=\frac{(\boldsymbol{p}+\boldsymbol{p}_i-\boldsymbol{b}_i)}{l_i} \tag{6-4}$$

式中，$\boldsymbol{n}_i$ 为支路 i 中作动器从点 B_i 到 P_i 的轴向方向单位矢量。

6.3.2 速度反解分析

式(6-1)左边对时间进行求导，得到点 P_i 的平移速度为

$$\boldsymbol{v}_{Pi}=\dot{\boldsymbol{p}}+\boldsymbol{\omega}_P\times\boldsymbol{p}_i \tag{6-5}$$

式中，$\boldsymbol{v}_{Pi}$ 表示上铰点 P_i 在坐标系 $\{W\}$ 中的平移速度矢量；$\dot{\boldsymbol{p}}$ 表示 $\boldsymbol{p}$ 对时间的一次导数，为动平台上控制点 O_L 在惯性坐标系 $\{W\}$ 中的平移速度矢量；$\boldsymbol{\omega}_P$ 为动平台在惯性坐标系 $\{W\}$ 中的转移角速度矢量。

式(6-5)两边点乘 $\boldsymbol{n}_i$，得到支路 i 中作动器的伸缩速度为

$$\dot{l}_i=\boldsymbol{v}_{Pi}\cdot\boldsymbol{n}_i=\boldsymbol{n}_i\cdot\dot{\boldsymbol{p}}+(\boldsymbol{p}_i\times\boldsymbol{n}_i)\cdot\boldsymbol{\omega}_P \tag{6-6}$$

式中，$\dot{l}_i$ 为 l_i 对时间的一次求导，为支路 i 中作动器的伸缩速度。

把6个支路的伸缩速度求解表达式合并为矩阵的形式，有

$$\dot{\boldsymbol{l}}=\boldsymbol{J}\begin{bmatrix}\dot{\boldsymbol{p}}\\ \boldsymbol{\omega}_P\end{bmatrix} \tag{6-7}$$

其中

$$\dot{\boldsymbol{l}}=[\dot{l}_1\quad\dot{l}_2\quad\dot{l}_3\quad\dot{l}_4\quad\dot{l}_5\quad\dot{l}_6]^{\mathrm{T}} \tag{6-8}$$

$$\boldsymbol{J}=\begin{bmatrix}\boldsymbol{n}_1^{\mathrm{T}} & (\boldsymbol{p}_1\times\boldsymbol{n}_1)^{\mathrm{T}}\\ \vdots & \vdots\\ \boldsymbol{n}_6^{\mathrm{T}} & (\boldsymbol{p}_6\times\boldsymbol{n}_6)^{\mathrm{T}}\end{bmatrix} \tag{6-9}$$

式中，$\boldsymbol{J}$ 为描述6-UCU型Gough-Stewart平台的空间六维位姿速度与6个支路作动器的伸缩速率之间关系的雅可比矩阵。

6.3.3 加速度反解分析

式(6-7)对时间进行求导，得到6个支路中作动器的伸缩加速度为

$$\ddot{\boldsymbol{l}}=\frac{\mathrm{d}\boldsymbol{J}}{\mathrm{d}t}\begin{bmatrix}\dot{\boldsymbol{p}}\\ \boldsymbol{\omega}_P\end{bmatrix}+\boldsymbol{J}\begin{bmatrix}\ddot{\boldsymbol{p}}\\ \dot{\boldsymbol{\omega}}_P\end{bmatrix} \tag{6-10}$$

式中，$\ddot{\boldsymbol{l}}$ 表示6个支路中作动器的伸缩加速度组成的矢量；$\ddot{\boldsymbol{p}}$ 表示 $\boldsymbol{p}$ 对时间的二次导数，为动平台上控制点 O_L 在惯性坐标系 $\{W\}$ 中的平移加速度矢量；$\dot{\boldsymbol{\omega}}_P$ 表示 $\boldsymbol{\omega}_P$ 对时间的一次导数，为动平台在惯性坐标系 $\{W\}$ 中的转动加速度矢量，有 $\dot{\boldsymbol{\omega}}_P=\boldsymbol{\alpha}_P$。

6.3.4 其他组成部分运动学分析

在进行动力学分析之前，需要分析得到支路中缸筒端质心处、活塞杆端质心处、动平台与负载综合体质心处的运动状况。与支路中作动器的伸缩速度和伸缩加速度不同，支路中缸筒

端质心处与活塞杆端质心处的角速度和角加速度取决于支路两端采用铰链的形式[7]。

由位置矢量之间的关系(见图 6 - 2),得到支路 i 中作动器缸筒端质心 C_{1i} 与活塞杆端质心 C_{2i} 在惯性坐标系$\{W\}$中的位置矢量分别为

$$\boldsymbol{r}_{1i}=\boldsymbol{b}_i+\boldsymbol{c}_{1i} \tag{6-11}$$

$$\boldsymbol{r}_{2i}=\boldsymbol{p}+\boldsymbol{p}_i+\boldsymbol{c}_{2i} \tag{6-12}$$

式中,$\boldsymbol{r}_{1i}$ 表示支路 i 中作动器缸筒端质心 C_{1i} 在坐标系$\{W\}$中的位置矢量;$\boldsymbol{r}_{2i}$ 表示支路 i 中作动器活塞杆端质心 C_{2i} 在坐标系$\{W\}$中的位置矢量;$\boldsymbol{c}_{1i}$ 表示 ${}^{Bi}\boldsymbol{c}_{1i}$ 在坐标系$\{W\}$的表示;$\boldsymbol{c}_{2i}$ 表示 ${}^{Pi}\boldsymbol{c}_{2i}$ 在坐标系$\{W\}$中的表示;${}^{Bi}\boldsymbol{c}_{1i}$ 表示支路 i 中作动器缸筒端质心 C_{1i} 在坐标系$\{B_i\}$中的位置矢量;${}^{Pi}\boldsymbol{c}_{2i}$ 表示支路 i 中作动器活塞杆端质心 C_{2i} 在坐标系$\{P_i\}$中的位置矢量。

动平台与负载综合体质心在坐标系$\{W\}$中的位置矢量为

$$\boldsymbol{r}_C=\boldsymbol{p}+\boldsymbol{c} \tag{6-13}$$

式中,$\boldsymbol{r}_C$ 表示动平台与负载综合体质心在坐标系$\{W\}$中的位置矢量;$\boldsymbol{c}$ 表示 ${}^{L}\boldsymbol{c}$ 在坐标系$\{W\}$中的表示;${}^{L}\boldsymbol{c}$ 表示动平台与负载综合体质心在坐标系$\{L\}$中的位置矢量。

通过上面的分析已经得到各个质心处的位置矢量,下面分析它们的速度、角速度。

式(6 - 1) 右边对时间求导,也可得到点 P_i 的速度,为

$$\boldsymbol{v}_{Pi}=\dot{l}_{1i}\boldsymbol{n}_{1i}+\boldsymbol{\omega}'_{1i}\times l_{1i}\boldsymbol{n}_{1i}+\boldsymbol{\omega}'_{2i}\times l_{2i}\boldsymbol{n}_{2i} \tag{6-14}$$

式中,$\dot{l}_{1i}$ 表示 l_{1i} 对时间的导数;$\boldsymbol{\omega}'_{1i}$表示支路 i 中缸筒端在惯性坐标系$\{W\}$中的转动角速度矢量;$\boldsymbol{\omega}'_{2i}$表示支路 i 中活塞杆端在惯性坐标系$\{W\}$中的转动角速度矢量。

根据作动器的结构形式,有关系式

$$\dot{l}_i=\dot{l}_{1i} \tag{6-15}$$

根据螺旋理论知识分析得到的结果得到[8]:转动速度可表示为绕各个转动轴线方向的转动速度之和。依据虎克铰与作动器的实际构造形式,可得到下面的关系式:

$$\boldsymbol{\omega}'_{1i}=\omega_{0i}\boldsymbol{s}_{0i}+\omega_{1i}\boldsymbol{s}_{1i} \tag{6-16}$$

$$\boldsymbol{\omega}'_{2i}=\omega_{0i}\boldsymbol{s}_{0i}+\omega_{1i}\boldsymbol{s}_{1i}+\omega_{ni}\boldsymbol{n}_{1i} \tag{6-17}$$

式中,ω_{0i} 表示支路 i 中缸筒端绕轴线 $\boldsymbol{s}_{0i}$ 的转动角速度分量;ω_{1i} 表示支路 i 中缸筒端绕轴线 $\boldsymbol{s}_{1i}$ 的转动角速度分量;ω_{ni} 表示支路 i 中活塞杆端绕轴线 $\boldsymbol{n}_{1i}$ 的转动角速度分量。

当 $\boldsymbol{s}_{0i}$ 与 $\boldsymbol{n}_{1i}$ 不共线时,通过运算得到 ω_{0i} 和 ω_{1i} 分别为

$$\omega_{0i}=\frac{\boldsymbol{v}_{Pi}\cdot\boldsymbol{s}_{1i}}{l_i\,\|\boldsymbol{s}_{0i}\times\boldsymbol{n}_{1i}\|} \tag{6-18}$$

$$\omega_{1i}=\frac{\boldsymbol{v}_{Pi}\cdot\hat{\boldsymbol{y}}_i}{-l_i} \tag{6-19}$$

式中

$$\boldsymbol{s}_{1i}=\frac{\boldsymbol{s}_{0i}\times\boldsymbol{n}_{1i}}{\|\boldsymbol{s}_{0i}\times\boldsymbol{n}_{1i}\|} \tag{6-20}$$

由式(6-18) 可得到:当 $\boldsymbol{s}_{0i}$ 与 $\boldsymbol{n}_{1i}$ 共线时,式(6-18) 中分母为零,此时为一个奇异位姿[9]。

基于螺旋理论的知识[8] 和第 2 章的内容可知：动平台的角速度矢量 $\boldsymbol{\omega}_P$ 可以表示为支路 i 中绕各个转动轴线方向角速度分量的组合，为

$$\boldsymbol{\omega}_P = \omega_{0i}\boldsymbol{s}_{0i} + \omega_{1i}\boldsymbol{s}_{1i} + \omega_{ni}\boldsymbol{n}_{1i} + \omega_{2i}\boldsymbol{s}_{2i} + \omega_{3i}\boldsymbol{s}_{3i} \tag{6-21}$$

式中，ω_{2i} 表示动平台在支路 i 中绕轴线 $\boldsymbol{s}_{2i}$ 的转动角速度分量；ω_{3i} 表示动平台在支路 i 中绕轴线 $\boldsymbol{s}_{3i}$ 的转动角速度分量。式(6-21) 两边分别点乘 $\boldsymbol{s}_{2i} \times \boldsymbol{s}_{3i}$，$\boldsymbol{s}_{2i}$ 与 $\boldsymbol{s}_{3i}$，且当 $\boldsymbol{s}_{3i}$ 与 $\boldsymbol{n}_{1i}$ 不共线时，得到 ω_{ni}，ω_{2i} 和 ω_{3i} 分别为

$$\omega_{ni} = \frac{(\boldsymbol{s}_{2i} \times \boldsymbol{s}_{3i}) \cdot (\boldsymbol{\omega}_P - \boldsymbol{\omega}'_{1i})}{(\boldsymbol{s}_{2i} \times \boldsymbol{s}_{3i}) \cdot \boldsymbol{n}_{1i}} \tag{6-22}$$

$$\omega_{2i} = \boldsymbol{s}_{2i} \cdot (\boldsymbol{\omega}_P - \boldsymbol{\omega}'_{1i}) \tag{6-23}$$

$$\omega_{3i} = \boldsymbol{s}_{3i} \cdot (\boldsymbol{\omega}_P - \boldsymbol{\omega}'_{2i}) \tag{6-24}$$

由式(6-22) 得到：当 $\boldsymbol{s}_{3i}$ 与 $\boldsymbol{n}_{1i}$ 共线时，式(6-22) 中分母为零，此时为另一个奇异位姿[9]。

式(6-11) 和式(6-12) 分别对时间求导，得到支路 i 中作动器缸筒端质心 C_{1i} 与活塞杆端质心 C_{2i} 的平移速度分别为

$$\boldsymbol{v}_{1i} = \boldsymbol{\omega}'_{1i} \times \boldsymbol{c}_{1i} \tag{6-25}$$

$$\boldsymbol{v}_{2i} = \dot{\boldsymbol{p}} + \boldsymbol{\omega}_P \times \boldsymbol{p}_i + \boldsymbol{\omega}'_{2i} \times \boldsymbol{c}_{2i} \tag{6-26}$$

式中，$\boldsymbol{v}_{1i}$ 表示支路 i 中缸筒端质心 C_{1i} 在惯性坐标系$\{W\}$ 中的平移速度；$\boldsymbol{v}_{2i}$ 表示支路 i 中活塞杆端质心 C_{2i} 在惯性坐标系$\{W\}$ 中的平移速度。

式(6-13) 对时间求导，得到动平台与负载综合体质心的平移速度为

$$\boldsymbol{v}_C = \dot{\boldsymbol{p}} + \boldsymbol{\omega}_P \times \boldsymbol{c} \tag{6-27}$$

式中，$\boldsymbol{v}_C$ 表示动平台与负载综合体质心在惯性坐标系$\{W\}$ 中的平移速度。

通过上面的分析已经得到各个质心处的速度与角速度，下面分析它们的加速度和角加速度。

式(6-5) 对时间进行求导，得到上铰点 P_i 处的平移加速度为

$$\boldsymbol{a}_{Pi} = \ddot{\boldsymbol{p}} + \boldsymbol{\alpha}_P \times \boldsymbol{p}_i + \boldsymbol{\omega}_P \times (\boldsymbol{\omega}_P \times \boldsymbol{p}_i) \tag{6-28}$$

式中，$\boldsymbol{a}_{Pi}$ 表示上铰点 P_i 在惯性坐标系$\{W\}$ 中的平移加速度；$\ddot{\boldsymbol{p}}$ 表示 $\boldsymbol{p}$ 对时间的二次导数，为动平台上控制点 O_L 在惯性坐标系$\{W\}$ 中的平移加速度。

式(6-14) 对时间进行求导，同样能得到上铰点 P_i 处的平移加速度，为

$$\begin{aligned}\boldsymbol{a}_{Pi} = {} & \ddot{l}_{1i}\boldsymbol{n}_{1i} + 2\boldsymbol{\omega}'_{1i} \times \dot{l}_{1i}\boldsymbol{n}_{1i} + \boldsymbol{\alpha}'_{1i} \times l_{1i}\boldsymbol{n}_{1i} + \boldsymbol{\omega}'_{1i} \times (\boldsymbol{\omega}'_{1i} \times l_{1i}\boldsymbol{n}_{1i}) + \\ & \boldsymbol{\alpha}'_{2i} \times l_{2i}\boldsymbol{n}_{2i} + \boldsymbol{\omega}'_{2i} \times (\boldsymbol{\omega}'_{2i} \times l_{2i}\boldsymbol{n}_{1i})\end{aligned} \tag{6-29}$$

式中，$\ddot{l}_{1i}$ 表示 l_{1i} 对时间的二次导数；$\boldsymbol{\alpha}'_{1i}$表示支路 i 中缸筒端在惯性坐标系$\{W\}$ 中的转动角加速度；$\boldsymbol{\alpha}'_{2i}$表示支路 i 中活塞杆端在惯性坐标系$\{W\}$ 中的转动角加速度。

根据作动器中圆柱副的结构组成，有关系式：

$$\ddot{l}_i = \ddot{l}_{1i} \tag{6-30}$$

式中，$\ddot{l}_i$ 为支路 i 中活塞杆沿轴线方向的伸缩加速度。

式(6-16) 两边对时间求导，并且依据轴线 $\boldsymbol{s}_{1i}$ 只能以角速度 $\omega_{0i}\boldsymbol{s}_{0i}$ 绕 $\boldsymbol{s}_{0i}$ 转动这一事实，得到缸筒端的转动角加速度为

$$\boldsymbol{\alpha}'_{1i}=\alpha_{0i}\boldsymbol{s}_{0i}+\alpha_{1i}\boldsymbol{s}_{1i}+\omega_{0i}\omega_{1i}\boldsymbol{s}_{0i}\times\boldsymbol{s}_{1i} \tag{6-31}$$

式中,α_{0i} 表示支路i 中缸筒端绕轴线$\boldsymbol{s}_{0i}$ 的转动角加速度分量大小;α_{1i} 表示支路i 中缸筒端绕轴线 $\boldsymbol{s}_{1i}$ 的转动角加速度分量大小。

式(6-17) 两边对时间求导,并且依据轴线 $\boldsymbol{n}_{1i}$ 只能以角速度 $\boldsymbol{\omega}'_{1i}$绕下铰点 B_i 转动这一实事,得到活塞杆端的转动角加速度为

$$\boldsymbol{\alpha}_{2i}=\boldsymbol{\alpha}'_{1i}+\alpha_{ni}\boldsymbol{n}_{1i}+\omega_{ni}\boldsymbol{\omega}'_{1i}\times\boldsymbol{n}_{1i} \tag{6-32}$$

式中,α_{ni} 表示支路 i 中活塞杆端绕轴线 $\boldsymbol{n}_{1i}$ 的转动角加速度分量。

式(6-29) 两边点乘 $\boldsymbol{n}_{1i}$,得到支路 i 中活塞杆沿轴线方向的伸缩加速度为

$$\ddot{l}_i=\ddot{l}_{1i}=\boldsymbol{u}_i\cdot\boldsymbol{n}_{1i} \tag{6-33}$$

式中

$$\boldsymbol{u}_i=\boldsymbol{a}_{Pi}-(2\boldsymbol{\omega}'_{1i}\times\dot{l}_{1i}\boldsymbol{n}_{1i}+\boldsymbol{\omega}'_{1i}\times(\boldsymbol{\omega}'_{1i}\times l_{1i}\boldsymbol{n}_{1i})+\boldsymbol{\omega}'_{2i}\times(\boldsymbol{\omega}'_{2i}\times l_{2i}\boldsymbol{n}_{1i})) \tag{6-34}$$

在式(6-29) 两边分别点乘 $\boldsymbol{s}_{1i}$ 和 $\hat{\boldsymbol{y}}_i$,且当 $\boldsymbol{s}_{0i}$ 与 $\boldsymbol{n}_{1i}$ 不共线时,得到 α_{0i} 和 α_{1i} 分别为

$$\alpha_{0i}=\frac{[\boldsymbol{u}_i-\omega_{0i}\omega_{1i}l_{1i}(\boldsymbol{s}_{0i}\times\boldsymbol{s}_{1i})\times\boldsymbol{n}_{1i}-\boldsymbol{h}_i\times l_{2i}\boldsymbol{n}_{2i}]\cdot\boldsymbol{s}_{1i}}{l_i\|\boldsymbol{s}_{0i}\times\boldsymbol{n}_{1i}\|} \tag{6-35}$$

$$\alpha_{1i}=-\frac{[\boldsymbol{u}_i-\omega_{0i}\omega_{1i}l_{1i}(\boldsymbol{s}_{0i}\times\boldsymbol{s}_{1i})\times\boldsymbol{n}_{1i}-\boldsymbol{h}_i\times l_{2i}\boldsymbol{n}_{2i}]\cdot\hat{\boldsymbol{y}}_i}{l_i} \tag{6-36}$$

其中

$$\boldsymbol{h}_i=\omega_{0i}\omega_{1i}\boldsymbol{s}_{0i}\times\boldsymbol{s}_{1i}+\omega_{ni}\boldsymbol{\omega}'_{1i}\times\boldsymbol{n}_{1i} \tag{6-37}$$

由式(6-35) 得到:当 $\boldsymbol{s}_{0i}$ 与 $\boldsymbol{n}_{1i}$ 共线时,式(6-35) 中分母为零,此时为一个奇异位姿[9]。

式(6-21) 两边对时间求导,并且依据轴线 $\boldsymbol{s}_{2i}$ 只能以角速度$\boldsymbol{\omega}'_{2i}$绕铰点$B_i$ 转动,与轴线 $\boldsymbol{s}_{3i}$ 只能以角速度$(\boldsymbol{\omega}'_{2i}+\omega_{2i}\boldsymbol{s}_{2i})$绕铰点 B_i 转动,得到动平台的转动角加速度为

$$\begin{aligned}\boldsymbol{\alpha}_P=&\alpha_{0i}\boldsymbol{s}_{0i}+\alpha_{1i}\boldsymbol{s}_{1i}+\alpha_{ni}\boldsymbol{n}_{1i}+\alpha_{2i}\boldsymbol{s}_{2i}+\alpha_{3i}\boldsymbol{s}_{3i}+\omega_{0i}\boldsymbol{s}_{0i}\times\omega_{1i}\boldsymbol{s}_{1i}+\\&\boldsymbol{\omega}'_{1i}\times\omega_{ni}\boldsymbol{n}_{1i}+\boldsymbol{\omega}'_{2i}\times\omega_{2i}\boldsymbol{s}_{2i}+(\boldsymbol{\omega}'_{2i}+\omega_{2i}\boldsymbol{s}_{2i})\times\omega_{3i}\boldsymbol{s}_{3i}\end{aligned} \tag{6-38}$$

式中,α_{2i} 表示动平台在支路i 中绕轴线$\boldsymbol{s}_{2i}$ 的转动角加速度分量大小;α_{3i} 表示动平台在支路i 中绕轴线 $\boldsymbol{s}_{3i}$ 的转动角加速度分量大小。

式(6-38) 两边分别点乘 $\boldsymbol{s}_{2i}\times\boldsymbol{s}_{3i}$,$\boldsymbol{s}_{2i}$ 和 $\boldsymbol{s}_{3i}$,且当 $\boldsymbol{s}_{3i}$ 与 $\boldsymbol{n}_{1i}$ 不共线时,得到 α_{ni},α_{2i} 和 α_{3i} 分别为

$$\alpha_{ni}=\frac{(\boldsymbol{s}_{2i}\times\boldsymbol{s}_{3i})\cdot(\boldsymbol{\alpha}_P-\boldsymbol{k}_i)}{(\boldsymbol{s}_{2i}\times\boldsymbol{s}_{3i})\cdot\boldsymbol{n}_{1i}} \tag{6-39}$$

$$\alpha_{2i}=\boldsymbol{s}_{2i}\cdot(\boldsymbol{\alpha}_P-\boldsymbol{k}_i) \tag{6-40}$$

$$\alpha_{3i}=\boldsymbol{s}_{3i}\cdot(\boldsymbol{\alpha}_P-\boldsymbol{k}_i-\alpha_{ni}\boldsymbol{n}_{1i}) \tag{6-41}$$

式中

$$\boldsymbol{k}_i=\alpha_{0i}\boldsymbol{s}_{0i}+\alpha_{1i}\boldsymbol{s}_{1i}+\omega_{0i}\boldsymbol{s}_{0i}\times\omega_{1i}\boldsymbol{s}_{1i}+\boldsymbol{\omega}'_{1i}\times\omega_{ni}\boldsymbol{n}_{1i}+\boldsymbol{\omega}'_{2i}\times\omega_{2i}\boldsymbol{s}_{2i}+(\boldsymbol{\omega}'_{2i}+\omega_{2i}\boldsymbol{s}_{2i})\times\omega_{3i}\boldsymbol{s}_{3i} \tag{6-42}$$

由式(6-39) 得到:当 $\boldsymbol{s}_{3i}$ 与 $\boldsymbol{n}_{1i}$ 共线时,式(6-39) 中分母为零,此时为另一个奇异位姿[9]。

式(6－25)和式(6－26)分别对时间求导，得到支路 i 中作动器缸筒端质心 C_{1i} 和活塞杆端质心 C_{2i} 的平移加速度分别为

$$\boldsymbol{a}_{1i}=\boldsymbol{\alpha}'_{1i}\times\boldsymbol{c}_{1i}+\boldsymbol{\omega}'_{1i}\times(\boldsymbol{\omega}'_{1i}\times\boldsymbol{c}_{1i}) \tag{6-43}$$

$$\boldsymbol{a}_{2i}=\ddot{\boldsymbol{p}}+\boldsymbol{\alpha}_{P}\times\dot{\boldsymbol{p}}+\boldsymbol{\omega}_{P}\times(\boldsymbol{\omega}_{P}\times\boldsymbol{p}_{i})+\boldsymbol{\alpha}'_{2i}\times\boldsymbol{c}_{2i}+\boldsymbol{\omega}'_{2i}\times(\boldsymbol{\omega}'_{2i}\times\boldsymbol{c}_{2i}) \tag{6-44}$$

式中，$\boldsymbol{a}_{1i}$ 表示支路 i 中缸筒端质心 C_{1i} 在惯性坐标系$\{W\}$中的平移加速度；$\boldsymbol{a}_{2i}$ 表示支路 i 中活塞杆端质心 C_{2i} 在惯性坐标系$\{W\}$中的平移加速度。

式(6－27)对时间求导，得到动平台与负载综合体质心的平移加速度为

$$\boldsymbol{a}_{C}=\ddot{\boldsymbol{p}}+\boldsymbol{\alpha}_{P}\times\boldsymbol{c}+\boldsymbol{\omega}_{P}\times(\boldsymbol{\omega}_{P}\times\boldsymbol{c}) \tag{6-45}$$

式中，$\boldsymbol{a}_{C}$ 为动平台与负载综合体质心在惯性坐标系$\{W\}$中的平移加速度。

通过上面的运动学分析得到：当固定于静平台上虎克铰的转轴方向与作动器的轴线方向共线时，致使式(6－18)与式(6－35)中分母为零，为一个奇异位姿[9]；当固定于动平台上虎克铰的转轴方向与作动器的轴线方向共线时，致使式(6－22)与式(6－39)中分母为零，为另一个奇异位姿[9]。

6.4 完整动力学反解分析

由于利用达朗贝尔原理与牛顿-欧拉方程相结合，动力学问题可以转化为受力平衡来进行分析，从而可使动力学反解分析简便，所以本节采用它们的结合来对 6－UCU 型 Gough-Stewart 平台各组成部分的受力状况进行分析。

忽略摩擦力，在支路 i 中，下铰对缸筒施加一个力 $\boldsymbol{F}_{Bi}$ 与一个力矩 $\boldsymbol{M}_{Bi}$[7]（见图 6－3）。上铰对活塞杆施加一个力 $\boldsymbol{F}_{Pi}$ 与一个力矩 $\boldsymbol{M}_{Pi}$。把力 $\boldsymbol{F}_{Pi}$ 分解为沿 $\boldsymbol{n}_{2i}$ 的力 $\boldsymbol{F}_i^a=f_i^a\boldsymbol{n}_{2i}$（其中 f_i^a 为力 $\boldsymbol{F}_i^a$ 的大小）与垂直于 $\boldsymbol{n}_{2i}$ 的力 $\boldsymbol{F}_i^n$。

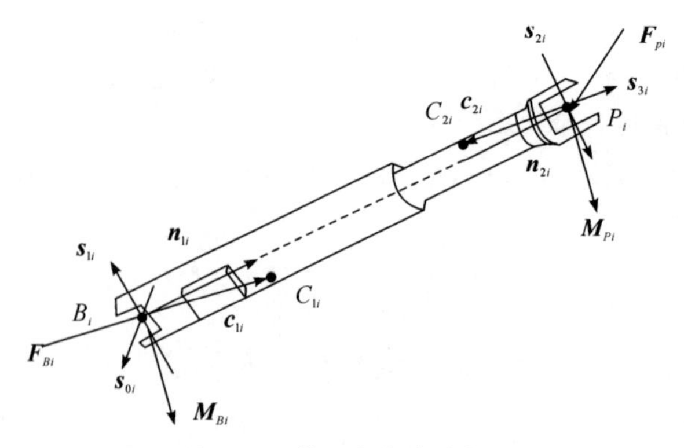

图 6－3　第 i 个支路受力图

忽略摩擦力，对整个支路 i 在下铰点 B_i 处进行力矩分析，可得

$$l_i\boldsymbol{n}_{2i}\times\boldsymbol{F}_i^n+(l_i\boldsymbol{n}_{2i}+\boldsymbol{c}_{2i})\times\boldsymbol{F}_{2i}+\boldsymbol{c}_{1i}\times\boldsymbol{F}_{1i}+M_{Bi}\frac{\boldsymbol{s}_{1i}\times\boldsymbol{s}_{0i}}{\|\boldsymbol{s}_{1i}\times\boldsymbol{s}_{0i}\|}+M_{Pi}\frac{\boldsymbol{s}_{2i}\times\boldsymbol{s}_{3i}}{\|\boldsymbol{s}_{2i}\times\boldsymbol{s}_{3i}\|}+\boldsymbol{M}_{1i}+\boldsymbol{M}_{2i}=\boldsymbol{0}_{3\times1} \tag{6-46}$$

式中，$\boldsymbol{0}_{3\times1}$ 表示元素全为 0 的 3 维列向量；$\boldsymbol{M}_{Bi}$ 表示支路 i 中通过下虎克铰对缸筒施加的力矩，M_{Bi} 为其大小，有 $\boldsymbol{M}_{Bi}=M_{Bi}\dfrac{\boldsymbol{s}_{1i}\times\boldsymbol{s}_{0i}}{\|\boldsymbol{s}_{1i}\times\boldsymbol{s}_{0i}\|}$；$\boldsymbol{M}_{Pi}$ 表示支路 i 中通过上虎克铰对活塞杆施加的力矩，M_{Pi} 为其大小，有 $\boldsymbol{M}_{Pi}=M_{Pi}\dfrac{\boldsymbol{s}_{2i}\times\boldsymbol{s}_{3i}}{\|\boldsymbol{s}_{2i}\times\boldsymbol{s}_{3i}\|}$；$\boldsymbol{F}_{1i}$ 表示支路 i 中缸筒端的重力与惯性力作用之和，有 $\boldsymbol{F}_{1i}=m_{1i}(\boldsymbol{g}-\boldsymbol{a}_{1i})$；$m_{1i}$ 表示支路 i 中缸筒端的质量；$\boldsymbol{g}$ 表示重力加速度；$\boldsymbol{F}_{2i}$ 表示支路 i 中活塞杆端的重力与惯性力作用之和，有 $\boldsymbol{F}_{2i}=m_{2i}(\boldsymbol{g}-\boldsymbol{a}_{2i})$；$m_{2i}$ 表示支路 i 中活塞杆端的质量；$\boldsymbol{M}_{1i}$ 表示支路 i 中缸筒端的惯性力矩，有 $\boldsymbol{M}_{1i}=-\boldsymbol{I}_{1i}\boldsymbol{\alpha}_{1i}-\boldsymbol{\omega}'_{1i}\times(\boldsymbol{I}_{1i}\boldsymbol{\omega}'_{1i})$；$\boldsymbol{I}_{1i}$ 表示支路 i 中缸筒端绕质心 C_{1i} 的惯量矩阵在坐标系 $\{W\}$ 中的表示；$\boldsymbol{M}_{2i}$ 表示支路 i 中活塞杆端的惯性力矩，有 $\boldsymbol{M}_{2i}=-\boldsymbol{I}_{2i}\boldsymbol{\alpha}_{2i}-\boldsymbol{\omega}'_{2i}\times(\boldsymbol{I}_{2i}\boldsymbol{\omega}'_{2i})$；$\boldsymbol{I}_{2i}$ 表示支路 i 中活塞杆端绕质心 C_{2i} 的惯量矩阵在坐标系 $\{W\}$ 中的表示。

忽略摩擦力，在支路 i 中，活塞对缸筒施加一个力矩 $\boldsymbol{M}_{ci}^n$（方向垂直于 $\boldsymbol{n}_{1i}$）、一个垂直于 $\boldsymbol{n}_{1i}$ 的力 $\boldsymbol{F}_{ci}^n$ 和一个沿 $\boldsymbol{n}_{1i}$ 方向的力 $-\tau_i\boldsymbol{n}_{1i}$（其中为 τ_i 为活塞的出力大小）（见图 6-4）。对支路 i 中缸筒端在下铰点 B_i 处进行力矩分析，可得

$$\boldsymbol{c}_{1i}\times\boldsymbol{F}_{1i}+\boldsymbol{M}_{1i}+l'_{1i}\boldsymbol{n}_{1i}\times\boldsymbol{F}_{ci}^n+\boldsymbol{M}_{ci}^n+M_{Bi}\frac{\boldsymbol{s}_{1i}\times\boldsymbol{s}_{0i}}{\|\boldsymbol{s}_{1i}\times\boldsymbol{s}_{0i}\|}=\boldsymbol{0}_{3\times1} \tag{6-47}$$

式中，l'_{1i} 表示支路 i 中从下铰点 B_i 到力 $\boldsymbol{F}_{ci}^n$ 对缸筒作用点的距离。

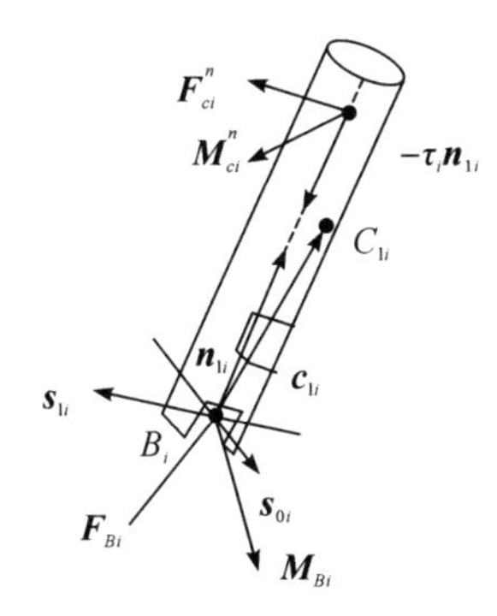

图 6-4　第 i 个支路中缸筒端受力图

式(6-47) 两边同时点乘 $\boldsymbol{n}_{1i}$，且当 $\boldsymbol{s}_{0i}$ 与 $\boldsymbol{n}_{1i}$ 方向不共线时，得到 M_{Bi} 为

$$M_{Bi}=-\frac{(\boldsymbol{c}_{1i}\times\boldsymbol{F}_{1i}+\boldsymbol{M}_{1i})\cdot\boldsymbol{n}_{1i}}{\dfrac{(\boldsymbol{s}_{1i}\times\boldsymbol{s}_{0i})}{\|\boldsymbol{s}_{1i}\times\boldsymbol{s}_{0i}\|}\cdot\boldsymbol{n}_{1i}} \tag{6-48}$$

由式(6-48) 得到：当 $\boldsymbol{s}_{0i}$ 与 $\boldsymbol{n}_{1i}$ 共线时，式(6-48) 中分母为零，此时为一个奇异位姿[9]。

式(6-46) 两边进行点乘与叉乘 $\boldsymbol{n}_{1i}$ 运算，且当 $\boldsymbol{s}_{3i}$ 与 $\boldsymbol{n}_{1i}$ 方向不共线时，得到

$$M_{Pi} = \frac{-\boldsymbol{w}_i \cdot \boldsymbol{n}_{1i} - \boldsymbol{M}_{Bi} \cdot \boldsymbol{n}_{1i}}{\dfrac{(\boldsymbol{s}_{2i} \times \boldsymbol{s}_{3i})}{\| \boldsymbol{s}_{2i} \times \boldsymbol{s}_{3i} \|} \cdot \boldsymbol{n}_{1i}} \tag{6-49}$$

$$\boldsymbol{F}_i^n = \frac{\boldsymbol{n}_{2i} \times (\boldsymbol{w}_i + \boldsymbol{M}_{Pi} + \boldsymbol{M}_{Bi})}{l_i} \tag{6-50}$$

式中

$$\boldsymbol{w}_i = (l_i \boldsymbol{n}_{2i} + \boldsymbol{c}_{2i}) \times \boldsymbol{F}_{2i} + \boldsymbol{c}_{1i} \times \boldsymbol{F}_{1i} + \boldsymbol{M}_{1i} + \boldsymbol{M}_{2i} \tag{6-51}$$

由式(6-49)得到：当 $\boldsymbol{s}_{3i}$ 与 $\boldsymbol{n}_{1i}$ 共线时，式(6-49)中分母为零，此时为另一个奇异位姿[9]。

接着对动平台与负载综合体进行受力分析，可得

$$-\sum_{i=1}^{6} f_i^a \boldsymbol{n}_{2i} - \sum_{i=1}^{6} \boldsymbol{F}_i^n + \boldsymbol{F}_C = \boldsymbol{0}_{3\times 1} \tag{6-52}$$

式中，$\boldsymbol{F}_C$ 表示动平台与负载综合体质心处受到的惯性力、重力与外力之和，有 $\boldsymbol{F}_C = m_C \boldsymbol{g} - m_C \boldsymbol{a}_C + \boldsymbol{F}_e$；$\boldsymbol{F}_e$ 表示动平台与负载综合体质心处受到的外力之和；m_C 表示动平台与负载综合体的质量。

把负载与动平台当作一个整体，在控制点 O_L 处进行力矩分析，得

$$\boldsymbol{c} \times \boldsymbol{F}_C + \boldsymbol{M}_C - \sum_{i=1}^{6} (\boldsymbol{p}_i \times \boldsymbol{F}_i^n + \boldsymbol{M}_{Pi}) - \sum_{i=1}^{6} (\boldsymbol{p}_i \times f_i^a \boldsymbol{n}_{2i}) = \boldsymbol{0}_{3\times 1} \tag{6-53}$$

式中，$\boldsymbol{M}_C$ 表示动平台与负载综合体在综合体质心处的惯性力矩与外力矩之和，有 $\boldsymbol{M}_C = -\boldsymbol{I}_C \boldsymbol{\alpha}_P - \boldsymbol{\omega}_P \times (\boldsymbol{I}_C \boldsymbol{\omega}_P) + \boldsymbol{M}_e$，$\boldsymbol{M}_e$ 表示动平台与负载综合体受到的外力矩之和。

由式(6-52)与式(6-53)，可得

$$\begin{bmatrix} f_1^a \\ \vdots \\ f_6^a \end{bmatrix} = \boldsymbol{J}^{-\mathrm{T}} \boldsymbol{N}_k \tag{6-54}$$

式中

$$\boldsymbol{N}_k = \begin{bmatrix} \boldsymbol{F}_C - \sum_{i=1}^{6} \boldsymbol{F}_i^n \\ \boldsymbol{c} \times \boldsymbol{F}_C + \boldsymbol{M}_C - \sum_{i=1}^{6} (\boldsymbol{p}_i \times \boldsymbol{F}_i^n + \boldsymbol{M}_{Pi}) \end{bmatrix} \tag{6-55}$$

对支路 i 中活塞杆端沿轴线 $\boldsymbol{n}_{2i}$ 进行受力分析，可得

$$f_i^a + \boldsymbol{n}_{2i} \cdot \boldsymbol{F}_{2i} + \tau_i = 0 \tag{6-56}$$

即

$$\tau_i = -(f_i^a + \boldsymbol{n}_{2i} \cdot \boldsymbol{F}_{2i}) \tag{6-57}$$

笔者在博士论文[10]中在 SimMechanics 中搭建模型验证了本章中 6-UCU 型 Gough-Stewart 平台的完整运动学和完整动力学反解式子的正确性，并通过仿真实例对比分析得到了简化动力学模型与本章建立的完整动力学模型计算作动器出力时所适用的场合[10]：

(1)在低频时,采用简化动力学模型能得到精确的作动器功率大小;

(2)在高频时,当作动器沿轴线方向的转动惯量分量大小相对于垂直于轴线方向的转动惯量分量大小可以忽略不计(如1%)时,采用简化动力学模型能得到精确的作动器功率大小;

(3)在高频时,当作动器沿轴线方向的转动惯量分量大小达到垂直于轴线方向的转动惯量分量大小的一定比例(如10%)时,需利用完整模型才能得到精确的作动器功率大小;

(4)在高频时,当作动器沿轴线方向的转动惯量分量大小达到垂直于轴线方向的转动惯量分量大小的很大比例(如50%)时,需利用完整模型才能得到正确的作动器功率大小。

这些工作为6-UCU型Gough-Stewart平台动力学模型的选择提供了理论依据。

参考文献

[1] 刘国军. Gough-Stewart平台的分析与优化设计[M]. 西安:西北工业大学出版社,2019:1-13.

[2] KOEKERAKKER S H. Model Based Control of A Flight Simulator Motion System [D]. Netherlands: Delft University of Technology,2001: 31-73.

[3] 何景峰. 液压驱动六自由度并联机器人特性及其控制策略研究[D]. 哈尔滨:哈尔滨工业大学,2007:21-35.

[4] 代小林,何景峰,韩俊伟,等. 对接机构综合试验台运动模拟器的固有频率[J]. 吉林大学学报(工学版),2009,39(1):308-313.

[5] 郭洪波. 液压驱动六自由度平台的动力学建模与控制[D]. 哈尔滨:哈尔滨工业大学,2006:21-52.

[6] LIU G J, ZHENG S T, PETER OGBOBE, et al. Inverse Kinematic and Dynamic Analyses of the 6-UCU Parallel Manipulator [C]//Numbers, Intelligence, Manufacturing Technology and Machinery Automation,2011:172-180.

[7] HARIB K, SRINIVASAN K. Kinematic and Dynamic Analysis of Stewart Platform-Based Machine Tool Structures[J]. Robotica, 2003,21:541-554.

[8] RICO J M, DUFFY J. An Application of Screw Algebra to the Acceleration Analysis of Serial Chains[J]. Mechanism and Machine Theory, 1996, 31: 445-457.

[9] LIU G J, QU Z Y, LIU X C, et al. Singularity Analysis and Detection of 6-UCU Parallel Manipulator[J]. Robotics and Computer-Integrated Manufacturing, 2014, 30(2): 172-179.

[10] 刘国军. 六自由度运动模拟平台的分析及结构参数的优化[D]. 哈尔滨:哈尔滨工业大学,2014:20-50.

第7章　利用凯恩方法对Delta并联机器人进行动力学建模

7.1　引　　言

瑞士洛桑联邦理工学院(EPFL)Clavel领导的团队发明了平移三自由度并联机器人——三自由度Delta并联机器人,如图7-1所示[1]。Clavel领导的团队发明的三自由度Delta并联机器人由一个动平台、一个静平台和三条支路组成。每一条支路通过固定于静平台上的电机和精密减速装置带动主动臂转动,然后通过一个(2-SS)型空间平行四杆机构连接到动平台上(S表示球铰)。

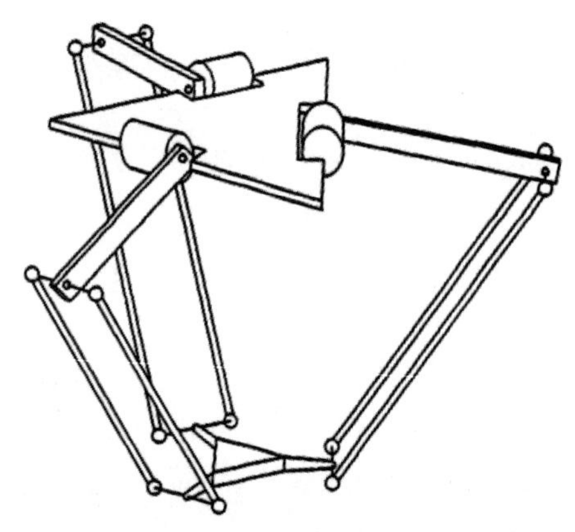

图7-1　Clavel领导的团队发明的三自由度Delta并联机器人

在三自由度Delta并联机器人基础上加一运动链,用来控制动平台上末端执行器绕 Z 轴的转动,就构成一个四自由度机器人,能实现Schöenflie运动。如图7-2所示为Clavel领导团队发明的四自由度Delta并联机器人[1]。四自由度Delta并联机器人被广泛应用于工业中,如ABB公司的FlexPicker(见图7-3)[2]。

三自由度Delta并联机器人是基础,也被广泛用于工业中,本章将利用凯恩方法对其建立动力学反解模型。

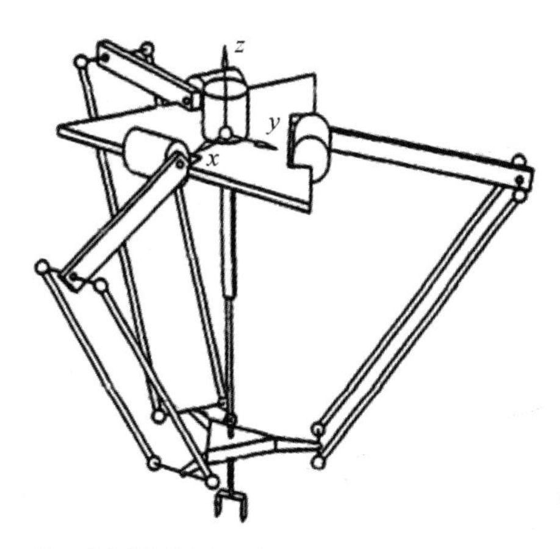

图7-2　Clavel领导的团队发明的四自由度Delta并联机器人

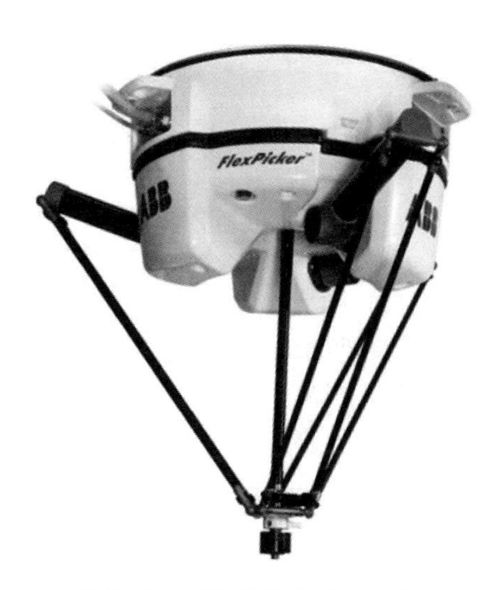

图7-3　ABB公司的FlexPicker

7.2　系统描述

如图7-4所示，为了分析需要，在动平台上建立体坐标系$\{L\}$，在静平台上建立惯性坐标系$\{W\}$，在支路i中转动副的中点A_i建立体坐标系$\{L_i\}$。直角坐标系$O-XYZ$为惯性坐标系$\{W\}$，其坐标系原点为O。把直角坐标系$\{W\}$移动到动平台上以点P为原点，则为体坐标系$\{L\}$。直角坐标系$A_i-X_iY_iZ_i$为体坐标系$\{L_i\}$，其坐标系原点为A_i。A_i为主动转动副转轴的中心点。直角坐标系$\{L_i\}$中Z_i轴与坐标系$\{W\}$中Z轴平行，X_i轴沿直线OA_i，Y_i为转动副轴线方向。B_{1i} 和 C_{1i} 分别为支路 i 中空间平行四边形机构同一侧球铰中心，B_{2i} 和 C_{2i} 分别为支路 i 中空间平行四边形机构另一侧球铰中心。B_i 为 B_{1i} 与 B_{2i} 连线的中心点。C_i 为 C_{1i} 与 C_{2i} 连线的中心点。作如下规定：当矢量没有左上标时，表明是在惯性坐标系{W}中表示的；当在其他坐标系中表示时，则在其左上角标示其坐标系的名称。G_i 表示主动臂 A_iB_i 的重心，假设它在直线 A_iB_i 上，并且 A_iG_i 的长度为 l_G。设定 X_i 轴与 X 轴的夹角为 $\phi_i(i=1,2,3)$，X_i 轴与直线 A_iB_i 的夹角为 $\theta_i(i=1,2,3)$，则在整个并联机器人设计出来后 $\phi_i(i=1,2,3)$ 为一个已知量。$\theta_i(i=1,2,3)$ 为主动副转角大小，选择它们为广义坐标。

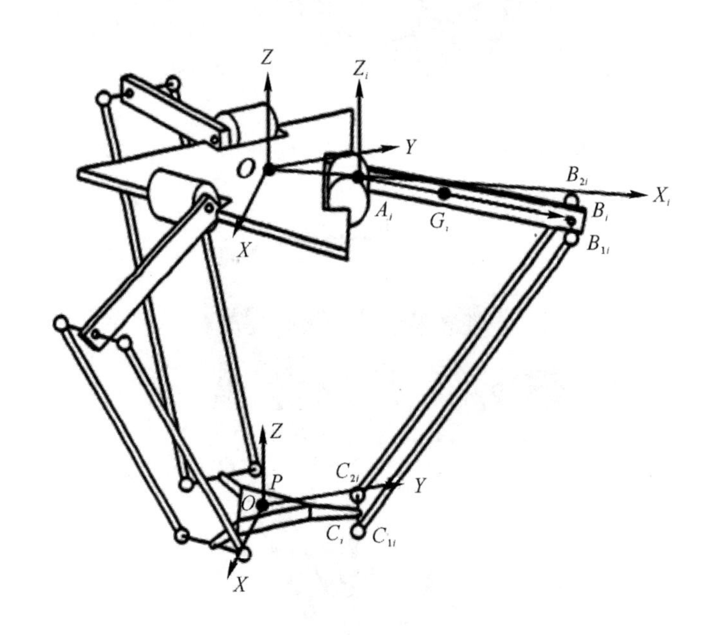

图 7-4　坐标示意图

7.3　动力学反解分析

在支路 i 中，根据位置矢量关系（见图 7-4），可得

$$\boldsymbol{p}_{2i}=\boldsymbol{p}+\boldsymbol{p}_{Ci}-\boldsymbol{p}_{Ai}-\boldsymbol{p}_{1i} \tag{7-1}$$

式中，$\boldsymbol{p}_{2i}$ 为空间平行四边形机构中从点 B_i 到点 C_i 的位置矢量在惯性坐标系{W}中的表示；$\boldsymbol{p}=\begin{bmatrix}p_X\\p_Y\\p_Z\end{bmatrix}$ 为动平台上中心点 P 在坐标系{W}中的位置矢量，p_X，p_Y 和 p_Z 分别为 $\boldsymbol{p}$ 沿 X，Y，Z 三个坐标轴的分量；$\boldsymbol{p}_{Ci}$ 为动平台上从点 P 到点 C_i 的位置矢量在惯性坐标系{W}中的表示；$\boldsymbol{p}_{Ai}$

为静平台上从点 O 到点 A_i 的位置矢量在惯性坐标系$\{W\}$中的表示；$\boldsymbol{p}_{1i}$ 为主动臂上从点 A_i 到点 B_i 的位置矢量在惯性坐标系$\{W\}$中的表示。

在支路 i 中，假设空间平行四边形机构中从点 B_i 到点 C_i 的长度为 l_2；主动臂上从点 A_i 到点 B_i 的长度为 l_1。

根据图 7-4，有

$$\boldsymbol{p}_{Ci}=\boldsymbol{R}_Z(\phi_i)\begin{bmatrix}r_p\\0\\0\end{bmatrix} \tag{7-2}$$

式中，$\boldsymbol{R}_Z(\phi_i)$ 表示绕 Z 轴转动 ϕ_i 角的旋转矩阵，r_p 表示动平台上从点 P 到点 C_i 的长度，有

$$\boldsymbol{p}_{Ai}=\boldsymbol{R}_Z(\phi_i)\begin{bmatrix}r_b\\0\\0\end{bmatrix} \tag{7-3}$$

式中，r_b 表示静平台上从点 O 到点 A_i 的长度，有

$$\boldsymbol{p}_{1i}=\boldsymbol{R}_Z(\phi_i)\begin{bmatrix}l_1\mathrm{c}\theta_i\\0\\l_1\mathrm{s}\theta_i\end{bmatrix} \tag{7-4}$$

式中，$\mathrm{c}\theta_i$ 表示 $\cos(\theta_i)$；$\mathrm{s}\theta_i$ 表示 $\sin(\theta_i)$。

式(7-1)两边左乘 $\boldsymbol{R}_Z(\phi_i)^{\mathrm{T}}$（即为 $\boldsymbol{R}_Z(\phi_i)$ 的逆），把各个位置矢量转换到坐标系$\{L_i\}$中表示，有

$$\boldsymbol{p}_{1i}^{Li}=\boldsymbol{R}_Z(\phi_i)^{\mathrm{T}}\boldsymbol{p}_{1i}=\boldsymbol{R}_Z(\phi_i)^{\mathrm{T}}\begin{bmatrix}p_X\\p_Y\\p_Z\end{bmatrix}+\begin{bmatrix}r_p-r_b-l_1\mathrm{c}\theta_i\\0\\-l_1\mathrm{s}\theta_i\end{bmatrix} \tag{7-5}$$

根据式(2-19)，可得

$$\boldsymbol{p}_{1i}^{Li}=\begin{bmatrix}p_X\mathrm{c}\phi_i+p_Y\mathrm{s}\phi_i+r_p-r_b-l_1\mathrm{c}\theta_i\\p_Y\mathrm{c}\phi_i-p_X\mathrm{s}\phi_i\\p_Z-l_1\mathrm{s}\theta_i\end{bmatrix} \tag{7-6}$$

式中，$\mathrm{c}\phi_i$ 表示 $\cos(\phi_i)$，$\mathrm{s}\phi_i$ 表示 $\sin(\phi_i)$。

由于从点 B_i 到点 C_i 的长度为 l_2，即 $(\boldsymbol{p}_{1i}^{Li})^2=l_2^2$，从而有

$$(p_X\mathrm{c}\phi_i+p_Y\mathrm{s}\phi_i+r_p-r_b-l_1\mathrm{c}\theta_i)^2+(p_Y\mathrm{c}\phi_i-p_X\mathrm{s}\phi_i)^2+(p_Z-l_1\mathrm{s}\theta_i)^2=l_2^2 \tag{7-7}$$

式(7-6)展开后整理得

$$I_i\mathrm{s}\theta_i+J_i\mathrm{c}\theta_i+K_i=0 \tag{7-8}$$

式中

$$I_i=2p_Zl_1 \tag{7-9}$$

$$J_i=2l_1(p_X\mathrm{c}\phi_i+p_Y\mathrm{s}\phi_i+r_p-r_b) \tag{7-10}$$

$$K_i = l_2^2 - l_1^2 - (p_X c\phi_i + p_Y s\phi_i + r_p - r_b)^2 - (p_Y c\phi_i - p_X s\phi_i)^2 - (p_Z)^2 \quad (7-11)$$

把 $s\theta_i = \dfrac{2\tan\left(\dfrac{\theta_i}{2}\right)}{1+\left[\tan\left(\dfrac{\theta_i}{2}\right)\right]^2}$ 和 $c\theta_i = \dfrac{1-\left[\tan\left(\dfrac{\theta_i}{2}\right)\right]^2}{1+\left[\tan\left(\dfrac{\theta_i}{2}\right)\right]^2}$ 代入式(7-7)中整理得

$$(K_i - J_i)\left[\tan\left(\frac{\theta_i}{2}\right)\right]^2 + 2I_i\tan\left[\frac{\theta_i}{2}\right] + K_i + J_i = 0 \quad (7-12)$$

由式(7-12)得到 θ_i 的值为

$$\theta_i = 2\arctan\left(\frac{-I_i \pm \sqrt{\Delta_i}}{K_i - J_i}\right) \quad (i=1,2,3) \quad (7-13)$$

式中

$$\Delta_i = I_i^2 - K_i^2 + J_i^2 \quad (7-14)$$

式(7-7)对时间求导得

$$(p_X c\phi_i + p_Y s\phi_i + r_p - r_b - l_1 c\theta_i)(v_{PX} c\phi_i + v_{PY} s\phi_i + l_1\dot{\theta}_i s\theta_i) + (p_Y c\phi_i - p_X s\phi_i)(v_{PY} c\phi_i - v_{PX} s\phi_i) + (p_Z - l_1 s\theta_i)(v_{PZ} - l_1\dot{\theta}_i c\theta_i) = 0 \quad (7-15)$$

式中

$$v_{PX} = \dot{p}_X, \quad v_{PY} = \dot{p}_Y, \quad v_{PZ} = \dot{p}_Z \quad (7-16)$$

设定 I'_i, J'_i, K'_i 分别为

$$I'_i = p_Z - l_1 s\theta_i \quad (7-17)$$

$$J'_i = p_X c\phi_i + p_Y s\phi_i + r_p - r_b - l_1 c\theta_i \quad (7-18)$$

$$K'_i = p_Y c\phi_i - p_X s\phi_i \quad (7-19)$$

把式(7-17)～式(7-19)分别代入式(7-15)，整理后得

$$(J'_i l_1 s\theta_i - K'_i l_1 c\theta_i)\dot{\theta}_i = (J'_i c\phi_i - K'_i s\phi_i)v_{PX} + (J'_i s\phi_i + K'_i c\phi_i)v_{PY} + I'_i v_{PZ} \quad (7-20)$$

把三个支路的关系式(7-20)合成一个矩阵，得

$$\boldsymbol{J}_q \begin{bmatrix} \dot{\theta}_1 \\ \dot{\theta}_2 \\ \dot{\theta}_3 \end{bmatrix} = \boldsymbol{J}_X \begin{bmatrix} v_{PX} \\ v_{PY} \\ v_{PZ} \end{bmatrix} \quad (7-21)$$

式中

$$\boldsymbol{J}_q = \begin{bmatrix} J'_1 l_1 s\theta_1 - K'_1 l_1 c\theta_1 & 0 & 0 \\ 0 & J'_2 l_1 s\theta_2 - K'_2 l_1 c\theta_2 & 0 \\ 0 & 0 & J'_3 l_1 s\theta_3 - K'_3 l_1 c\theta_3 \end{bmatrix} \quad (7-22)$$

$$\boldsymbol{J}_X = \begin{bmatrix} J'_1 c\phi_1 - K'_1 s\phi_1 & J'_1 s\phi_1 + K'_1 c\phi_1 & I'_1 \\ J'_2 c\phi_2 - K'_2 s\phi_2 & J'_2 s\phi_2 + K'_2 c\phi_2 & I'_2 \\ J'_3 c\phi_3 - K'_3 s\phi_3 & J'_3 s\phi_3 + K'_3 c\phi_3 & I'_3 \end{bmatrix} \quad (7-23)$$

式(7-15)对时间求导得

$$(v_{PX}\mathrm{c}\phi_i + v_{PY}\mathrm{s}\phi_i + l_1\dot{\theta}_i\mathrm{s}\theta_i)^2 + J'_i(a_{PX}\mathrm{c}\phi_i + a_{PY}\mathrm{s}\phi_i + l_1\dot{\theta}_i^2\mathrm{c}\theta_i + l_1\ddot{\theta}_i\mathrm{s}\theta_i) + (v_{PY}\mathrm{c}\phi_i - v_{PX}\mathrm{s}\phi_i)^2 + K'_i(a_{PY}\mathrm{c}\phi_i - a_{PX}\mathrm{s}\phi_i) + (v_{PZ} - l_1\dot{\theta}_i\mathrm{c}\theta_i)^2 + I'_i(a_{PZ} + l_1\dot{\theta}_i^2\mathrm{s}\theta_i - l_1\ddot{\theta}_i\mathrm{c}\theta_i) = 0 \tag{7-24}$$

式中

$$a_{PX} = \dot{v}_{PX},\quad a_{PY} = \dot{v}_{PY},\quad a_{PZ} = \dot{v}_{PZ} \tag{7-25}$$

设定 L'_{1i},L'_{2i},L'_{3i}分别为

$$L'_{1i} = (v_{PX}\mathrm{c}\phi_i + v_{PY}\mathrm{s}\phi_i + l_1\dot{\theta}_i\mathrm{s}\theta_i)^2 \tag{7-26}$$

$$L'_{2i} = (v_{PY}\mathrm{c}\phi_i - v_{PX}\mathrm{s}\phi_i)^2 \tag{7-27}$$

$$L'_{3i} = (v_{PZ} - l_1\dot{\theta}_i\mathrm{c}\theta_i)^2 \tag{7-28}$$

则式(7-24)可写成

$$L'_{1i} + J'_i(a_{PX}\mathrm{c}\phi_i + a_{PY}\mathrm{s}\phi_i + l_1\dot{\theta}_i^2\mathrm{c}\theta_i + l_1\ddot{\theta}_i\mathrm{s}\theta_i) + L'_{2i} + K'_i(a_{PY}\mathrm{c}\phi_i - a_{PX}\mathrm{s}\phi_i) + L'_{3i} + I'_i(a_{PZ} + l_1\dot{\theta}_i^2\mathrm{s}\theta_i - l_1\ddot{\theta}_i\mathrm{c}\theta_i) = 0 \tag{7-29}$$

从式(7-29)可得到主动转动副的角加速度 $\ddot{\theta}_i$ 为

$$\ddot{\theta}_i = \frac{L'_{4i}}{I'_i l_1\mathrm{c}\theta_i - J'_i l_1\mathrm{s}\theta_i} \tag{7-30}$$

式中,L'_{4i}定义为

$$L'_{4i} = L'_{1i} + L'_{2i} + L'_{3i} + (J'_i\mathrm{c}\phi_i - K'_i\mathrm{s}\phi_i)a_{PX} + (J'_i\mathrm{s}\phi_i + K'_i\mathrm{c}\phi_i)a_{PY} + I'_i a_{PZ} + (J'_i l_1\mathrm{c}\theta_i + I'_i l_1\mathrm{s}\theta_i)\dot{\theta}_i^2 \tag{7-31}$$

为了后面动力学建模的需要,现在对主动臂上重心 G_i 和末端点 B_i 的速度和加速度进行分析。在支路 i 中,根据位置矢量关系(见图 7-4),可得

$$\boldsymbol{p}_{Gi} = \boldsymbol{p}_{Ai} + \boldsymbol{p}_{1Gi} \tag{7-32}$$

式中,$\boldsymbol{p}_{Gi}$ 为静平台上从点 O 到主动臂重心 G_i 的位置矢量在惯性坐标系$\{W\}$中的表示;$\boldsymbol{p}_{1Gi}$ 为主动臂上从点 A_i 到点 G_i 的位置矢量在惯性坐标系$\{W\}$中的表示。

根据图 7-4,有

$$\boldsymbol{p}_{1Gi} = \boldsymbol{R}_Z(\phi_i)\begin{bmatrix} l_G\mathrm{c}\theta_i \\ 0 \\ l_G\mathrm{s}\theta_i \end{bmatrix} \tag{7-33}$$

把式(7-3)和式(7-33)代入式(7-32),得

$$\boldsymbol{p}_{Gi} = \boldsymbol{R}_Z(\phi_i)\left(\begin{bmatrix} r_b \\ 0 \\ 0 \end{bmatrix} + \begin{bmatrix} l_G\mathrm{c}\theta_i \\ 0 \\ l_G\mathrm{s}\theta_i \end{bmatrix}\right) \tag{7-34}$$

式(7-34)对时间求导,得到点 G_i 的平移速度 $\boldsymbol{v}_{Gi}$ 为

$$\boldsymbol{v}_{Gi} = \dot{\boldsymbol{p}}_{Gi} = \boldsymbol{R}_Z(\phi_i)\begin{bmatrix} -l_G\dot{\theta}_i\mathrm{s}\theta_i \\ 0 \\ l_G\dot{\theta}_i\mathrm{c}\theta_i \end{bmatrix} \tag{7-35}$$

式(7－35)对时间求导，得到点 G_i 的平移加速度 $\boldsymbol{a}_{Gi}$ 为

$$\boldsymbol{a}_{Gi}=\dot{\boldsymbol{v}}_{Gi}=\boldsymbol{R}_Z(\phi_i)\begin{bmatrix}-l_G\dot{\theta}_i^2\mathrm{c}\theta_i-l_G\ddot{\theta}_i\mathrm{s}\theta_i\\0\\l_G\ddot{\theta}_i\mathrm{c}\theta_i-l_G\dot{\theta}_i^2\mathrm{s}\theta_i\end{bmatrix}\tag{7－36}$$

在支路 i 中，根据位置矢量关系(见图 7－4)，可得到

$$\boldsymbol{p}_{Bi}=\boldsymbol{p}_{Ai}+\boldsymbol{p}_{1i}\tag{7－37}$$

式中，$\boldsymbol{p}_{Bi}$ 为静平台上从点 O 到主动臂末端 B_i 的位置矢量在惯性坐标系$\{W\}$中的表示。

把式(7－3)和式(7－4)代入式(7－37)，得

$$\boldsymbol{p}_{Bi}=\boldsymbol{R}_Z(\phi_i)\left(\begin{bmatrix}r_b\\0\\0\end{bmatrix}+\begin{bmatrix}l_1\mathrm{c}\theta_i\\0\\l_1\mathrm{s}\theta_i\end{bmatrix}\right)\tag{7－38}$$

式(7－38)对时间求导，得到点 B_i 的平移速度 $\boldsymbol{v}_{Bi}$ 为

$$\boldsymbol{v}_{Bi}=\dot{\boldsymbol{p}}_{Bi}=\boldsymbol{R}_Z(\phi_i)\begin{bmatrix}-l_1\dot{\theta}_i\mathrm{s}\theta_i\\0\\l_1\dot{\theta}_i\mathrm{c}\theta_i\end{bmatrix}\tag{7－39}$$

式(7－39)对时间求导，得到点 B_i 的平移加速度 $\boldsymbol{a}_{Bi}$ 为

$$\boldsymbol{a}_{Bi}=\dot{\boldsymbol{v}}_{Bi}=\boldsymbol{R}_Z(\phi_i)\begin{bmatrix}-l_1\dot{\theta}_i^2\mathrm{c}\theta_i-l_1\ddot{\theta}_i\mathrm{s}\theta_i\\0\\l_1\ddot{\theta}_i\mathrm{c}\theta_i-l_1\dot{\theta}_i^2\mathrm{s}\theta_i\end{bmatrix}\tag{7－40}$$

当选择 $\theta_i(i=1,2,3)$ 为广义坐标时，在坐标系$\{W\}$中，根据凯恩方程〔式(4－159)～式(4－161)〕可得

$$F_i+F_i^*=0\quad(i=1,2,3)\tag{7－41}$$

空间平行四边形机构中杆 $B_{1i}C_{1i}$ 和 $B_{2i}C_{2i}$ 的质量都为 m_2。因为杆 $B_{1i}C_{1i}$ 和 $B_{2i}C_{2i}$ 都是轻质杆，采用文献[3]中对 Par4 并联机器人动力学建模时采用的处理方法：忽略杆 $B_{1i}C_{1i}$ 和 $B_{2i}C_{2i}$ 转动惯量的影响，然后把杆 $B_{1i}C_{1i}$ 和 $B_{2i}C_{2i}$ 的质量等效为质量为 m_2 的两个质点——点 B_i 和 C_i。得到广义主动力 F_i 为

$$\begin{aligned}F_i=&(m_p+3m_2)\boldsymbol{g}\cdot\frac{\partial\boldsymbol{v}_P}{\partial\dot{\theta}_i}+\sum_{j=1}^{3}m_2\boldsymbol{g}\cdot\frac{\partial\boldsymbol{v}_{Bj}}{\partial\dot{\theta}_i}+\\&\sum_{j=1}^{3}m_1\boldsymbol{g}\cdot\frac{\partial\boldsymbol{v}_{Gj}}{\partial\dot{\theta}_i}+\sum_{j=1}^{3}(\tau_j-\tau_v\dot{\theta}_j-\tau_s\mathrm{sign}(\dot{\theta}_j))\boldsymbol{e}_{Yj}\cdot\frac{\boldsymbol{e}_{Yj}\partial\dot{\theta}_j}{\partial\dot{\theta}_i}\end{aligned}\tag{7－42}$$

式中，m_p 表示动平台的质量；$\boldsymbol{g}$ 表示重力加速度矢量；$\boldsymbol{v}_P=[v_{PX}\quad v_{PY}\quad v_{PZ}]^{\mathrm{T}}$ 表示动平台的平移速度；m_1 表示主动臂 A_iB_i 的质量；τ_j 表示第 j 个主动转动副(即电机)的驱动力矩的大小；$\tau_v\dot{\theta}_j$ 表示作用于第 j 个主动转动副上的黏性摩擦力矩；τ_v 表示黏性摩擦因数；$\tau_s\mathrm{sign}(\dot{\theta}_j)$ 表示作用于第 j 个主动转动副上的库仑摩擦力矩；τ_s 表示库仑摩擦因数；$\boldsymbol{e}_{Yj}$ 表示 Y_j 轴的单位正矢量方向。

得到广义惯性力 F_i^* 为

$$F_i^* = -\Big[(m_p + 3m_2)\boldsymbol{a}_P \cdot \frac{\partial \boldsymbol{v}_P}{\partial \dot{\theta}_i} + \sum_{j=1}^{3} m_2 \boldsymbol{a}_{Bj} \cdot \frac{\partial \boldsymbol{v}_{Bj}}{\partial \dot{\theta}_i} + \sum_{j=1}^{3} m_1 \boldsymbol{a}_{Gj} \cdot \frac{\partial \boldsymbol{v}_{Gj}}{\partial \dot{\theta}_i} + \sum_{j=1}^{3} (I_m + I_1)\ddot{\theta}_j \boldsymbol{e}_{Yj} \cdot \frac{\boldsymbol{e}_{Yj}\partial \dot{\theta}_j}{\partial \dot{\theta}_i}\Big] \tag{7-43}$$

式中，$\boldsymbol{a}_P = [a_{PX} \quad a_{PY} \quad a_{PZ}]^{\mathrm{T}}$ 表示动平台的平移加速度；I_m 表示电机等效到电机主轴上绕主轴的转动惯量；I_1 表示主动臂 A_iB_i 在重心 G_i 处绕平行于轴 Y_j 的转动惯量。

由式(7-20)可得

$$\frac{\partial \boldsymbol{v}_P}{\partial \dot{\theta}_i} = \begin{bmatrix} \dfrac{\partial v_{PX}}{\partial \dot{\theta}_i} \\ \dfrac{\partial v_{PY}}{\partial \dot{\theta}_i} \\ \dfrac{\partial v_{PZ}}{\partial \dot{\theta}_i} \end{bmatrix} = \boldsymbol{j}_{Pi} \tag{7-44}$$

式中，列向量 $\boldsymbol{j}_{Pi}$ 为

$$\boldsymbol{j}_{Pi} = (J'_i l_1 \mathrm{s}\theta_i - K'_i l_1 \mathrm{c}\theta_i) \begin{bmatrix} \dfrac{1}{(J'_i \mathrm{c}\phi_i - K'_i \mathrm{s}\phi_i)} \\ \dfrac{1}{(J'_i \mathrm{s}\phi_i + K'_i \mathrm{c}\phi_i)} \\ \dfrac{1}{I'_i} \end{bmatrix} \tag{7-45}$$

由式(7-35)可得

$$\frac{\partial \boldsymbol{v}_{Gi}}{\partial \dot{\theta}_i} = \boldsymbol{R}_Z(\phi_i) \begin{bmatrix} -l_G \mathrm{s}\theta_i \\ 0 \\ l_G \mathrm{c}\theta_i \end{bmatrix} \tag{7-46}$$

由式(7-39)可得

$$\frac{\partial \boldsymbol{v}_{Bi}}{\partial \dot{\theta}_i} = \boldsymbol{R}_Z(\phi_i) \begin{bmatrix} -l_1 \mathrm{s}\theta_i \\ 0 \\ l_1 \mathrm{c}\theta_i \end{bmatrix} \tag{7-47}$$

从而有

$$\frac{\partial \boldsymbol{v}_{Gj}}{\partial \dot{\theta}_i} = \begin{cases} \boldsymbol{R}_Z(\phi_i) \begin{bmatrix} -l_G \mathrm{s}\theta_i \\ 0 \\ l_G \mathrm{c}\theta_i \end{bmatrix}, & j = i \\ \boldsymbol{0}_{3\times 1}, & j \neq i \end{cases} \tag{7-48}$$

$$\frac{\partial \boldsymbol{v}_{Bj}}{\partial \dot{\theta}_i}=\begin{cases}\boldsymbol{R}_Z(\phi_i)\begin{bmatrix}-l_1 s\theta_i\\0\\l_1 c\theta_i\end{bmatrix}, & j=i\\ \boldsymbol{0}_{3\times1}, & j\neq i\end{cases}\tag{7-49}$$

$$\frac{\partial \dot{\theta}_j}{\partial \dot{\theta}_i}=\begin{cases}1, & j=i\\0, & j\neq i\end{cases}\tag{7-50}$$

将式(7-42)和式(7-43)代入式(7-41),得

$$(m_p+3m_2)(\boldsymbol{g}-\boldsymbol{a}_P)\cdot\frac{\partial \boldsymbol{v}_P}{\partial \dot{\theta}_i}+\sum_{j=1}^{3}m_2(\boldsymbol{g}-\boldsymbol{a}_{Bj})\cdot\frac{\partial \boldsymbol{v}_{Bj}}{\partial \dot{\theta}_i}+\sum_{j=1}^{3}m_1(\boldsymbol{g}-\boldsymbol{a}_{Gj})\cdot\frac{\partial \boldsymbol{v}_{Gj}}{\partial \dot{\theta}_i}+$$
$$\sum_{j=1}^{3}(\tau_j-\tau_v\dot{\theta}_j-\tau_s\text{sign}(\dot{\theta}_j)-(I_m+I_1)\ddot{\theta}_j)\boldsymbol{e}_{Yj}\cdot\frac{\boldsymbol{e}_{Yj}\partial\dot{\theta}_j}{\partial \dot{\theta}_i}=0\tag{7-51}$$

把式(7-44)、式(7-46)至式(7-50)代入式(7-51),得

$$(m_p+3m_2)(\boldsymbol{g}-\boldsymbol{a}_P)^{\text{T}}\boldsymbol{j}_{Pi}+m_2(\boldsymbol{g}-\boldsymbol{a}_{Bi})^{\text{T}}\boldsymbol{R}_Z(\phi_i)\begin{bmatrix}-l_1 s\theta_i\\0\\l_1 c\theta_i\end{bmatrix}+$$
$$m_1(\boldsymbol{g}-\boldsymbol{a}_{Gi})^{\text{T}}\boldsymbol{R}_Z(\phi_i)\begin{bmatrix}-l_G s\theta_i\\0\\l_G c\theta_i\end{bmatrix}+$$
$$(\tau_i-\tau_v\dot{\theta}_i-\tau_s\text{sign}(\dot{\theta}_i)-(I_m+I_1)\ddot{\theta}_i)=0\tag{7-52}$$

由式(7-52)得到第 $i(i=1,2,3)$ 个支路中电机驱动力 τ_i 的大小为

$$\tau_i=\tau_v\dot{\theta}_i+\tau_s\text{sign}(\dot{\theta}_i)+(I_m+I_1)\ddot{\theta}_i-\tau_i'\tag{7-53}$$

式中

$$\tau_i'=(m_p+3m_2)(\boldsymbol{g}-\boldsymbol{a}_P)^{\text{T}}\boldsymbol{j}_{Pi}+m_2(\boldsymbol{g}-\boldsymbol{a}_{Bi})^{\text{T}}\boldsymbol{R}_Z(\phi_i)\begin{bmatrix}-l_1 s\theta_i\\0\\l_1 c\theta_i\end{bmatrix}+$$
$$m_1(\boldsymbol{g}-\boldsymbol{a}_{Gi})^{\text{T}}\boldsymbol{R}_Z(\phi_i)\begin{bmatrix}-l_G s\theta_i\\0\\l_G c\theta_i\end{bmatrix}\tag{7-54}$$

7.4 补充说明

本章的分析过程是以三自由度 Delta 并联机器人的自由度是三个平移运动为前提,即是不存在奇异的情况下推导的,从而运用本章推导式子的时候,要运用第 3 章中奇异性分析和检测的方法进行奇异性分析和检测。

在整个推导过程中,只是用到了动平台的位置、速度和角速度参数和主动转动副转角的大

小、角速度大小以及角加速度大小，不需要求出被动臂（即空间平行四边形机构）的位姿参数、（角）速度和（角）加速度。

参考文献

[1] CLAVEL R. Conception d'un Robot Parallèle Rapide à 4 Degrés de Liberté[D]. Lausanne: École Polytechnique Fédérale de Lausanne, 1991: 23,11.

[2] ABB. IRB 360 FlexPicker[EB/OL]. [2019-08-23]. https://new.abb.com/products/robotics/industrial-robots/irb-360

[3] PIERROT F, NABAT V, et al. Optimal Design of a 4-DOF Parallel Manipulator: From Academia to Industry[J]. IEEE Transactions on Robotics, 2009,25(2):213-224.

第8章　利用拉格朗日方程对Delta并联机器人进行动力学建模

本章将利用拉格朗日方程对三自由度Delta并联机器人建立动力学反解模型。

根据式(4-96)可得到整个三自由度Delta并联机器人的动能T为

$$T=\frac{1}{2}(m_p+3m_2)\boldsymbol{v}_P\cdot\boldsymbol{v}_P+\frac{1}{2}\sum_{j=1}^{3}m_1\boldsymbol{v}_{Gj}\cdot\boldsymbol{v}_{Gj}+\frac{1}{2}\sum_{j=1}^{3}m_2\boldsymbol{v}_{Bj}\cdot\boldsymbol{v}_{Bj}+\frac{1}{2}\sum_{j=1}^{3}(I_m+I_1)\dot{\theta}_j^2 \tag{8-1}$$

以静平台铰点所在平面为零势能参考面，则整个三自由度Delta并联机器人的势能U为

$$U=-(m_p+3m_2)\boldsymbol{g}\cdot\boldsymbol{p}-\sum_{j=1}^{3}m_1\boldsymbol{g}\cdot\boldsymbol{p}_{Gj}-\sum_{j=1}^{3}m_2\boldsymbol{g}\cdot\boldsymbol{p}_{Bj} \tag{8-2}$$

则拉格朗日函数L为

$$\begin{aligned}L=T-U=&\frac{1}{2}(m_p+3m_2)\boldsymbol{v}_P\cdot\boldsymbol{v}_P+\frac{1}{2}\sum_{j=1}^{3}m_1\boldsymbol{v}_{Gj}\cdot\boldsymbol{v}_{Gj}+\\&\frac{1}{2}\sum_{j=1}^{3}m_2\boldsymbol{v}_{Bj}\cdot\boldsymbol{v}_{Bj}+\frac{1}{2}\sum_{j=1}^{3}(I_m+I_1)\dot{\theta}_j^2+(m_p+3m_2)\boldsymbol{g}\cdot\boldsymbol{p}+\\&\sum_{j=1}^{3}m_1\boldsymbol{g}\cdot\boldsymbol{p}_{Gj}+\sum_{j=1}^{3}m_2\boldsymbol{g}\cdot\boldsymbol{p}_{Bj}\end{aligned} \tag{8-3}$$

则有

$$\frac{\partial L}{\partial\theta_i}=(m_p+3m_2)\boldsymbol{g}\cdot\frac{\partial\boldsymbol{p}}{\partial\theta_i}+\sum_{j=1}^{3}m_1\boldsymbol{g}\cdot\frac{\partial\boldsymbol{p}_{Gj}}{\partial\theta_i}+\sum_{j=1}^{3}m_2\boldsymbol{g}\cdot\frac{\partial\boldsymbol{p}_{Bj}}{\partial\theta_i} \tag{8-4}$$

根据式(4-112)可得

$$\frac{\partial\boldsymbol{p}}{\partial\theta_i}=\frac{\partial\boldsymbol{v}_P}{\partial\dot{\theta}_i},\quad\frac{\partial\boldsymbol{p}_{Gj}}{\partial\theta_i}=\frac{\partial\boldsymbol{v}_{Gj}}{\partial\dot{\theta}_i},\quad\frac{\partial\boldsymbol{p}_{Bj}}{\partial\theta_i}=\frac{\partial\boldsymbol{v}_{Bj}}{\partial\dot{\theta}_i} \tag{8-5}$$

将式(8-5)代入式(8-4)，得

$$\frac{\partial L}{\partial\theta_i}=(m_p+3m_2)\boldsymbol{g}\cdot\frac{\partial\boldsymbol{v}_P}{\partial\dot{\theta}_i}+m_1\boldsymbol{g}\cdot\frac{\partial\boldsymbol{v}_{Gi}}{\partial\dot{\theta}_i}+m_2\boldsymbol{g}\cdot\frac{\partial\boldsymbol{v}_{Bi}}{\partial\dot{\theta}_i} \tag{8-6}$$

$$\frac{\partial L}{\partial\dot{\theta}_i}=(m_p+3m_2)\boldsymbol{v}_P\cdot\frac{\partial\boldsymbol{v}_P}{\partial\dot{\theta}_i}+\sum_{j=1}^{3}m_1\boldsymbol{v}_{Gj}\cdot\frac{\partial\boldsymbol{v}_{Gj}}{\partial\dot{\theta}_i}+\sum_{j=1}^{3}m_2\boldsymbol{v}_{Bj}\cdot\frac{\partial\boldsymbol{v}_{Bj}}{\partial\dot{\theta}_i}+\sum_{j=1}^{3}(I_m+I_1)\dot{\theta}_j\frac{\partial\dot{\theta}_j}{\partial\dot{\theta}_i} \tag{8-7}$$

根据式(7-48)～式(7-50)，式(8-7)可转换为

$$\frac{\partial L}{\partial\dot{\theta}_i}=(m_p+3m_2)\boldsymbol{v}_P\cdot\frac{\partial\boldsymbol{v}_P}{\partial\dot{\theta}_i}+m_1\boldsymbol{v}_{Gi}\cdot\frac{\partial\boldsymbol{v}_{Gi}}{\partial\dot{\theta}_i}+m_2\boldsymbol{v}_{Bi}\cdot\frac{\partial\boldsymbol{v}_{Bi}}{\partial\dot{\theta}_i}+(I_m+I_1)\dot{\theta}_i \tag{8-8}$$

式(8－8)对时间求导得

$$\frac{\mathrm{d}}{\mathrm{d}t}\left(\frac{\partial L}{\partial\dot{\theta}_i}\right)=(m_p+3m_2)\boldsymbol{a}_P\cdot\frac{\partial\boldsymbol{v}_P}{\partial\dot{\theta}_i}+(m_p+3m_2)\boldsymbol{v}_P\cdot\frac{\mathrm{d}}{\mathrm{d}t}\left(\frac{\partial\boldsymbol{v}_P}{\partial\dot{\theta}_i}\right)+ m_1\boldsymbol{a}_{Gi}\cdot\frac{\partial\boldsymbol{v}_{Gi}}{\partial\dot{\theta}_i}+m_1\boldsymbol{v}_{Gi}\cdot\frac{\mathrm{d}}{\mathrm{d}t}\left(\frac{\partial\boldsymbol{v}_{Gi}}{\partial\dot{\theta}_i}\right)+m_2\boldsymbol{a}_{Bi}\cdot\frac{\partial\boldsymbol{v}_{Bi}}{\partial\dot{\theta}_i}+m_2\boldsymbol{v}_{Bi}\cdot\frac{\mathrm{d}}{\mathrm{d}t}\left(\frac{\partial\boldsymbol{v}_{Bi}}{\partial\dot{\theta}_i}\right)+(I_m+I_1)\ddot{\theta}_i \tag{8-9}$$

将式(8－6)和式(8－9)代入式(4－131),得

$$\frac{\mathrm{d}}{\mathrm{d}t}\left(\frac{\partial L}{\partial\dot{\theta}_i}\right)-\frac{\partial L}{\partial\theta_i}=(m_p+3m_2)\boldsymbol{a}_P\cdot\frac{\partial\boldsymbol{v}_P}{\partial\dot{\theta}_i}+(m_p+3m_2)\boldsymbol{v}_P\cdot\frac{\mathrm{d}}{\mathrm{d}t}\left(\frac{\partial\boldsymbol{v}_P}{\partial\dot{\theta}_i}\right)+ m_1\boldsymbol{a}_{Gi}\cdot\frac{\partial\boldsymbol{v}_{Gi}}{\partial\dot{\theta}_i}+m_1\boldsymbol{v}_{Gi}\cdot\frac{\mathrm{d}}{\mathrm{d}t}\left(\frac{\partial\boldsymbol{v}_{Gi}}{\partial\dot{\theta}_i}\right)+m_2\boldsymbol{a}_{Bi}\cdot\frac{\partial\boldsymbol{v}_{Bi}}{\partial\dot{\theta}_i}+m_2\boldsymbol{v}_{Bi}\cdot\frac{\mathrm{d}}{\mathrm{d}t}\left(\frac{\partial\boldsymbol{v}_{Bi}}{\partial\dot{\theta}_i}\right)+ (I_m+I_1)\ddot{\theta}_i-(m_p+3m_2)\boldsymbol{g}\cdot\frac{\partial\boldsymbol{v}_P}{\partial\dot{\theta}_i}-m_1\boldsymbol{g}\cdot\frac{\partial\boldsymbol{v}_{Gi}}{\partial\dot{\theta}_i}-m_2\boldsymbol{g}\cdot\frac{\partial\boldsymbol{v}_{Bi}}{\partial\dot{\theta}_i}= \tau_i-\tau_v\dot{\theta}_i-\tau_s\mathrm{sign}(\dot{\theta}_i) \tag{8-10}$$

整理式(8－10)得

$$\tau_i=\tau_v\dot{\theta}_i+\tau_s\mathrm{sign}(\dot{\theta}_i)+(m_p+3m_2)(\boldsymbol{a}_P-\boldsymbol{g})\cdot\frac{\partial\boldsymbol{v}_P}{\partial\dot{\theta}_i}+m_1(\boldsymbol{a}_{Gi}-\boldsymbol{g})\cdot\frac{\partial\boldsymbol{v}_{Gi}}{\partial\dot{\theta}_i}+ m_2(\boldsymbol{a}_{Bi}-\boldsymbol{g})\cdot\frac{\partial\boldsymbol{v}_{Bi}}{\partial\dot{\theta}_i}+(I_m+I_1)\ddot{\theta}_i+(m_p+3m_2)\boldsymbol{v}_P\cdot\frac{\mathrm{d}}{\mathrm{d}t}\left(\frac{\partial\boldsymbol{v}_P}{\partial\dot{\theta}_i}\right)+ m_1\boldsymbol{v}_{Gi}\cdot\frac{\mathrm{d}}{\mathrm{d}t}\left(\frac{\partial\boldsymbol{v}_{Gi}}{\partial\dot{\theta}_i}\right)+m_2\boldsymbol{v}_{Bi}\cdot\frac{\mathrm{d}}{\mathrm{d}t}\left(\frac{\partial\boldsymbol{v}_{Bi}}{\partial\dot{\theta}_i}\right) \tag{8-11}$$

由式(7－35)得

$$\boldsymbol{v}_{Gi}\cdot\frac{\mathrm{d}}{\mathrm{d}t}\left(\frac{\partial\boldsymbol{v}_{Gi}}{\partial\dot{\theta}_i}\right)=\left(\boldsymbol{R}_Z(\phi_i)\begin{bmatrix}-l_G\dot{\theta}_i\mathrm{s}\theta_i\\0\\l_G\dot{\theta}_i\mathrm{c}\theta_i\end{bmatrix}\right)\cdot\left(\boldsymbol{R}_Z(\phi_i)\begin{bmatrix}-l_G\dot{\theta}_i\mathrm{c}\theta_i\\0\\-l_G\dot{\theta}_i\mathrm{s}\theta_i\end{bmatrix}\right)=0 \tag{8-12}$$

由式(7－39)得

$$\boldsymbol{v}_{Bi}\cdot\frac{\mathrm{d}}{\mathrm{d}t}\left(\frac{\partial\boldsymbol{v}_{Bi}}{\partial\dot{\theta}_i}\right)=\left(\boldsymbol{R}_Z(\phi_i)\begin{bmatrix}-l_1\dot{\theta}_i\mathrm{s}\theta_i\\0\\l_1\dot{\theta}_i\mathrm{c}\theta_i\end{bmatrix}\right)\cdot\left(\boldsymbol{R}_Z(\phi_i)\begin{bmatrix}-l_1\dot{\theta}_i\mathrm{c}\theta_i\\0\\-l_1\dot{\theta}_i\mathrm{s}\theta_i\end{bmatrix}\right)=0 \tag{8-13}$$

由式(7－44)得

$$\frac{\mathrm{d}}{\mathrm{d}t}\left(\frac{\partial\boldsymbol{v}_P}{\partial\dot{\theta}_i}\right)=\frac{\mathrm{d}}{\mathrm{d}t}(\boldsymbol{j}_{Pi}) \tag{8-14}$$

把式(7－44)、式(7－46)、式(7－47)和式(8－12)～式(8－14)代入式(8－11),得

$$\tau_i=\tau_v\dot{\theta}_i+\tau_s\mathrm{sign}(\dot{\theta}_i)+(m_p+3m_2)(\boldsymbol{a}_P-\boldsymbol{g})\cdot\boldsymbol{j}_{Pi}+m_1(\boldsymbol{a}_{Gi}-\boldsymbol{g})\cdot\left(\boldsymbol{R}_Z(\phi_i)\begin{bmatrix}-l_G\mathrm{s}\theta_i\\0\\l_G\mathrm{c}\theta_i\end{bmatrix}\right)+$$

$$m_2(\boldsymbol{a}_{Bi}-\boldsymbol{g})\cdot\left(\boldsymbol{R}_Z(\phi_i)\begin{bmatrix}-l_1\mathrm{s}\theta_i\\0\\l_1\mathrm{c}\theta_i\end{bmatrix}\right)+(I_m+I_1)\ddot{\theta}_i+(m_p+3m_2)\boldsymbol{v}_P\cdot\frac{\mathrm{d}}{\mathrm{d}t}(\boldsymbol{j}_{Pi})$$

(8-15)

从上面推导过程中,可看出:利用拉格朗日方程对三自由度 Delta 并联机器人进行动力学建模时,需要多次求微分或偏导。由式(8-15)中得到驱动力的大小还要进行求导运算$\frac{\mathrm{d}}{\mathrm{d}t}(\boldsymbol{j}_{Pi})$。也可以利用第一类拉格朗日方程(即带拉格朗日算子)来建立 Delta 并联机器人的动力学方程,如 Tsai[1] 和 Brinker 等人[2] 的研究结果。使用第一类拉格朗日方程时会增加 3 个变量,使变量个数变为 6。Abdellatif 和 Heimann[3] 指出:对并联机器人使用拉格朗日方程有一些难度。

参考文献

[1] TSAI L W. Robot Analysis: the Mechanics of Serial and Parallel Manipulators[M]. New York: John Wiley & Sons, 1999:447-453.

[2] BRINKER J , CORVES B , WAHLE M . A Comparative Study of Inverse Dynamics Based on Clavel's Delta Robot[C]// The 14th IFToMM World Congress, Taipei, 2015.

[3] ABDELLATIF H, HEIMANN B. Computational Efficient Inverse Dynamics of 6-DOF Fully Parallel Manipulators by Using the Lagrangian Formalism[J]. Mechanism and Machine Theory, 2009, 44: 192-207.